U0897759

理性之魂

当代科学哲学中心问题

The Spirit of Reason
The Central Issues in the Contemporary Philosophy of Science

孙 思◎著

人 民 出 版 社

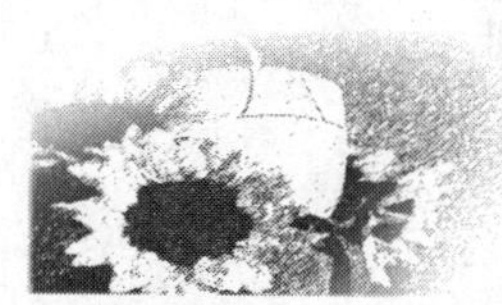

目录

前　言

现代西方科学哲学的研究主要有两种路径：一种是以学派为中心，研究其主要代表人物的思想观点；另一种是以问题为线索，研究科学哲学家们对问题的各种解答方案。

我国哲学界20世纪80年代初才开始较为全面地介绍现代西方科学哲学。从那时迄今的研究著作或教材大部分是按第一种路径研究和论述，这种路径有利于把握科学哲学发展的历史线索，了解主要学派及其代表人物的基本观点，对于推动科学哲学在中国的普及和初期发展无疑起到了非常重要的作用。但是，这种路径更注重的是粗线条地介绍或研究各学派及其代表人物的基本哲学观点，而淡化了问题意识，即对解决某一问题的不同方案之间的逻辑关系，对问题的精细论证注意不够，不利于准确地理解关于科学的问题及其解决方案的进展，也不利于把握由分析哲学传统孕育出的科学哲学的研究理路。科学哲学发展的动力主要来自于解决问题而不是首先建立学派，那些学派是事后根据哲学家们解决问题所体现的哲学本体论和认识论预设以及方法论的特点而做的区分。所以，随着研究的深入，仅仅按照第一种路径来研究是不够的。

近年来，国内学者已出版了一些以问题为中心的论著，其中不乏关于归纳问题、科学的划界问题、科学实在论问题等问题的专著。这些专著一般都限于集中地研究一个具体问题，对于某一个问题的资料掌握得较为详细，探讨得较为深入；但是不便于读者较为全面地把握科学哲学领域基本问题的脉络。

笔者经过多年现代逻辑教学的历练，并在恩师江天骥先生的指导下攻读完科学哲学的博士学位以后，一直很想尝试着写一本既有学术价值又有教学参考价值的科学哲学著作：以问题为线索，分析研究科学哲学家们对问题的各种解决方案及其之间的逻辑联系，突出分析哲学传统对语言做逻辑分析的特色。2003 年至 2004 年我有幸得到国家留学基金资助去美国哈佛大学做了一年访问学者，期间在与国外学者的交流、听课和掌握相关资料的过程中了解并感受到，以问题为中心进行研究不仅是专业工作者研究的路径，而且也是引导学生学习科学哲学的重要教学方法。所以，更坚定了我写这本书的决心。

然而，当着手实现我的想法时却又感到有一定的难度。首先，对于科学哲学基本问题的确定存在不同版本。英美已经出版了多种以问题为线索的科学哲学读物，它们都是按照科学哲学的基本问题，对科学哲学家的经典和当代文献进行编辑。但不同的版本所确定的基本问题是很不相同的，有时

同一篇论文被编辑到不同的问题下。比如，有的读物把科学与伪科学的划界问题作为基本问题，有的则没有。有的读物把波普“科学：猜想与反驳”的经典之作置于“科学与伪科学”问题之下，有的则把它置于“观察与理论”问题之下。其次，由于选择解决问题的方案的视角不同，所以即使大体相同的问题，选择编辑的文献也各各有别。比如，对于科学说明的问题，有的读物选择的是一组反映彼此竞争的说明模式的论文，有的则选择了一组关于科学说明目的的相竞争观点的论文。产生这两方面问题的原因，或许正如江天骥先生在他的《当代西方科学哲学》一书中所说：“20 世纪是科学哲学得到迅速发展的时期。在 30 年代至 50 年代逻辑经验主义的统治结束之后，对于科学哲学的基本问题是什么，以及如何解决这些问题，已没有一致的看法。基本立场不同的各个学派相继出现，霎时间科学哲学成为最活跃、争论最激烈、彼此分歧最大、反传统精神和革命气息最浓厚、提出了最惊人主张的哲学领域。”这些学派“对于科学哲学主要研究哪些问题，或者什么是科学哲学，彼此的看法就有很大分歧，甚至相反。各个学派的科学哲学在内容上往往差别很大，不仅他们对问题的看法不同，甚至他们研究的也不是相同的问题。”①

由此看来，希望把所有的问题以及每一问题的一切解决方案毫无遗漏地囊括于一本书是不可能的。本书共有十章，

① 江天骥：《当代西方科学哲学》，中国社会科学出版社 1984 年版（下同），第 4—5 页。

除了绪论和现代科学哲学发展的历程两章外，其余八章分别探讨了如下八个问题：(1) 认识的意义标准，(2) 科学的划界标准，(3) 科学说明，(4) 理论与观察，(5) 确证与归纳，(6) 科学知识的增长，(7) 科学社会学相对主义科学观的挑战，(8) 科学实在论与反科学实在论。选择这八个问题作为科学哲学的中心问题，是因为在笔者看来，这些问题中有的是进一步引起其他问题争论的基础问题，比如，关于认识的意义标准问题尽管最终被看作语言哲学的问题，但是关于科学与非科学的划界问题、科学理论的结构问题、确证与归纳的关系等问题都是由它引申出来；有的则是当今争论最为激烈的热点问题，比如，科学社会学相对主义科学观的挑战问题。在选择解决方案的视角上，本书把注意力放在问题争论的起源上，并注意不同解决方案之间的逻辑联系。然而，对于有些问题来说，确定解决方案的视角是较为困难的，比如，科学实在论者至少有三种：本体论实在论、认识论实在论和语义学实在论，但在争论的过程中，有的哲学家常常把它们交织在一起，而有的哲学家又声称他信奉其中的一种，反对另外两种。所以想要厘清其中一种有逻辑联系的解决方案都非易事。为此笔者在选材和落笔上都极为谨慎。另一方面，本书还注意涵盖了“观察的理论负荷”、“整体主义”等对于科学哲学的发展具有转折意义的重要论点，以突出科学哲学问题中的重要问题。

本书在广泛详细地阅读有关经典的和当代的西文文献原文的基础上，参考了一些国内学者的研究成果，力图准确地理解和把握以上提到的科学哲学的基本问题。对这些问题中

涉及的较为复杂的逻辑问题，比如，确证与归纳的问题需要涉及概率论和概率归纳逻辑的演算问题，本书则尽可能地深入浅出，用通俗清晰的语言表述。在每一章的最后一节或每一节的最后一个问题中，对有关问题试图作出自己中肯或独到的评论。

当然，对于科学哲学这个当今仍活跃发展的研究领域内纷繁复杂的文献资料而言，我所阅读和掌握的资料可能仅仅是冰川一角，对于问题的研究也算不上深邃，甚至会有所错漏。同时我也不能指望同行学者或读者都能赞同我对问题的评论。但这条路径的研究在我国毕竟还不普遍，希望本书能给读者们一定的启示，并期待同行专家学者们在对本书的批评中催生更多的新观点、新思想。

本书的写作得到武汉大学哲学学院领导及外国哲学教研室同行的鼓励和支持，在此表示衷心的感谢！

感谢人民出版社的洪琼先生为编辑此书付出的辛勤劳动！

孙　思

2005 年中秋于武汉大学

第一章　绪论

一、"科学"一词

科学哲学是以科学作为研究对象的，但是，什么是科学？什么活动被称为"科学"？对这些基本问题的看法从近代以来一直存在很多分歧。物理学与真实世界有着直接的联系，常被看作是科学的典范，在现代科学中占据中心地位。分子生物学也许是最近半个多世纪中发展最迅速、给人留下最深刻印象的纯粹的科学。这是不争的事实。然而，理论物理学正朝着与真实世界几乎没什么联系的数学建模方向发展，有些人认为与它的过去相比，已经少了很多"典范科学"的色彩。而分子生物学近年来已经与使用它的研究成果的商业和工业密切关联，在某些人看来，它已经没有了昔日"纯粹科学"的风采。但是，物理学和分子生物学毕竟有着它们英雄的历史，是自然科学的起点，它们所从事的工作仍然是假说检验，因此是科学活动。

人们的分歧不仅存在于对经典“科学”的看法上，而且还存在于对边沿学科的看法上。在有些国家，经济学和心理学具有科学的地位，理由是：经济学是量化的学科，心理学与生理实验相关。但在有些国家却不把它们看作科学，理由是：没有普适的经济学理论，也没有普适的心理活动的评判标准。对于人类学和考古学是否应划归为科学领域的问题也一直存在争论。就它们与生物学有着密切的联系这一点，它们应划归为科学学科，但就它们是具有很强解释性特点的学科而言，它们似乎与人文科学有着更密切的联系。

不难看出，产生以上分歧的原因在于，“科学”一词负载了当代社会太多不同的默认。就对物理学的看法而言，“科学”含有客观性、实在性之意；人们对生物学的看法又赋予了“科学”非功利性、非社会性的含义；经济学和心理学学科地位的分歧是因为“科学”一词负荷着严格方法论的含义；人类学和考古学的学科归属的争论使“科学”暗含着非人文化之意。只要我们稍做一下“科学”一词发生学的考察，对以上的争论就不足为奇了。

“科学”一词来源于拉丁语的“scientia”一词。在古代、中世纪和近代社会，“scientia”一词意指揭示一般真理和必然真理的逻辑证明的结论。“scientia”可以用于各种领域，但现在这种证明更多地是与数学和几何学联系在一起。17 世纪当现代科学开始兴起的时候，我们现在称之为科学的物理学、天文学和其他探求事物因果关系的学科通常更多地被称作“自然哲学”（natural philosophy），植物学、动物

学、矿物学、生理学和其他描述世界内容的学科通常更多地被称作“博物学”（natural history）。此后，“科学”逐渐被用于表示与观察和实验密切相关的活动，以及科学与确定性证明观念之间的联系。

今天，“科学”一词的意义进一步扩展了。由观察证据与理论之间的关系延伸出一种解决问题的方式，使得“科学的”一词负载了修辞学的色彩，成为对任何工作做评价的一种理念，比如“科学的”发展观，“科学的”管理等。虽然科学是建立在全人类文化之上的，但是由于“科学”一词是西方发明的，所以，有一种解释“科学”的更狭义的观点，即把科学看作一种特定时空中的文化现象。这是因为直到16世纪至17世纪欧洲科学革命时期，才赋予了科学完整的意义，在此之前我们只是发现了古希腊时期科学的源头或先驱，发现了中世纪后期阿拉伯世界和斯多葛传统对科学的一些贡献。因此，这就是把科学看作是一种确定历史时期的特殊社会建制的观点的根源。

科学是在特定的地方由特殊的人传承下来的成果，尤其是生活在16世纪和17世纪的哥白尼、开普勒、笛卡尔、牛顿等欧洲人对科学做了重要的积累工作。为了理解科学，我们必须了解由这一小群欧洲人发展起来的知识进路是如何在人类产生了如此壮观的结果，并必须把科学知识与农业、建筑和其他技术之类的知识区别开。

如上所述，对“科学”有各种不同的解释，我们并不打算在给出一个确切的定义后再开始进一步的论述，因为我们将看到，这每一种解释都几乎是一个学派或一种观念的基础。我们将围绕以下两个中心问题来使用“科学”一词：

第一，人类是如何获得关于他们周围世界的知识的；

第二，传承于科学革命时期的知识与关于世界研究的其他知识的区别何在。

二、科学的限度

自然科学形成系统的独立的学科是从 16 世纪开始的，在此之前，“自然”一直是哲学家关注的焦点，是哲学反思的对象，所以，每门自然科学学科都是在哲学的母腹中孕育成熟的。公元前 3 世纪时，尽管欧几里得几何学的工作已经形成了一门独立于哲学的关于“空间科学”的学科，但那时它仍然是由柏拉图学院的哲学家们教授。直到 17 世纪牛顿的物理学革命才使物理学成为与形而上学相分离的学科。1859 年，《物种的起源》一书使生物学脱离了哲学和神学成为一门独立的学科。20 世纪末，心理学从哲学中获得了自由，开始有了它自己的独立地位。最近的五十年，与逻辑学相关的分析哲学的繁荣发展促进了计算机科学的产生。从古希腊迄今的科学史就是记载着一门门自然科学学科如何从哲学的母腹中脱胎出来成长为独立学科的历史。

然而，这些从哲学母腹中脱胎出来的学科却把许多自己不能解决的问题暂时地或永久地留在了母腹中。比如，数学解决了数的问题，“2”或“10”可以指称相同的事物，也可以指称不同的事物。而且数学也解决了数的计算问题。但是数学本身却无法回答（1）数的性质是什么，（2）数学所使

用的方法是合理的吗等问题。这些问题留给了哲学，至今仍然是数学哲学家们争论的焦点。

再比如，牛顿第二定律告知我们，物体的力等于质量与加速度的积，即 F＝ma。加速度则与时间相关，那么“时间是什么?”我们都知道时间就是指小时、分和秒，但这些仅仅是指时间的度量单位，而绝不是物理学家所要求的答案，物理学家要求的是对“时间”概念的精确定义。三百多年前物理学就把这个问题留给了哲学，而在 20 世纪初随着广义相对论的产生，这个问题又被物理学家重新提出来。

类似地，达尔文进化论的生物学产生后，许多生物学家提出识别人的本质，或者识别人不同于其他生命的目的性或意图性的问题。而有的生物学家认为，人的本质仅仅只是在等级上有别于其他动物，没有目的性或意图性的区别。这就是进化论被如此广泛地拒绝的重要原因之一。而这个问题的回答仍然留在了哲学中。

不仅如此，所有的科学，尤其是定量的科学严格地取决于逻辑推理的可靠性和演绎论证的有效性，而且，从有限的具体资料到一般理论也要依赖归纳论证。作为演绎论证的大前提的一般原理和小前提的事实命题是由科学提供的，但是，没有一门科学能直接回答它所提供的大前提为什么永远是可靠的，它为什么应该使用那个并不永远是可靠的事实命题作为小前提的问题。而且，也没有一门科学能回答从有限的具体资料到一般理论的归纳论证是否有效的问题。

由此看来，科学是有一定限度的。当然，我这样下结论是会引来非议的。有人认为，科学没有永远解决不了的问题，诸如“宇宙在发生大爆炸之前是什么样”、“生命如何能从无机物中产生”、“意识仅仅是大脑活动的过程吗”之类的问题，尽管科学现在还不能回答，但是我们没有理由断定科学和科学方法原则上不能回答所有有意义的问题，他们相信只要有足够的时间和金钱，理论天才和科学实验总能对这些问题作出回答。科学永远回答不了的问题是假问题，假问题就像“绿色的思想会疯狂地睡觉吗”这类问题一样无意义。持这种观点的人往往是基于对科学的坚定信念，而又不屑于永无止境地追求哲学问题答案的科学家。

问题的关键在于，我们应该区分两类不同性质的问题，一类是诸如“宇宙在发生大爆炸之前是什么样”、“生命如何能从无机物中产生”、“意识仅仅是大脑活动的过程吗”的问题，这类问题属于科学研究必须回答的问题，而且即使迄今科学仍未能作出回答，但是原则上科学最终总能回答，这类问题属于科学领域中要解决的问题，我们姑且把它称作“科学问题”。另一类是诸如“数的本质是什么”、“时间的定义是什么”、“人的本质是什么”的问题，这类跟随我们走过了几个世纪、公认为是非假的问题为什么至今未能被科学回答？原因不可能是用以思考的时间不足够，也不可能是花在实验上的金钱不足够，而是因为这类问题已经超出了科学所能回答的范围，我们称这类问题为“关于科学的问题”。科学所能回答的只是某个领域的研究对象是什么，如何是这样的问题，但却不能回答科学自身的本质是什么，我们为什么应该如此地理解科学的本质这类问题。科学常常要借助于假说，在做假说时有些因素是必须要考虑的，有些因素是应该

忽略的，尽管科学能提供假说应该考虑的因素，但科学假说应该和为什么应该包括哪些因素或忽略哪些因素，是知识的本质和合理性问题，是科学本身不能回答的。科学必须使用论证，而且能够提供论证所需要的一般原理和事实证据，但科学本身无法构造论证，无法为它们所使用的论证方法的合理性作辩护，也无法说明它所使用的一般原理和事实证据的合理性。科学史上关于光的本质问题的解决是我们以上观点的一个精彩案例，关于光是由粒子组成还是由波组成的问题的争论持续了几个世纪，牛顿坚持光的微粒说，惠更斯坚持光的波动说。这个争论在德布罗依、薛定谔、波恩、海森堡和波尔的量子力学中达到最高潮。波动说和微粒说争论的最终产物是：什么是物质这个问题无法单由物理实验来回答，而要求对物理学进行一次哲学分析。可以看到，它的回答有赖于对什么是知识问题的回答。“躺在原子论摇篮里的哲学思想，在19世纪这一百年中被实验分析所取而代之；但是，研究结果终于进入了一个复杂的阶段，它又要求回到哲学探究中去。然而，这次探究的哲学不是单纯的思辨所能提供的；只有科学哲学才能协助物理学家。”[①] 总之，关于科学的本质问题，关于科学方法的合理性等问题是科学本身不能回答的，而回答这些问题（仅指以上提到的问题，并非所有科学不能回答的问题）正是哲学的任务。因此在这个意义上我们的结论是，科学是有限度的，哲学对科学是不可避免

---

① Reichenbach Hans：*The Rise of Scientific Philosophy*，University of California Press，1954，p. 176.

的。

三、科学哲学研究的问题

科学哲学是一门试图回答科学的本质、科学的形式是什么、科学方法的合理性是什么等问题，以及由这些问题所引起的一系列哲学问题的学科。如上所述，科学和哲学有着共同的起源，都起源于人类试图以批判的方式和概念的方式理性地理解和把握世界实在的抱负。所以，科学与实在、科学与理性的关系是科学哲学关注的基本主题，科学哲学研究的问题都围绕着这个主题展开。科学哲学属于哲学的一个分支，从哲学的观点看，它研究的问题可以区分为认识论问题和本体论问题，认识论关注的是知识、证据以及它们之间的关系问题，科学方法的合理性等哲学问题。本体论是处理关于实在、理性、科学的本质是什么等一般的哲学问题。科学哲学讨论的大部分问题是认识论问题，当然，科学哲学中的认识论问题常常与本体论问题交织在一起，本书在讨论时并不加以严格区分。

由于哲学家所持的木体论和认识论（尤其是方法论）基本观点的不同，现代西方哲学中对一些主要问题的看法形成了不同的学派，每一学派都有它的代表性人物，如维也纳学派（代表人物有石里克、卡尔纳普等）、逻辑经验主义学派（代表人物有赖欣巴哈、亨佩尔等）、历史主义学派（代表人物有库恩）、整体论的自然主义学派（代表人物有奎因等）、后现代主义学派（代表人物有费耶阿本德等）等。

现代西方科学哲学的研究主要有两种路径：一种是以学派为中心，研究其主要代表人物的思想观点；另一种是以问题为线索，研究科学哲学家们对问题的各种解答方案。

由于极“左”思潮的长期影响，我国哲学界20世纪80年代初才开始较为全面地介绍现代西方科学哲学。从那时迄今的研究著作（包括教材）一般走的是第一种路径，这种研究路径或讲课路径在推动科学哲学在中国的研究和发展的初级阶段无疑起到了非常重要的作用。因为它有利于把握科学哲学发展的历史线索，了解主要学派及其代表人物的基本观点，跟踪科学哲学发展的新潮流。但是，随着研究的深入，这种路径逐渐显示出其局限性：第一，将注意力过于集中地放在主要学派及其代表人物上，往往忽略了一些并非开宗立派却对科学哲学中重要问题的进展具有深远影响的哲学家。第二，这种路径更注重的是粗线条地介绍或研究学派及其代表人物的基本哲学观点和方法论思想，而问题意识淡化，即对解决问题方案之间的逻辑关系，对问题的精细论证注意不够，容易误导人们以为科学哲学不过是创造一些谈论科学的空洞的思想，创造标新立异的哲学观点的学科。这也许是为什么我国科学家加盟科学哲学研究甚少的原因。第三，按照本体论和认识论立场划分派别往往不利于准确地理解科学问题及其解决方案，因为科学哲学家们解决问题的过程就是不断突破主客二分、经验与理性对立等传统哲学观念的过程。事实上，被称为代表人物的哲学家就是在解决疑难问题时突破了某种传统观念，提出了一些具有启发意义的方法论思想，从而也创立了一个学派的。所以，科学哲学发展的动力来自于解决问题而不是建立学派，这正是第二种研究路径的重要性。

无论是两年一次科学哲学学会国际研究会的论文集，还是国外知名大学的科学哲学教材，采用的都是以问题为中心的研究路径。就科学哲学是研究科学中的哲学问题而言，科学哲学研究的问题又可分为一般科学的哲学（General Philosophy of Science）问题和特殊科学的哲学（Philosophy in Specific Science）问题。一般科学的哲学问题是指关于各门科学具有共同性的认识论问题和本体论问题，比如，科学的划界问题、科学的说明问题、理论与观察的问题、确认与归纳问题、科学知识的增长问题、科学实在论与反实在论问题、社会科学的哲学问题等。特殊科学的哲学问题是指科学中的特殊学科所具有的认识论和本体论问题，比如，物理学中的决定论与非决定论问题、实在论与非决定论的关系问题、量子力学是否推翻了决定论等问题；生物学中进化论的模型问题、物种水平的认知问题、进化论中的决定论问题、实在论和概率问题等。20 世纪中叶以前，西方科学哲学家讨论的重心在一般科学的哲学问题方面，近年来，虽然对这方面问题争论的激烈程度不减当年，但是有许多科学哲学家正在集中研究特殊科学的哲学问题，并且问题的研究也日益深入。正因为如此，国外有很多科学家对科学哲学问题十分感兴趣，以上提到的开宗立派的科学哲学家本身都经过严格的科学训练。本书采用的是问题研究路径，并且主要讨论一般科学的哲学问题。

科学哲学应该回答哪些科学问题，应该如何回答，在哲

学家中一直存在争议。20 世纪 50 年代以前，许多哲学家认为，科学理论是按照逻辑规则用一套科学方法建立的，是规范的，哲学家应该试图寻找科学的逻辑理论，理解抽象的科学理论结构，研究科学家建立科学理论应该遵守的规则和程序。然而，50 年代以后受科学史研究工作影响的一些哲学家认为，科学理论是描述性的，哲学家应该按照科学理论的发展历史来描述科学家的活动。最近三十年，一些持后现代科学观的哲学家认为，科学知识是社会建构的，所以应该如实、自然地描述科学信念产生和发展的社会原因，公正地对待所有的信念体系，无论它是真的还是假的。以上这些争论涉及科学哲学与逻辑学、科学史和科学社会学或科学知识社会学的关系。

用理性的方式把握世界实在，必然要使用科学方法，科学方法具体说就是逻辑方法，所以科学方法合理性的辩护就是关于逻辑推理合理性的辩护，尽管 20 世纪 50 年代后许多哲学家们对把科学合理性建立在逻辑推理的合理性基础之上的观点持否定态度，但是不可否认的是，数理逻辑和数学概率论的创立和发展是现代西方科学哲学兴起的重要原因之一。而且，即使科学哲学最近半个多世纪的发展已经引入了历史的方法和社会学的方法，但也仍然不可能代替逻辑分析方法，不熟悉逻辑推理是无法学习科学哲学，更无法从事科学哲学的研究。至于科学哲学与科学史的关系，在现代西方科学哲学兴起的初期曾经分离过，科学哲学家试图把科学发现的问题与科学辩护的问题加以区分，仅仅对科学术语、科学说明的结构和科学定律做逻辑分析。而科学史家则对科学哲学表现出空前的冷漠态度。然而，20世纪70年代初，科学哲学家开始意识到，科学哲学使纯粹的历史事实转变为科学史成为可能，反之，科学史的可信性为作为科学史出发点的哲学提供了检验。“没有科学史的科学哲学是空洞的；没有科学哲学的科学史是盲目的。”[①] 至于科学哲学与科学社会学的关系，科学哲学家认为，对于科学合理性解释优先于社会学解释，因为逻辑推理原则的合理性是不需要解释的，只要从一组真前提按照逻辑规则推出的结论就是必然真的。只有当推理的结论出了错误时，才由社会学从逻辑之外的因素去寻找原因。而20世纪70年代兴起的科学知识社会学（简称SSK）认为，科学哲学的整个理论观点被逻辑经验主义误导了，SSK的哲学抱负是用社会学理论代替科学哲学理论。然而，这种代替至今仍未发生。

这些关于学科之间关系的争论也仍然是围绕着科学与实在、科学与理性的关系展开的，这些争论已经延伸到哲学之外的领域，在其他的专业领域（比如心理学、语言学等）引起了反响，甚至引起了关于科学在社会中的恰当地位的讨论。事实上，20世纪后半叶，研究科学本质的所有领域一直在争论这个问题。有些人认为，科学史、科学哲学和科学社会学的工作已经表明科学不应该具有它在西方文化中一直占据的独断地位，科学的可信性和优越性地位已经彻底被摧毁了。而另一些人则持否定观点。由此而引起的知识方面的

---

① Lakatos Imre：《科学研究纲领方法论》，兰征译，上海译文出版社1986年版（下同），第141页。

争论常常与政治问题的讨论交织在一起，自然科学的这些问题在社会科学中也引起了强烈的反响。这些争论白热化为“科学大战”。现在，尽管科学大战已经逐渐冷却，但是，对于科学知识本质和地位的大部分基本问题的看法仍然存在大量分歧，这些分歧或多或少影响到日常科学实践活动，并且它们对于人类知识、文化变迁和我们总的宇宙观的一般讨论有着重要的意义。介绍这些著名的争论，以便让读者了解这些问题的现状也是本书的目的。

第二章　现代科学哲学发展的历程

一、经验论传统与唯理论传统

科学是如何产生的？这个问题是理解科学的起点。哲学家对这个问题有两种不同的回答：经验主义回答与理性主义的回答。

尽管经验论存在着许多不同的哲学观点，经验论阵营内的争论十分激烈，但是它们有一个共同的基本观点：经验是关于世界的真知识的惟一来源。根据现代实验科学的真正始祖英国的弗兰西斯·培根的观点，感觉经验无疑是完全可靠的，因为它能排除人类的天生本性对自然事物的偏见，排除个人因受教育和社会环境的影响而形成的偏见，排除按流行观点、使用不适当的语词等而引起的错误，排除盲目信仰权威、教条、传统哲学体系而形成的偏见（“四假象说”）。一切具有正常感官的人都能以同样的方式辨认感觉的要素——

颜色、声音、形状等，再现事物的本来面目。思想的作用就是追踪和反映感觉印象。这种未加渲染、未经解释的感觉可以体现于纯粹的描述性报告中。但是，18 世纪这种被称作“感觉论”的古典经验论的观点在讨论中逐渐陷于了怀疑论，即我们不能知道感觉之外的任何存在。这个结果是从两个方面导致的。第一个方面来自贝克莱的怀疑论。贝克莱虽然肯定人类的知识只是由感觉和反省而得的各种观念，但他却把事物的性质看作完全是主观的观念，得出“事物是观念的集合”的结论，并进而得出“存在就是被感知”的结论。那么，我们如何能知道在我们心灵能感知的东西之外的绝对存在的真实世界呢？我们称之为“外在世界的怀疑论”。第二个方面来自休谟的怀疑论。休谟认为既然我们除了直接感知的知觉之外无法知道外在世界的存在，那么，我们有什么理由认为过去的经验模式也将能用于将来呢？我们称之为“归纳怀疑论”。

与经验论者相冲突的唯理论者，例如笛卡尔，则给出这个问题的另一种回答。笛卡尔认为感觉并非可靠知识的来源，它常常会欺骗我们，一根半截插入水中的棍子看上去是弯的，实际上却是直的；一座远看是圆的宝塔，实际上则是方的；……。所以感觉常常是错误认识的根源。而且感觉经验不能把科学知识与其他人类思想的知识区分开。科学所做的特殊的研究在于它试图把现象量化，并且在川流不息的事件中发现数学模型。只有理性才是可靠的，因为理性具有主动的创造力，能摆脱一切偏见和传统的束缚和影响，借助于自我反思的力量超越自身的历史环境和眼界，认识客观对象的本质，通过纯粹的推理产生不依赖于经验的先天知识。数学就是这类知识的典范。就连重视经验传统，创立了科学实验方法的伽利略也十分强调数学的地位，他曾说，宇宙“这本书是用数学语言写成的，数学语言的特点是三角形、圆形和其他几何图形，没有这些几何图形，仅仅根据经验知识是不可能理解这本书中那惟一的世界的；没有这些几何图形，人类还将在黑暗的迷宫中漫游。”①他甚至赞扬他的先驱哥白尼日心说的信仰是“理性战胜经验”所使然。然而，人们同样可以问：数学是理解世界的惟一来源吗？达尔文《物种的起源》中的成果不是并未使用数学吗？事实上，19 世纪生物学理论的最重大的革命都没有体现数学在其中的作用，只是新近的发展才包含了数学部分。可见，并非所有最伟大的科学都产生于用数学理解世界。

当然，对这个问题的回答存在一种由康德发展起来的中间立场。康德认为，我们所有的思想都包括经验和用于分析经验的心理结构。“空间”、“时间”、“因果关系”这些重要概念不能产生于经验，因为人们为了用经验认识世界，必定先已经有了这些概念。数学给我们提供了关于世界的真知识，但并不要求经验的证明。

古典的经验论的确过于简单地描述了感觉经验与真实世界之间的关系，忽略了人的认识的主动性与创造性。但是，

---

① Galileo Galilei："The Assayer"，in *Discoveries and Opinions of Galileo* [1623]，translated by Stillman Drake，New York：Anchor Books，1990，pp. 237-238.

它的认识论的基本原则是正确的，这就是经验论对诸多的哲学家有如此大的吸引力的原因。古典的唯理论常用于表示与经验论相对立的观点，它的问题是显而易见的。然而，在20世纪关于科学问题的讨论中“理性论”已经被赋予了新的含义。这个词常常在广义上表示一种对人类理性力量的信心。唯理论观点已经是经验论的一种形式了。而“经验论传统”一般有三种含义：(1) 前科学；(2) 尘世的而不是宗教的；(3) 在现代的某些时期还具有政治上含义，意指政治温和派或政治自由主义。总之，经验主义观念已经集实践的、科学的、实际的生活观于一体了。确切地说，逻辑实证主义就适合这种模式。

科学知识产生于社会结构。在对经验论传统的猛烈批判中，科学史家和科学社会学家强调发展社会结构。夏平认为，主流经验论往往基于这样的幻想来处理问题：从观察上看，每一个体都能自己检验假说。他们认为，经验论是在不相信权威的前提下，直接观察世界。但是这是对日常知识案例的一种幻想，在科学案例中这只是一种离奇的伟大幻想。科学家的每一步发展都取决于合作和信念的复杂网络。如果超越最根本的共同理念，科学家仅凭自己的工作去检验假说，那么，科学将不可能有任何发展。所以，信念和合作是科学的本质。但是，谁能被相信？谁是可靠资料的来源？夏平认为，只要我们仔细注视一下科学史就会发现，科学革命的发生与拟定新的管理、控制和调整科学活动共同体内成员行动的方案相关。经验随处可见，但最重要的工作是拟定哪一类经验与假说检验相关，拟定谁能被相信是可信和相关报告的来源。夏平主张，一个科学社会机构的好理论比经验主义幻想的科学理论更好。①

科学社会学家开始发展这样一种关于科学是如何产生的理论：他们强调社会机构在科学产生中的作用，但是社会机构要适合于经验形式。科学的重要性在于强调科学共同体中的合作和竞争的平衡。在科学发展中人们常为了个人的声望、地位和被承认而竞争。这些问题自科学革命以来一直是很重要的。大的科学协会很早就出现了，如英国皇家协会1660年就产生了。这些协会的一个重要作用是，用有效的方法控制声望的分配——在不阻碍各种理念自由传播的条件下，决定奖金分配的合适人选。这些协会的另一个作用是，把相互信任的人组成一个共同体，使之成为可信任的合作者和资料来源。经验主义者会认为这种社会机构使科学共同体对经验作出惟一的回答。

二、维也纳学派与逻辑经验主义

1. 维也纳学派的产生

维也纳学派（The Vienna Circle）与柏林经验哲学（赖欣巴哈 Hans Reichenbach）一起构成了一个国际性的哲学运动的出发点。这个国际性的哲学运动导致了实证主义（positivism）与经验主义（empiricism）的再生与革新。维

① Shapin Steven：*A Social History of Truth*：*Civility and Science in Seventeenth Century England*，Chicago：University of Chicago Press，1994.

也纳学派产生于两次世界大战之间。1895 年，维也纳大学为马赫（Ernst Mach）设立了一个归纳科学的哲学教授席位，此后这一席位一直延续下来。这使得维也纳一直存在着一种经验主义哲学的长期传统。1922 年这个席位被授予了莫里茨·石里克（M. Schlick），很快在石里克周围形成了一个学圈，他是这个学圈的领军人物。其主要成员不仅有他的学生、同行和同事，如魏斯曼（F. Waismann）、纽拉特（O. Neurath）、费格尔（H. Feigl）等，还有对哲学感兴趣的数学家，如汉恩（H. Hahn）、门格尔（K. Menger）、哥德尔（K. Gödel）等。学派的这一组成使他们的讨论水平不同寻常的高，成员之间的共同协作带来了通常只有在专门科学中才会发生的那种飞速进展。这个学圈在理论上大量有影响的建议来自维特根斯坦（L. Wittgenstein）。维特根斯坦当时在维也纳，尽管他从未参加会议，但是他的建议通过与石里克和魏斯曼的个人接触传达给了这个学圈。这样，维特根斯坦的影响远远超过了他的《逻辑哲学论》一书的作用。

1929 年，由卡尔纳普（Rudolf Carnap）、汉恩和纽拉特撰写的纲领性小册子：《科学的世界观——维也纳学派》的出版，使“维也纳学派”成为众所周知了。从 1935 年至 1939 年，每年都召开一次科学哲学国际研讨会。最后一届大会于 1939 年 9 月在美国马塞诸塞州的剑桥召开，此后，第二次世界大战结束了这一切。1936 年石里克在大学校园内被一个精神错乱的他原先的学生枪击致死。1938 年，德国强行吞并奥地利之后，学派的组织就完全解体，学派的成员分散到世界各地。

由于维也纳学派的成员中有一些犹太人，因此学派的出版物被禁止销售，学派的活动被认为是“颠覆性的”。在维也纳虽然没有了维也纳学派，但是学派的观点却在国外流传并日益普及。尤其在美国，已经形成了一个以莫里斯、兰福德、刘易斯、布里奇曼、内格尔为代表的并行的运动。维也纳学派的一些主要人物，如卡尔纳普等，也去了美国的一些大学执教。在英国的伦敦大学这个运动也长期地流传下来。学派的成员中国学者洪谦先生先在中国的武汉大学任教，后又去了北京大学任教。当然，维也纳学派的成员们并没停留在他们过去的立足点上，他们进一步发展并部分地抛弃了他们原来的观点。

然而，一种新的哲学思潮已经有了辉煌的兴起，维也纳学派已构成了一场国际性的哲学运动，成为新实证主义或新经验主义。维也纳学派产生的哲学动机是反对一切独断的、思辨的形而上学。在它以前的哲学家，或者把哲学看作是一种关于生活和世界观的个人智慧的表述、一种对生活和对世界的主观解释，或者把哲学看作是寻求思辨方法来构造的一种世界的说明，或者把哲学看作是寻求一种概念性的世界的诗篇。维也纳学派认为，这些哲学充满了独断的断言和无从检验的思辨。维也纳学派成员的共同信条是，用科学的方式来研究哲学，把科学思维的严格要求作为哲学研究的先决条件，把科学方法的毫不含糊的明晰性、逻辑上的严密性和论证的不可反驳性看作哲学研究的方法。[①]

维也纳学派深受20世纪初现代物理学发展的激励，尤其深受爱因斯坦相对论和量子力学科学思想和方法论思想的影响，成为这个学派对科学本质认识的重要范例。古典经验主义哲学是维也纳学派的重要理论来源，古典经验主义主张全部知识都产生于经验，经验是知识有效性的惟一根据。而数理逻辑的产生使维也纳学派对这一观点作了根本性的修正。弗雷格和罗素创立的数理逻辑揭示了数学的分析性质，说明了逻辑和数学的先天有效性。古典经验主义是否认它们的这个性质的，只有维也纳学派才认识到应该如何把数学和逻辑的先天有效性与经验主义结合起来，维也纳学派保留了经验是判明综合命题有效性的惟一方法的核心思想。另一方面，则接受分析命题的有效性仅仅根据逻辑的理由。这样，“形而上学的理性主义被抛弃了。逻辑本身允许被结合进经验之中，此时的逻辑可以被解释为是理性行为的一种确定形式。”[②] 而数理逻辑语言突破了自然语言模糊性和歧义性的缺陷，成为澄清哲学概念和命题的基础。对经验主义的这种修正，使维也纳学派的观点标上了“逻辑实证主义”（Logical Positivism）的名称。数理逻辑与现代物理学、经验主义哲学一起成为造就维也纳学派思想的三个要素。

2. 逻辑实证主义与逻辑经验主义

“逻辑实证主义”是1931年布鲁姆堡（A. E. Blum-

① 资料来源于 Kraft Victor：《维也纳学派》，李步楼、陈维杭译，商务印书馆1998年版（下同）。

② Kraft Victor：《维也纳学派》，第29页。

berg）和费格尔首先用以指称维也纳学派的名称，以表示这个学派继承了孔德（Auguste Comte）（第一代实证主义代表）和马赫（第二代实证主义代表）的实证主义的传统，并以现代逻辑作为哲学分析的工具，因此逻辑实证主义常被视为第三代实证主义。[①] 此后，这种哲学发展为一场运动后，卡尔纳普提倡把“逻辑实证主义”改为“逻辑经验主义”（Logical Empiricism），以作为这场运动的名称，因为他不同意“逻辑实证主义”名称使这个运动含有的与旧实证主义具有过分接近的暗示，而只愿意承认这个运动的经验主义立场。所以，从这两个概念的指称意义上看，“逻辑实证主义”一般用以指称早期的维也纳学派，而“逻辑经验主义”则常常用以指称作为一场哲学运动的分析哲学。

从这两个概念的内涵意义看，“逻辑经验主义”并不意味着比“逻辑实证主义”具有更多的经验主义色彩，事实上，前者仅仅是后者的延伸，其基本哲学立场和哲学主张没有本质性的区别。只是在这个运动发展的早期，由于维也纳学派的工作具有历史的开创性，所以对许多问题的处理现在看来是有些过于简单和极端的倾向。随着这场运动的深入，面对来自各方观点的挑战，后期的逻辑经验主义者的一些观点有很大改进，比如卡尔纳普后期就放弃了他早期的那种片面的句法观点，代之以“语言的宽容原则”。所以，与“逻辑实证主义”相比，“逻辑经验主义”常常有更温和的逻辑

---

① 参见洪谦：《论逻辑经验主义》，商务印书馆 1999 年版（下同），第 122-123 页。

实证主义的意味。

但是，我认为把那些过于简单化和极端化的观点都归为早期逻辑实证主义者，然后对他们持完全的批判态度，无视他们成果的价值的做法，对他们是不公平的。因为维也纳学派的工作只是刚刚开始，并未做完，仅仅在创立后十几年的时间就被突然地终止了。如果这个学派的工作继续下去，可以肯定地说，他们对很多问题的处理将会取得更为成熟的答案。

三、逻辑实证主义的认识论预设

逻辑实证主义者的科学观中有三个基本的认识论预设，这三个认识论预设成为他们研究问题的出发点。

1. 分析命题和综合命题的区分

分析命题和综合命题的定义来源于康德分析判断和综合判断的定义。康德认为，分析判断就是谓词 B 属于主词 A，是隐蔽地包含在 A 这个概念中的东西；综合判断就是 B 完全外在于概念 A，虽然它与概念 A 有联系。分析判断通过谓词并不给主词增加任何东西，它只是把我们在主词中已经思考着的但不是很明确的内容分析为构成分析判断的概念，因此可以称作“说明性的判断”。例如，“一切物体都有广延性”就是一个分析判断。分析判断不是建立在经验的基础上，不需要任何的经验证据，仅按照矛盾律就能意识到这是一个必然性判断。而综合判断则在主词中增加了一个谓词，这个谓词在主词概念中完全不曾想到，是不能由主词的分析得出来的，因此可以称作“扩展性的判断”。例如，“一切物体都是有重量的”就是一个综合判断。综合判断是基于经验的，因此经验就是“重量”这一谓词与“物体”这一概念有可能综合的基础。康德还认为，数学判断全部都是综合的。例如，7+5=12，7和5之和的概念并未包含任何进一步的东西，而只包含这两个数结合为一个数的意思。12这个概念绝不是思考7和5的结合就能被想到的，而且无论对它们分析多久，也不会在里面找到12。只有超出这些概念，借助于某个直观（如7个手指或7个点），才能看到12这个数的产生。①

康德在这里使用的词语“判断”和“概念”被逻辑学家看作是具有心理因素的语词，因而在现代逻辑中已代之以“命题”和“词项”。“主词”和“谓词”表示的是传统逻辑的命题结构，而不是现代逻辑的命题结构。这些问题无关大局。关键性的缺点是，康德使用了两个不等值的标准区分分析命题与综合命题。当他说“7+5=12”是个综合命题时，其根据是从“7+5”的内涵不能主观地认识到“12”的内涵，其根据的是心理学的标准。但当他说“一切物体都有广延性”是分析命题时，根据的则是矛盾律，是逻辑标准。但是，一个命题按照前一个标准是综合的，按照后一个标准很可能是分析的。如果不借助于经验，那么我们否定“7+5=12”这个命题，就会违反矛盾律。而从康德的整个论述来

① Kant Immanuel：《纯粹理性批判》，邓晓芒译，杨祖陶校，人民出版社2004年版，第8—12页。

看，他希望建立的是这种逻辑命题，而不是心理学命题。

逻辑实证主义者艾耶尔（A. J. Ayer）为了保留康德分析命题和综合命题的逻辑意义，同时避免康德定义中的混乱，重新界定了这两个概念。“当一个命题的有效性仅依据它所包括的那些符号的定义，我们就称之为**分析命题**，当一个命题的有效性决定于经验事实，我们就称之为分**综合命题**。”① 根据这个定义，数学命题和逻辑命题都是分析的，因而数学真理和逻辑真理都是先验的。这个结论对于逻辑实证主义说明科学知识的性质具有十分重要的意义。

作为经验主义，逻辑实证主义始终坚持一切知识从经验产生的立场，而具有经验内容的命题都不是必然的，其有效性是靠经验来证实的。那么，数学和逻辑命题为什么没有经验内容，是必然的，其有效性不依赖于经验呢？在认识到分析命题的性质之前，这个问题曾使经验主义遭到唯理论的诘难。现在逻辑实证主义的定义澄清了这个问题。数学和逻辑真理不依赖于经验不是就本体论意义而言，而是就认识论意义而言，意即数学和逻辑真理的有效性检验不依赖于经验。也就是说，不否认这些真理的最初发现是从实践中归纳而来，但是，一旦经过归纳的过程发现了这些命题，并且理解了它们是真理，那么，取消它们就会出现自相矛盾，就会违反约束我们语言用法的规则。由于认识到数学和逻辑真理是

① Ayer A. J.：*Language*，*Truth and Logic*，London，Victor Gollancz Ltd，1949，p. 78. 黑体为笔者所加。

分析的，所以，一方面使得逻辑实证主义者能够在经验主义的框架内处理数学知识，另一方面，使得逻辑成为逻辑实证主义者对科学进行哲学研究的主要工具。

2. 基础主义预设

古典经验论者和古典唯理论者都认为科学知识应该建立在可靠的基础上，科学理论体系是通过合理的逻辑方法建构起来的。但是关于基础的性质和逻辑方法的合理性，经验论和唯理论的观点是不同的。古典经验论者相信无偏见的感觉经验是科学知识的共同基础，基础的确定性能通过归纳法从下至上地传递到知识的每一新的层面，因为只有归纳法才能对感觉材料进行理性加工，从个别事物的分析中得出一般的概念和原理。古典唯理论则把作为公理的天赋观念、直觉原理或事物本质的先天知识作为科学知识的可靠基础，不证自明的公理的真理性通过具有逻辑保真性的演绎推理自上而下地传递到其他命题。

逻辑实证主义者继承了古典经验主义的传统，把科学知识建立在感觉经验的基础上，它们主张科学知识“合理重建”的纲领，即揭示科学知识与感觉经验的逻辑关系。一方面表明科学概念是由经验事实构造，科学命题是由基本的经验命题构造。另一方面揭示科学概念可以通过逻辑方法还原为感觉经验的概念，科学命题可以通过逻辑方法还原为经验命题。科学的合理性就在于逻辑方法的有效性。

与古典经验论者不同的是，逻辑实证主义者不仅相信演绎逻辑，而且相信归纳逻辑是合理的逻辑工具。演绎逻辑能

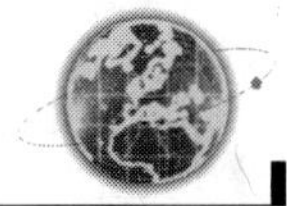

从真的前提必然推出真的结论，其逻辑保真性是毋庸置疑的。但是逻辑实证主义者也相信，在实际生活中我们所能找到的理论的最好证据对理论的支持也不可能是完全决定性的，科学不可能达到绝对的必然性。但这并不意味着我们相信这样的理论就是不合理的。正如艾耶尔所说：“一个命题的有效性不能从逻辑上得到保证，这个事实绝不意味着我们相信它就是不合理。恰恰相反，不合理的倒是在没有保证的地方要找出保证，在只能得到或然性的地方要求有确定性。”① 尽管归纳推理的结论是或然的，并且这个问题一直是哲学史上争论的焦点之一，但是现代归纳逻辑——概率归纳逻辑已经取得了令人瞩目的发展，并且在逻辑上得到了局部的辩护。

在基础主义的预设下，逻辑实证主义者把科学知识的可检验性看作是理论预测的经验上的可检验性，把科学的合理性看作是逻辑推理的合理性。

3. 科学发现领域与科学辩护领域的区分

哲学家对于科学知识研究一直关心两个问题：第一个问题，科学知识是怎样产生的？科学家是通过什么路径提出假说，而后形成科学理论的？这个问题是科学理论的发现问题。第二个问题，科学知识有没有共同的基础？科学理论的结构是怎样的？科学理论在多大程度上得到作为基础的证据的支持或确认？这个问题是科学理论的辩护问

① Ayer A. J.: *Language, Truth and Logic*, London, Victor Gollancz Ltd, 1949, p. 72.

题。直到近代，哲学家们都以研究科学的发现和科学的辩护为己任。

但是逻辑实证主义者认为，科学发现的问题是科学家在发现新理论、新观念时的心理过程，科学理论的发现主要是靠灵感、想象和直觉，是非逻辑的过程。因此是心理学家、社会学家和历史学家研究的范围。科学辩护是科学理论发现后，对科学理论进行检验的过程，这个过程是规范性的。科学的合理性就在于科学方法的合理性，在科学的历史演变中，科学方法是不变的，证实这种方法的不变性才使得科学成为可以理解的。科学辩护就是为规范的、一元的逻辑方法的合理性作辩护。因此科学辩护属于科学哲学研究的范围。逻辑实证主义将科学发现的领域划归了心理学、社会学和历史学，其目的是在科学知识的研究领域里排除一切不能由科学方法获得的东西，只有这样，才有可能超出哲学的主观分歧和不稳定性，达到普遍有效性、持久性的结果。所以逻辑实证主义的口号是“拒斥形而上学”。

四、挑战与发展

逻辑实证主义者的基本预设受到来自不同观点的挑战。

1. 批判区分两种陈述的教条

分析陈述与综合陈述的区分受到奎因（Willard Van

Orman Quine，1908—2000)[①] 的批评。在《经验论的两个教条》一文中，奎因把分析陈述与综合陈述的区分看作经验论的第一个教条，认为这两种陈述根本没有被区分开。他对不依赖于经验的分析陈述提出了质疑。分析陈述一般可以分为两类：第一类是逻辑真理，即同语反复。例如，"没有一个未婚男子是已婚的"，也就是说"所有未婚的男子都是未婚的"。第二类是通过同义词替换而还原为逻辑真理的陈述。例如，用"未婚男子"替换句子"没有一个单身汉是已婚的"中的同义词"单身汉"，便使这个句子变为了逻辑真理。但是第二类分析陈述的分析性是值得怀疑的。因为同义词替换所依据的是同义性的概念，而同义性则是通过定义来说明的，只有"单身汉"被定义为"未婚男子"，"没有一个单身汉是已婚的"才能还原为一个逻辑真理。那么定义是由词典编撰者、哲学家、语言学家先验地规定的吗？不是。"单身汉"被定义为"未婚男子"，只是因为人们的日常用法中已经含有这两个语词之间的同义性关系了，因此定义是从经验

① 威拉德·奎因（Willard Van Orman Quine，1908—2000）是第二次世界大战后世界最著名的美国逻辑学家和哲学家之一。于 1926 年进入奥伯林(Oberlin）学院攻读数学。毕业后于 1930 年获奖学金进入哈佛哲学系当研究生。1931 年获硕士学位。1932 年完成博士论文，并获博士学位。1932—1933 年赴欧洲游学，期间与维也纳学派成员，特别是与卡尔纳普的直接接触，给了他极大的影响。1933 年返美后，在哈佛大学任初级研究员，1936 年开始任教师，1941 年升为副教授。1942—1945 年在美国海军服役。1945 年重返哈佛大学任教。1948 年升任高级研究员。1945 年任哈佛哲学系埃德加·毕尔斯讲座教授。1957 年曾任美国哲学会东部分会主席。1978 年哈佛大学退休。他是一位多产作家，其论文和著作涉及本体论、认识论、语言哲学、逻辑学等领域，堪称宏富。

中得来。

有人把同义性的说明诉诸于“保全真值”的互相替换性。保全真值的互相替换意即两个语言形式在一切语境中可以互相替换而真值不变。但这却不完全正确。比如，我们不能用“unmarried man（未婚男子）”替换“‘bachelor（单身汉）’有少于十个字母”句子中的“bachelor”，而不改变此句的真值。而且，“单身汉”与“未婚男子”为什么可以互换而真值不变呢？是因为它们同义。因此，用保全真值的互换性说明同义性是循环论证。

有人还借助于“语义规则”（即人工设定的规则）来说明“分析性”。但奎因认为，“带有语义规则的人工语言”本身就是一个捉摸不定的东西，它并未说明“分析性”是何意。而且语义规则暗含着以“分析性”为前提，而分析性反过来又靠语义规则说明，这无异于又是一个循环论证。

总之，“分析陈述和综合陈述之间的界限一直没有真正划出来。认为有这样一条界限可划的观点，是经验论者的一个非经验的教条，一个形而上学的教条。”①

2. 来自整体主义论点批判

用以上方法对两种陈述的划分似乎都不成功，而逻辑实证主义者还可以诉求于“意义证实说”来规定这种区分：一个陈述的意义就是可以用特定的逻辑方法在经验上确证它或者否证它。“一个分析陈述就是无论在什么情况下都得到确

---

① Quine W. V. O.：“Two Dogmas of Empiricism”，in *From a Logical Point of View*，Harvard University Press，1980，p. 37.

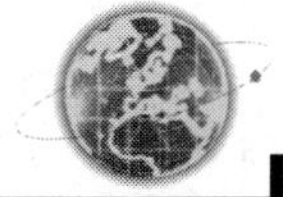

证的那种极限的例子”。[①] 也就是说，分析陈述的真不依赖于经验来检验的，是逻辑真理，在经验上是没有意义的。而综合陈述的真值则取决于经验事实。那么，我们是否可以根据“经验上有意义”的标准区分分析陈述与综合陈述呢？按照意义证实说，整个科学可以分解为一个个孤立的陈述，每一个陈述又可以通过它是否能还原为直接经验陈述，来考察它是否具有经验意义。通过这样的方法，我们不是仍然能区分分析陈述与综合陈述吗？奎因认为，相信每一个有意义的陈述都能还原为一个直接经验的陈述，这是一种“彻底的还原论”。还原论是经验论的第二个教条。如果这种还原论成立，那么两种陈述的区分就得救了。这意味着，对第一个教条的彻底否定有赖于对第二个教条的否定。

然而，奎因认为，每个陈述不能完全孤立地接受确证或否证，而是作为一个理论的整体来面对感觉经验的法庭的检验。在他看来，把陈述作为经验意义的单位是把格子画得太细了，具有经验意义的单位是整个科学。科学的整体是如何与经验相联系呢？如果把科学整体比作一个力场，那么它的边界条件就是经验。科学整体内的许多陈述之间在逻辑上是互相联系的，在接受经验检验时，如果经验与场边缘的陈述相冲突，则会引起内部的再调整，一个陈述的真值的再评价将引起其他陈述的再评价。甚至包括在整体中的逻辑规律的陈述也不会免遭修改，例如，为了说明量子力学遇到的反常

---

① Quine W. V. O.：“Two Dogmas of Empiricism”，in *From a Logical Point of View*，p. 37.

经验，有人就提出修改排中律。

另一方面，科学整体面对经验的冲击，并不是完全消极地为适应经验而放弃某个或某些理论的基本陈述，而是积极地通过对整个系统的各个可供选择的修改部分的修改来适应一个顽强的经验。至于修改整体中的哪个环节，经验是不能充分限制的，因而是有很大的选择自由的。“如果我们在系统的其他部分作出足够剧烈的调整，那么在任何情况下任何陈述都可以是真的，即使一个很靠近外围的陈述面对顽强不屈的经验，也可以借口发生幻觉或者修改被称为逻辑规律的某些陈述而被认为是真的。”①

这就是奎因的理论检验的整体主义论点。② 这一论点不仅被看作是对两种陈述区分的最终否定，而且也是对基础主义预设的否定。因为依据这一论点，某个经验证据与某个理论陈述的关系是不确定的，每一个科学命题可以通过逻辑方法还原为经验命题也就不可能了，因而企图把科学建立在可靠的经验基础上是无希望的。

其实，在逻辑实证主义者早期著作中，就已经考虑了整体主义思想，只不过没有系统地阐述而已。艾耶尔在他的《语言、真理与逻辑》（1936）一书中就有有关论述：“一个

① Quine W. V. O.: in *From a Logical Point of View*, p. 43.

② 奎因提到，他的整体主义观点是从法国科学史家和哲学家迪昂（Duhem）那儿吸取的。迪昂在《物理学理论的目的和结构》（1906）一书中提出，在物理学的实验中接受检验的不是一个孤立的假说，而是他所使用的“整个理论框架”（见该书第6章第2节）。所以，一般称整体主义论点为“迪昂－奎因论点”（Duhem-Quine Thesis）。

观察陈述所肯定或否定的绝不是一个单个的假说陈述，而永远是一个假说系统”，“经验事实绝不能强迫我们抛弃一个假说。如果一个人打算作出必要的特设性假设，那么在面对显然敌对的证据时，他总能保持他的信念。”①

3. 来自观察的理论负荷论点的批判

对于基础主义更直接、更严重的挑战还来自于美国的科学哲学家汉森（Hanson N. R.）的“观察的理论负荷”的观点（在第六章中将详细论述）。

汉森分析了观察的要素。观察包含三个必不可少的要素：其一，感官接受的感觉图像——由点、线条、形状和颜色组成。其二，感觉图像按一定的样式组织起来。其三，在一定的语境中呈现所观察到的东西。语境不必言明，是被纳入思维、想像和描绘中了。前一种是感觉要素，后两种是概念要素。而概念要素与观察者先前的经验和理论相关，也就是说，它们已被理论渗透了。

视觉意识是由图像支配的，而观察报告则是用公共语言陈述的。而图像与语言是有区别的，其一，图像是摹本，与描绘的原形同型。我们能够画出熊的牙齿，但画不出它的嗷叫声。列奥纳多能画出蒙娜丽莎的笑容，却画不出她的笑声。然而，语言具有多种功能，语言能描述出景色、牙齿、嗷叫声、笑容和笑声。其二，图像无意义的，而语言是有意义的。观察陈述是用语言表述的，而语言的意义是由一定的

---

① Ayer A. J.: *Language*, *Truth and Logic*, London, Victor Gollangz LTD, 1949, pp. 94-95.

理论给予的，作为在一定理论背景下的观察者，会对相同的观察对象给出不同的观察报告。①

所以，任何观察陈述都渗透了理论，不受理论污染的、纯粹中立的观察陈述是没有的。而理论是可以出现错误的，因此观察陈述不可能是无误的。因此，把科学知识建立在经验基础上，其可靠性并未得到辩护。

奎因和汉森对观察陈述的新理解，以及对观察证据与科学理论的关系的新理解形成了“新经验主义”的特点，也常被称为“后经验主义”。

4. 来自历史主义的挑战

20 世纪 50 年代以后兴起的以库恩为代表的历史主义学派，向逻辑实证主义的预设提出了全面的挑战。这个学派的成员不仅接受观察的理论负荷的观点，认为观察陈述不能成为科学理论的基础，向基础主义提出挑战，而且认为逻辑实证主义者把科学理论的评价建立在经验证据和科学理论的逻辑关系上，是犯了一个根本的错误：忘记了科学的历史，忽视了科学理论和科学家的形而上学思想对于经验的影响。近代科学史表明，决定理论的不是观察，而是高层理论和科学家的世界观，因此评价一个科学理论仅仅考虑经验证据与科学理论之间的关系是远远不够的，以“非科学的”因素作为根据，常常比“科学的”因素（即逻辑关系）更为根本。

科学方法不是不变的，当规范的方法论标准与科学史和

① Hanson N. R.：*Patterns of Discovery*，Cambridge University Press，1961，pp. 4-30.

科学家的实践发生冲突时，不是要求科学家的行为应去适应科学方法论的规则，而是要求方法论规则应该去符合科学史或科学家的实践。重要的是科学内容，而不是科学形式，所以，科学方法论的规则和标准都是随着科学内容的变化而变更的。

科学发展就是从一种科学研究传统转换到另一种科学研究传统，不同的研究传统规定了不同的科学活动过程，科学革命就是从旧的研究传统向新的研究传统的转换。新旧科学研究传统的转换是科学家信仰的转变，随着这种转变，科学家评价理论的价值标准也一起变化了。科学家对研究传统的选择可能是由于社会文化信仰的原因，也可能是哲学世界观的缘故，还可能是对某个研究传统倡导者或其导师的崇拜的因素。总之，对科学研究传统的选择不存在一个规范的、超验的仲裁者，因而新旧研究传统之间是“不可通约的”。更有极端者认为，发展科学不需要也不可能有普遍有效的方法，所有方法论都有局限性，剩下的惟一规则就是“怎么都行”。

总之，历史主义者把社会学因素和科学家的心理因素引入科学辩护的机制和科学发展的模式，使得逻辑实证主义者根据规范的、理性的逻辑方法来严格划分科学发现领域与科学辩护领域的方案归于失败。

在后经验主义者和历史主义者这些观点的挑战下，逻辑经验主义者逐渐弱化或放弃了他们的某些认识论预设，不断修改和完善着他们的科学观。正如美国科学哲学家范·弗拉森在他的著名著作《科学的形象》中所评价的：“在本世纪，逻辑实证主义的科学哲学已经发展成为占主导地位的科学哲学。甚至直至今日谈及‘被公认的理论观点’仍然是指由逻辑实证主义发展而来的观点，虽然它们的鼎盛时期在第二次世界大战之前。”①

① Van Fraassen Bas C.: *The Scientific Image*, Clarendon Press, Oxford, 1980, p. 6.

第三章 认识的意义标准

一、哲学的语言转向

过去时代的哲学都试图用知识来表达事物的本质，哲学给人们提供了关于超越科学世界和常识的实在的知识。当经验论者认为这种知识是从感觉经验开始时，反对这种形而上学观点的一种方法是：追问他们的命题是从什么前提演绎出来的，因为从经验的前提不能恰当地推演出任何超验事物的存在或任何超验事物的属性。唯理论者如是说，这种知识只能依据能认识事物的理智直觉的能力，这是凭感觉经验不能达到的。从古希腊的怀疑派到 19 世纪的经验主论者中，有不少人曾反对过形而上学，其中有人认为形而上学的学说与我们的经验知识矛盾，因而是假的。另一些人，如康德则指出，超验的形而上学是不可能的，因为它超出了人类理性的能力，人的理性只能认识感觉经验界限之内的东西。然而，康德的反对者可以继续追问：如果可能知道的只是感觉经验界限之内的东西，那么又有何理由断定这个界限之外存在着实在事物呢？除非人类曾经成功地越过这个界限，否则如何知道不可逾越的界限是什么？正如维特根斯坦所言："要划定思维的界限，我们必须能从这个界限的两个方面来思考（因为我们必须能够思考不能思考的事情）。"① 这样一来，这些论证形而上学不可能的人，实际上因为以自己的形而上学理论加入争论而成为形而上学的同路人。

逻辑经验主义认为，过去时代的哲学最严重的错误之一就是形而上学的错误，因为事物的本质"是不能说的，只能显示在体验中，而认识是与体验无关的"。也就是说，过去的哲学就是要说那不可说的东西。② 虽然某些哲学家也宣称研究形而上学是徒劳的，但也只能采取根本没有必要去管那类问题还是专心研究行动中的人每天面临的实际任务的态度，却根本没有一种方法论证形而上学的有效性和合理性问题。

当然，在逻辑经验主义看来，哲学"虽然不是一门科学，却仍然是很有意义的、非常重要的东西，所以今后可以像以前一样，被尊为科学的女王"。那么，哲学不是一门科学，它是什么呢？如前所述，在近代以前，各门科学还处在澄清自己的基本概念的阶段，哲学只是相当于每一门纯理论

① Wittgenstein L.：《逻辑哲学论》，郭英译，商务印书馆 1993 年版（下同），第 20 页。

② Schlick M.：《哲学的转变》，载洪谦主编：《逻辑经验主义》，上卷，商务印书馆 1982 年版（下同），第 9 页。

的科学研究。当各门科学从它们的共同的哲学母腹中解放出来时，就表明它们的某些基本概念的意义已经足够清楚，可以用来做进一步的富有成效的工作了。而至今仍然被看作哲学分支的某些学科，如伦理学、美学等，则表明它们仍然没有掌握足够清楚的基本概念，仍然需要努力澄清概念和命题的意义。那些已经发展起来的科学，一旦出现基本概念的真正意义有必要重新考虑，就意味着对意义的更深刻的澄清，人们常常会把这一成就归于卓越的哲学成就，就如爱因斯坦从分析“时间”、“空间”的意义出发，而导致的物理学革命的活动，实际上就是一项哲学活动。因此，“科学上那些决定性的、划时代的进步，总归是这一类的进步：它们意味着对于基本命题意义的一种澄清，因此只有赋有哲学活动才能的人才能办到”。①

由此，石里克在他的那篇纲领性文章《哲学的转变》中宣称：“我确信我们正处在哲学上彻底的最后转变之中，我们确实有理由把哲学体系间的无结果的争论看成结束了。”②当代哲学的伟大转变的特征是：哲学不是提供无条件先验原则的知识体系，而是一种活动体系。“哲学就是那种确定或发现命题意义的活动。”那么，哲学与科学的关系是怎样的呢？“哲学使命题得到澄清，科学使命题得到证实。科学研究的是命题的真理性，哲学研究的是命题的真正意义。科学

① Schlick M.：《哲学的转变》，载洪谦主编：《逻辑经验主义》，上卷，第6页。

② Schlick M.：《哲学的转变》，载洪谦主编：《逻辑经验主义》，上卷，第10页。

内容、灵魂和精神当然离不开它的命题的真正意义。因此哲学的授义活动是一切科学知识的开端和归宿。”① 这里，“科学知识的开端”并不意味着哲学为科学提出命题，哲学命题构成科学知识的基础，而是指哲学给予科学命题意义。“归宿”也不意味着哲学的授义活动以为科学大厦加上哲学命题的“屋顶”为终点，而是指哲学的授义活动终止于命题的澄清。

为什么只有在当代哲学才可能实现这种转变呢？因为石里克宣称：“我断言，现代已经掌握了一些方法，使每一个这样的争论在原则上成为不必要的；现在主要的只是坚决地应用这些方法。”② 这些方法就是弗雷格和罗素创立了现代逻辑的方法。传统逻辑仅仅局限于语言语法结构，因此，（1）没有从形式上解决量词的问题，因而无法处理既依据量词又依据真值连接词的推理；（2）不确定论域，因而不能反映集合运算的许多性质；（3）没有系统处理单称命题，单称命题仅仅被归于全称命题，因而不能处理有些含有单称命题的推理；（4）没有判定直言命题推理的普遍有效的方法。现代逻辑突破了语言语法结构，构造了逻辑语法。现代逻辑的发展使哲学家有可能对形而上学的有效性和合理性问题作出新的回答。

应用逻辑分析的目的首先是，澄清各门科学中陈述的认

① Schlick M.：《哲学的转变》，载洪谦主编：《逻辑经验主义》，上卷，第9页。

② Schlick M.：《哲学的转变》，载洪谦主编：《逻辑经验主义》，上卷，第6页。

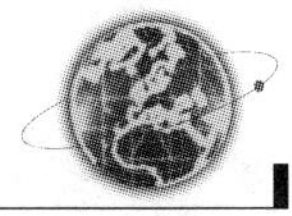

识内容，从而澄清这些陈述中的语词意义，明确各种概念之间的形式逻辑联系和认识论联系。卡尔纳普称此为借助于逻辑分析在经验科学领域里得到的“正面结论”。逻辑分析的另一个目的是，在形而上学领域里得出结论：“这个领域里的全部断言陈述都是无意义的。这就做到了彻底清除形而上学，这是早期的反形而上学观点还不能做到的。”卡尔纳普称之为逻辑分析得出的“反面结论”。①

从广义上说，“一个陈述是无意义的”，通常有如下几种情况：

第一，一个陈述违反了语言句法。例如，“恺撒是并且”，这一语句就违反了语言的句法，因为语言句法规则要求“是”后面不可接连词，须接谓词。

第二，一个陈述违反了逻辑句法。例如，“恺撒是一个质数”。这一句子虽然从形式上看不违反语言句法，但却违反逻辑句法，因为从逻辑形式来看，此句的形式可表示为“a 是质数”，但“恺撒”和“质数”不属于同一词类，所以用“恺撒”代入“a”是不合法的。这句没有断定任何东西，既不是真命题，也不是假命题。

第三，在经验上为虚假的陈述，例如，“1910 年维也纳有 6 个居民”。

第四，在逻辑上为矛盾的命题，例如，“A 是偶数并且是奇数”。

---

① 参见 Carnap R.：《通过语言的逻辑分析清除形而上学》，载洪谦主编：《逻辑经验主义》，上卷，第 13—14 页。

第五，在一定语境中，一个陈述是不可理解的。在更为广泛的意义上，说“一个陈述是有意义的”意味着，在一定的语境中，这个陈述是可理解的。比如，“这个‘没有’怎么样？——这个‘没有’本身没有着。”（海德格尔）在一定语境中，这个陈述是不可理解的。

在什么意义上说“形而上学陈述是无意义的”呢？为此逻辑经验主义提出了意义标准。

二、证实主义的意义标准

1. 词和句子的意义

我们在使用一个句子时，常常要问这个句子的意义是什么，陈述一个句子的意义就是陈述使用这个词或句子的规则，也就是陈述证实（或否证）这个句子的方法。也就是说，意义问题是问：在什么条件下一个语句是有认识的、有事实的意义的。证实问题是要问：我们用什么方法能够识别一个语句是真的还是假的。所以，一个句子的意义就是证实它的方法。在逻辑经验主义者看来，解决意义问题的最好方法就是构造逻辑语言，即按逻辑语法写出一个陈述的句型，因为这种方法能对意义的本质提供一种更深刻的见解。

卡尔纳普首先解决了词的意义问题。他指出，首先，必须确定词的句法，即确定词可以出现的最简单的句型（基本句子）。“石头”这个词的基本句型是“x是一块石头”。在此句型中，可以用某个事物类的名称代入个体变元“x”，如：“这颗金刚石”，“这个苹果”。如果用谓词常项“S”表

示“是一块石头”，那么该句子的逻辑形式是“S（x）”，读作“x是S”。

其次，对于包含该词的基本句子S（x），必须回答它的意义是什么，这个问题可以用不同的方式来表达：

（1）S（x）可以从什么句子推出来，从S（x）又可以推出什么句子？（意义的元逻辑[①]表述）

（2）S（x）在什么条件下被假定为真的，在什么条件下被假定为假的？（意义的逻辑表述）

（3）S（x）应该如何证实？（意义的认识论表述）

（4）S（x）的意义是什么？（意义的哲学表述）

只要把“x”代入一个可观察的词，可以通过直接观察这个句子的真或假，就能判定它是否有意义。一个词，特别是作为科学术语的词，其意义通常是用构造定义的方法来确定。例如，“‘节肢类’就是具有分节的身体和有关节的腿的动物”，它的基本句型是“事物x是一个节肢类”，这个定义规定了：这一句型的句子可以从“x是个动物”、“x有分节的身体”、“x有有关节的腿”这组句子推出来，反之，这组句子也能从这一句型的句子推出来。这一组句子都是“观察句子”或“记录句子”。通过这些对于“节肢类”的基本句子的可推性的规定（即对于真值条件、证实方法和意义的规定），就确定了这一词的意义。这种通过把一个词归约为另一些词，最后归约为出现在“观察句子”或“记录句子”

① 元逻辑是关于形式逻辑系统的形式性质的研究。

里的词，使这个词获得意义的方法，称作归约定义。[①]

有一部分词是通过“实指定义”获得意义的，所谓实指定义就是用一个指明某个词的实际用法的行动来解释这个词。最简单的实指定义就是一个与某词的发音相联系的指点手势，如，当教给小孩“蓝”或“凉”这些声音的意义时，就指着一个蓝的东西让他看，或让他触摸一个凉的东西。[②]

通过以上分析，卡尔纳普得出结论：令“a”为任何词，“S（a)”为出现这个词的基本句子，读作“a是S”。那么，“a”有意义的充要条件可以用以下任何一种陈述表述：

（1）已知关于a的经验。

（2）已知规定了“S（a)”可以从一些什么记录句子推出来。

（3）“S（a)”的真值条件确定了。

（4）已知“S（a)”的证实方法。

以上这四种表述是同一个意思。[③] 任何一个词是否有意义，就看它是否能满足上述条件。但是，卡尔纳普通过分析形而上学的词得出的结论是：“形而上学的词没有意义”。以形而上学术语“本原”为例。“本原”的原始意义是“开端”，即时间上在先。但是形而上学家却剥夺了“本原”的

---

① Carnap R.：《通过语言的逻辑分析清除形而上学》，载洪谦主编：《逻辑经验主义》，上卷，第15—16页。

② 参见Schlick M.：《意义和证实》，载洪谦主编：《逻辑经验主义》，上卷，第39—40页。

③ 参见Carnap R.：《通过语言的逻辑分析清除形而上学》，载洪谦主编：《逻辑经验主义》，上卷，第18页。

原始意义，把它理解为“形而上学方面在先”，可“形而上学方面”是没有标准的。当他们回答：“x是y的本原”这个基本句型的真值条件时，往往用“y起源于x”，“y的存在依赖于x的存在”，“y由于x而存在”等模糊不清的词，我们被告知，他们的意思并不指可以凭经验观察到的关系。类似地，“理念”、“绝对”、“无条件”、“无限”、“非有”、“物自体”、“绝对精神”、“本质”、“自我”、“非我”等都是没有意义的术语。

接着，卡尔纳普分析了句子的意义标准。一个句子是有意义的，首先，它必须既符合语法句法，又符合逻辑句法。比如，(1)“恺撒是和”这句是违反语法句法的，因为语法规则规定，“是”动词后不可接连词“和”。因此(1)无意义。然而，自然语言的语法句法不能完全排除一切无意义的语词组合，比如，(2)“恺撒是一个质数”这句是不违反语法规则的，但是，它违反了逻辑句法规则，按照类型论，人的名称“恺撒”和数的名称“质数”术语是不同的逻辑类型，因此(2)的语词组合是“类型混淆”的，是没有断定任何东西的无意义的句子。

其次，有意义的陈述分两类，第一类是分析命题，所谓分析命题就是其真实性仅由形式来确定的命题。逻辑公式和数学公式术语属于这一类。分析命题又分为重言式和矛盾式，重言式是永真式，如“如果P那么P”(S_1)，这些类命题形式就是维特根斯坦说的“同语反复”。矛盾式是重言式的否定，即永假式，如“P并且非P”(S_2)。第二类是综合命题，所谓综合命题就是其真实性由经验确定的命题，它们包括真的或假的经验陈述。例如，“恺撒是一位将军”（S_3）；“恺撒不是一位将军”（S_4）。

这里的分析命题类似于但不完全等于康德的“分析判断”，康德的分析判断仅仅相当于重言式，不包括矛盾式。石里克是在康德的意义上使用“分析语句”一词的，也就是说，按照他的看法，矛盾语句不包括在有意义语句的范围内。如果按照石里克的看法来决定语言的形成规则，那么将没有固定有限的方法区分有意义的和无意义的语句。以上述 S_1—S_4 为例便会出现这样的结果：有意义的语句形式 S_1 的否定是个矛盾式，被看作是无意义的；无意义的符号序列 S_2 的否定是个重言式，被看作是有意义的；两个有意义的综合语句 S_3 和 S_4 的合取式是矛盾语句，被看作是无意义的。因此，不能采用石里克对分析语句的观点。

逻辑分析的结果是宣判一切形而上学知识为无意义的，因为形而上学既不想断言分析命题，也不想落入经验科学领域，因而它们既不产生分析陈述，也不产生经验陈述，它们产生的必然是无意义的陈述。

卡尔纳普分析了造成形而上学假陈述的几种逻辑错误。形而上学的无意义的词的一个根源是：“一个有意义的词通过用于形而上学的隐喻便被剥去了它的意义。”比如，海德格尔在《形而上学是什么?》一文中的陈述“这个‘没有’怎么样？——这个‘没有’没有着。”“没有”在现代逻辑中是存在量词，只能用以约束谓词，但在这句中却被当作名词，从而使它失去了意义，因而无法写出这句的语句形式。形而上学陈述所犯的另一个逻辑错误是基于英语“to be”

的用法。首先，“to be”的意义含糊，有时用做系动词“是”，有时指“存在”。形而上学家在使用时往往不加区分。其次，问题还出在“存在”的意义上。如前所述“存在”只能用以约束谓词，不能用于约束对象词，如笛卡尔的“我思故我在”的陈述犯的就是这类错误。由此，卡尔纳普认为形而上学的陈述完全没有意义，考虑它的内容至今对人们的影响，形而上学的陈述可以看作是用来表达一个人对人生的总态度的。①

2. 可证实性、可检验性与可确证性

如上所述，一个句子的意义就是证实它的方法，“证实”的要求是很强的，一个语句的真被证实了是指它被决定性地、最后地确定为真。按照这个要求，那么，从来没有任何语句是可证实的。所以，石里克辩解道：“我们说‘有可以证实的命题才有意义’时，并不是说‘只有得到证实的命题……’。”而是指“可证实性（verifiability)”，意思是证实的可能性。② 那么，证实的可能性意味着什么？

石里克对此的回答是：可证实性不意味着“此时此地可以证实，更不意味着现在得到证实”。而是指“经验的可能性”和“逻辑的可能性”。“经验的可能性”是指同自然规律不矛盾，或者与自然规律相容。例如，我能举起这本书吗？肯定可以！我能举起这张桌子吗？我想可以！能举起这弹子

---

① 参见 Carnap R.：《通过语言的逻辑分析清除形而上学》，载洪谦主编：《逻辑经验主义》，上卷，第 18—36 页。

② 参见 Carnap R.：《通过语言的逻辑分析清除形而上学》，载洪谦主编：《逻辑经验主义》，上卷，第 18—36 页。

台吗？我想不行！能举起这辆汽车吗？肯定不行！对这些问题的回答都是根据经验，经验的可能性是不确定的，可能和不可能之间没有鲜明的界限，只有可能性的程度。“逻辑的可能性”是指表述事实或过程的句子符合逻辑语法（如上所述）。逻辑上的不可能性是指我们所使用的词的定义和使用那些词的方式之间存在矛盾，即不符合逻辑语法。“逻辑上可能证实和逻辑上不可能证实之间的分界是绝对清楚明确的；意义和无意义之间没有什么逐步的过渡。”①

但是，卡尔纳普认为石里克的“证实”概念太强，他修改了意义标志。他指出：“我们只能越来越确实地验证一个语句。因此我们谈到的将是确证问题而不是证实问题。”他区分了一个语句的检验和它的确证，“如果我们知道这样一种检验语句的方法，我们就把这一语句叫做可检验的（testable）；如果我们知道在什么条件下这个语句会得到确证，我们就把它叫做可确证的（confirmable）。”可检验的比可确证的要求强，如果我们知道什么样的程序的观察就能确证（或否证）一个语句，但不知道安排这种观察的方法，即使这个语句还没有得到证实，这个语句也许是可确证的却不是可检验的。只有我们知道特定的方法（如某种实验）能给予这个语句（或它的否定）以检验，这个语句才是可检验的。对于一个有意义的经验陈述而言，可确证性实际上意味着至少潜在地能够用经验证据来检验。卡尔纳普意识到，早期的

① 参见 Schlick M.：《意义和证实》，载洪谦主编：《逻辑经验主义》，上卷，第 45—51 页。

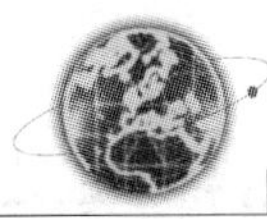

可证实性要求过于简单、狭隘，以至于不仅排除了形而上学语句，而且也排除了某些有意义的科学语句，所以，他用确证的意义标准代替了证实的意义标准，进而还区分了完全可确证性和不完全可确证性。①

以上说明，为维护逻辑实证主义的意义标准，从石里克到卡尔纳普采取了从强到弱的证实性原则的修改方案。但是这种退却的方案仍然避免不了逻辑方法上的缺陷。

3. *认识意义标准及其逻辑方法上的局限性*

证实和证伪是理论检验的两个方面，证伪命题 S，就是证实命题 S 的否定，所以在逻辑经验主义看来，一个句子的意义就在于证实或证伪它的方法。一个句子的意义标准的一条基本原则是："一个句子作出认识上有意义的断定，因而可以说它是真的或假的，当且仅当，或者（1）它是分析的或矛盾的——在这种情况人们说它有纯逻辑的意义，或者（2）它是能够，至少潜在地用经验证据来检验的——在这种情况人们说它有经验意义。"② 但是，对于一个经验上有意义的句子，无论是可证实性的方法还是可证伪性的方法都是有局限性的。

亨佩尔把逻辑经验主义认识意义判据的恰当性的一个必要条件表述为：

（A）如果按一条给定的认识意义判据，句子 N 无意义，

---

① 参见 Carnap R.：《可检验性和意义》，载洪谦主编：《逻辑经验主义》，上卷，第 70—71，77 页。

② Hempel C. G.：《经验主义的认识意义标准》，载洪谦主编：《逻辑经验主义》，上卷，第 102 页。

那么句子N在其中作为不定成分的一切真值函项复合句也无意义。

由（A）可以产生两个子要求：

（A1）如果按一条给定的认识意义标准，句子S无意义，那么它的否定句¬S也无意义。

（A2）如果按一条给定的认识意义标准，句子N无意义，那么任何合取句子N∧S和任何析取句子N∨S也无意义，无论S是否有意义。[①]

根据原则上可证实性要求，一个句子是经验上有意义的，当且仅当，它不是分析的，而且它能够或者至少原则上能够用观察证据证实。借助于观察句的概念，把有穷观察句的集合表示为{O_1，O_2，…，O_n}，我们可以把这条要求改述为：句子S有经验意义，当且仅当，S不是分析的，而且{O_1，O_2，…，O_n}→S可以成立。

然而，这条要求却有两个严重的缺陷：

（1）全称句子都无意义。因为全称句子都不能从{O_1，O_2，…，O_n}演绎出来，这样，表达普遍规律的科学理论的句子就都落入无意义的句子。但是，

（2）全称句子的否定句是个存在句子，是可以从{O_1，O_2，…，O_n}演绎出来的，因而是有意义的，但却违反了条件（A_1）。

按照原则上可完全证伪性要求，句子S有经验意义，当

① Hempel C. G.：《经验主义的认识意义标准》，载洪谦主编：《逻辑经验主义》，上卷，第103—104页。

且仅当，¬S不是分析的，而且 $\{O_1, O_2, \cdots, O_n\} \rightarrow \neg S$ 可以成立。

然而，同理：

(3) 存在句子无意义。因为存在句子的否定是个全称句子，全称句子不能从 $\{O_1, O_2, \cdots, On\}$ 演绎出来。但是，

(4) 全称句子的否定是个存在句子，是可以从 $\{O_1, O_2, \cdots, O_n\}$ 演绎出来的。因而是有意义的，但却违反了条件 (A_1)。[①]

事实上，可证实性和完全可证伪性要求的缺陷体现出的是全称句子和存在句子在证实和证伪中逻辑上的不对称性，即一个单称陈述可以从形式上证伪一个全称陈述，但是无论多少个单称陈述都不能从形式上证实一个全称陈述。反之，一个单称陈述可以从形式上证实一个存在陈述，但是，无论多少（只要不是全部）单称陈述都不能从形式上证伪一个存在陈述。从这个问题进而引申出来的是，逻辑经验主义该如何为它在确证中的逻辑方法——归纳法辩护的问题。

卡尔纳普关于证实一个词的意义的方法——可定义方法也会遇到严重的困难。可定义性要求，即一个有经验意义的词必须能用观察词项（指示着某种可观察特征的词项）给出

---

① 至于亨佩尔针对可证实性和可完全证伪性要求的驳难 2.1 (c) 和 2.2 (c)（第 107－108 页），对于认识的意义标准是不成立的，这一点他在文章的“后记”中已加以说明了。见亨佩尔：《经验主义的认识意义标准：问题与变化》，洪谦主编：《逻辑经验主义》，上卷，第 125－126 页。可令人不解的是，为什么有些书仍将 (c) 作为两种要求的驳难列出？

显定义。但是，如亨佩尔指出的："这条标准看上去倒是完全符合操作主义的格言：经验科学的一切有意义的词项都一定要用操作定义引进。然而，可定义性要求是太过狭隘了，因为，科学议论乃至前科学议论的许多重要词项并不能用观察词项给出显定义。"① 诸如"易溶的"、"可展的"、"导电体"等。把"可归约性要求"放宽情况会如何呢？放宽要求也就是说，每个有经验意义的词项都必须是能够在观察词项的基础上通过归约句链引进的，这样虽然可以避免许多问题，"可是，归约句似乎并没有拿出一种恰当的手段来引进高级科学理论中占据中心地位的词项，通常所谓的理论构思。"② 亨佩尔指出的这个问题对于逻辑经验主义来说是个基本的、极其重要的问题，这涉及理论的结构问题、观察陈述和理论陈述的关系问题。

总之，逻辑经验主义的认识意义标准在逻辑方法上遭到了驳难。

三、来自证伪主义的驳难

逻辑经验主义提出意义标准的目的是为了澄清科学的概念，清除全部形而上学的陈述，所以，波普把意义标准称为科学与形而上学的划界标准。然而，他认为这个划界是不成

① Hempel C. G.：《经验主义的认识意义标准：问题与变化》，载洪谦主编：《逻辑经验主义》，上卷，第 111 页。

② Hempel C. G.：《经验主义的认识意义标准：问题与变化》，载洪谦主编：《逻辑经验主义》，上卷，第 113 页。

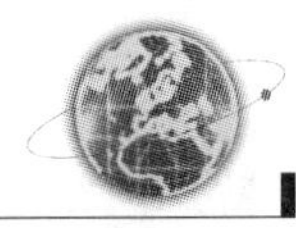

功的。“原因在于，实证主义关于‘含意’或‘意义’（或者可证实性或归纳的可确证性等）的概念不适合于分界，因为形而上学尽管不是科学，却不一定没有意义。不管怎样用有没有意义来分界，都会使界限同时既太窄又太宽：这样的分界会违反它本来的一切意图和声明，连科学理论也会因为无意义而被排除，同时却又无法排除那种被称为‘理性神学’的形而上学。”[①] 我把波普反对这个划界标准的理由归结如下：[②]

第一，逻辑经验主义的可检验性标准，不能在科学与形而上学之间划出一道分明的界线。因为大多数科学理论都起源于神话，例如，哥白尼系统就受到新柏拉图主义崇拜太阳光的影响，太阳因崇高而必定占据中心；爱因斯坦的相对论是基于高度抽象、高度思辨的东西，甚至可以说是基于“心灵的预期”提出的。事实上，一个神话可能包含对科学理论的重要预言，它的发展可以转化为可检验的。如果我们说这些理论在其某一阶段上是胡言乱语，而在另一阶段上又突然变得很有意义，那是无助于澄清问题的。

第二，常常会出现这种情况：某一陈述是可检验的，被判定为科学命题，但其否定却是不可检验的，又只能算作无意义的陈述。他提到两种情况，一种是全称陈述是不可检验的，是无意义的，但它的否定是可检验的，是有意义的，这

① Popper K. R.：《猜想与反驳》，傅季重、纪树立、周昌忠、蒋为译，上海译文出版社 1986 年版（下同），第 361 页。

② 以下概述参见 Popper K. R.：《猜想与反驳》，第 364—376 页。

样，科学的普遍定律就都是无意义的，即便是最重要的、可经受最严格检验的定律。另一种是一个存在陈述的否定是有意义的，这个存在命题本身却可能是无意义的。他举出了“不存在任何永动机”与“存在一种永动机”，“存在一条海蛇”与“有一条海蛇在英国博物馆展览”（一个孤立的存在陈述无意义，但当它被局部地解释后，就是有意义的）[①] 的例子。可见，把可检验性看作意义标准是会引起混乱的。

第三，卡尔纳普，甚至维特根斯坦在《逻辑哲学论》中，在分析形而上学的陈述全部是无意义的陈述时，曾把违反类型论的逻辑句法规则看作是证实形而上学胡说（即以假命题代替真命题）的主要根源。波普批判道：“卡尔纳普把物质实体同精神实体之间的差别，说成是存在于同一种或同一类终极实体的两个等级的类型之间的差别，这使得他按照‘中立一元论’来解决身心问题。”

第四，对于卡尔纳普关于一个词或陈述有意义的可归约性要求，波普提出了与亨佩尔类似的批评：“这一标准把所有科学理论（或自然规律）都排除在意义领域之外，因为它

---

① K. Reach 和 O. Neurath 曾针对这种情况提出过一个“认识论上有意义的系统不含孤立句”的原则：“一个理论系统是认识论上有意义的，当且仅当，它至少被局部解释到了它的原始句没有一个是孤立句的程度。”（洪谦主编：《逻辑经验主义》，上卷，第 118 页）即应该把孤立的纯粹存在陈述列入不可检验的一类。然而，波普反驳了这种辩护：如果一个无意义的纯粹的或孤立的存在陈述句（“存在一条海蛇”）可以从一个经验陈述（“有一条海蛇现正在该博物馆的门厅中展览”）演绎出来，那么：(a) 就它可以演绎而言，它不再是孤立的，而是属于可检验的，(b) 一个陈述如能从经验的或科学的陈述中演绎出来，那就无须再使它成为经验的或科学的（任何同语反复都是这样可演绎的）。

们一点也不比所谓形而上学假命题更能还原为观察记录。”此外，波普的更进一步的批评是，可归约性要求可以说是以外延或枚举的方式解释各种不同的词，其“意义”是由它们所命名的事物的一览表或细目规定的，波普把这种枚举叫做对名称意义的“枚举定义”。“而一种语言如果其中所有的（非逻辑的或非构成的）词都被认为是通过枚举而定义的，则可称之为‘枚举语言’或‘纯粹唯名论语言’。”也就是说，任何一个词当使用它时，就被定义为它的所指，枚举定义不过是把它已经规定的所指名单枚举出来，任何一个句子只要其中出现的词被赋予了意义，句子的真伪也就立即决定了。这样的“唯名论语言”实际上是分析的，不能用来表达综合句子，因为如果一个句子的真伪不能只通过把句子中所提到的事物与名单中的事物加以对比来决定，那么这个句子就是不能表述的。但是，任何科学语言，尤其是用科学语言表达的假说，都必须包含外延不确定的普遍概念，不论是定义过的还是未定义过的。可见，这种唯名论语言不可能是科学语言。

总之，波普指出，要证明一个陈述本来就无意义，是必须要证明许多东西的，“对一个陈述本来无意义的证明必须对每一种前后一贯的语言都有效，而不仅仅对每一种可以满足经验科学的语言有效。”所以，他把认识的意义标准问题看作“一个典型的假问题”。

波普对意义标准批判的第二点和第四点实际上是关于归纳法的局限性，以及归纳法与确证的问题，这些问题在后来的逻辑经验主义运动中引起了更为深入的讨论。如果说这两点确为逻辑经验主义所使用的科学方法本身的问题，还算切中要害（但这个问题发现的优先权还不能归于波普），那么，波普在第一点中谈论的问题似乎并未击中要害，因为维也纳学派的认识的意义标准论及的是理论检验的范围，并不包括理论发现的范围，即不包含理论的起源问题，因为它严格区分理论发现的范围与理论检验的范围。而波普在此处谈的是理论发现范围的问题，在波普看来，认识论、科学发现的逻辑和科学方法论是同一个东西，其任务是要建立指导科学家进行研究或发现的方法论规则或规范。[①] 这正是波普与维也纳学派的不同之处。至于波普在第三点中涉及的问题，我认为是关于维特根斯坦和卡尔纳普语言理论的本体论承诺的问题，实际上是波普与维也纳学派本体论观点的分歧，而不是意义标准本身的问题。

关于认识意义标准是否能将形而上学从哲学中排除出去的问题，奎因给出了更为深入的分析。

四、理论的本体论承诺

按照逻辑经验主义者的观点，哲学的任务只是构造一个语言构架，即引入一种新的说话方式，按照一套语言规则分析科学所使用的语言，分析语言表达式的逻辑关系和意义。新的说话方式的引入没有本体论意义，因为

① Popper K. R.: *The Logic of Scientific Discovery*, Harper&Row, Publishers, New York, Hagerstown, San Francisco, London, 1968, p. 49.

它并不蕴涵任何关于实在性的断言。“显然一个语言构架的接受绝不可以看作蕴涵着一个关于所谈的对象的实在性的形而上学教条。”“一个关于对象系统的实在性的所谓陈述是一个没有认识内容的伪陈述。”① 用这样的方法似乎可以达到把形而上学从哲学中排除出去的目的。但是，奎因《论何物存在》一文，则提出了与逻辑经验主义不同的观点。

1. 两种不同的本体论问题

奎因也是第二次世界大战后著名的分析哲学家之一，因此，他也认为哲学的任务是对科学语言做逻辑分析，但是，与逻辑经验主义不同的是，他不同意逻辑分析的结果是从哲学中排除形而上学。因为“一个人如果把关于这个问题的陈述看作真的，那么他就必定把它看作平凡的真理。一个人的本体论对于他用以解释所有经验，乃至最平常的经验的概念结构而言是基本的。”② 在他看来，这就是形而上学中叫做本体论的那个部分的特征。所以，哲学家的任务之一就在于，通过对科学语言的逻辑分析揭示或澄清其本体论立场。

奎因把本体论问题简单地表述为“何物存在”的问题，并区分了两种不同的本体论问题，一种是：什么东西实际存在，这是关于本体论事实（the ontological state of affairs）的问题；另一种是：某个陈述或学说说什么东西存

① Carnap R.：《经验论、语意学和本体论》，载洪谦主编：《逻辑经验主义》，上卷，第 93 页。

② Quine W. V.：*From a Logical Point of View*，p. 11.

在，这是关于使用一种话语中的本体论承诺（the ontological commitment of a discourse）的问题。前一个问题不依赖人们对语言的使用，而后一个问题则依赖对语言的使用。奎因认为，哲学史上对于“什么东西实际存在”问题的争论，无论采取什么解决方案，总会陷于绰号为“柏拉图的胡须”的古老的柏拉图的非存在之谜。即我们只能认为“某物存在”，而不能认为“某物不存在”。因为“某物不存在”意味着“至少存在一物，它是不存在的”，否则不存在的东西是什么呢？这就是所谓的“存在悖论”。由于这个悖论在以往的哲学中无法澄清，故称作“柏拉图的胡须”。奎因认为，只有在语义的水平上用逻辑分析的方法，才能澄清一个理论或学说的本体论承诺是什么（即按照这个理论或学说说有何物存在），也才能找到进行辩论的共同基础。一个理论的语言结构是通过什么方式承诺何物存在呢？

2. 单独名词不承担本体论承诺

有的哲学家认为，一个单独词项是对某物的命名，如“飞马”，既然使用这个词就是用以谈论某个东西的（飞马意指神话中诗神缪斯的飞马，象征诗的灵感），即使不是指实存的东西（existence），也可以指潜存的东西（subsistence）。甚至对于含有矛盾的短语，如“伯克利学院的又圆又方的屋顶”，也可以预设它所指的对象的存在。如何清除这种不预设有一个单独名词命名的对象就不能说这个单独名词是无意义的古老谬见呢？奎因认为用罗素摹状词理论能消除这种谬见。

根据罗素摹状词理论的原理，一个摹状词组自身绝不具有意义，具有意义的是摹状词组出现在其语词表达式中的每个命题。例如，“飞马”是一个词而不是一个摹状词组，根据我们所要表达的观念，它可以改写为摹状词组“被柏勒洛丰捕获的那匹有翼的马”，这样，“飞马存在”的陈述可以分析为：

(1)“有个东西是而且没有别的东西是柏勒洛丰捕获的，并且这个东西是马，并且是有翼的”。

“飞马不存在”的陈述可以分析为对合取句（1）的否定，即

(2)“或者每一个东西都不是或者两个或更多的东西是柏勒洛丰捕获的，或者这个东西不是马，或者不是有翼的”。

这样一来，我们不预先假设在某种意义上飞马存在，也能说飞马不存在了。当我们说飞马存在时，就承诺了一个包含飞马的本体论，但当说飞马不存在时，就没有对包含飞马的本体论作出承诺。可见，一个陈述是否有意义并不在于其中的单独名词是否确有客观所指，也就是说，单独名词不承担本体论承诺。

3. 谓词不承担本体论承诺

那么，承担本体论承诺的是否为一个陈述中表示属性和关系的谓词呢？有些哲学家认为，人们在使用一个谓词如“红”时，就意味着承认在各种个别事物如“房屋”、“玫瑰花”、“日落”之外存在着诸如“红性”之类的共同属性。然而，奎因指出，一个人可以承认有红的房屋、红的玫瑰花和红的日落，但否认它们有任何共同的东西。虽然“红的”或

“是红的”这些词可以适用于“红的房屋”、“红的玫瑰花”、“红的日落”这些个别事物，但是，“红的”或“是红的”却不能给任何个别事物命名，因而不可能存在一个单个共相实体。可见，与单独名词一样，“我们能够使用一般的语词，例如谓词，而无须承认它们是抽象实体的名字。”① 所以，谓词也不承担本体论承诺。

4. 存在就是作为一个变项的值

单独名词和谓词都不足以承担本体论承诺，那么在一个陈述中究竟是什么东西使得人们一经说出就被卷入何物存在的本体论承诺呢？奎因认为，“实质上使我们能卷入本体论承诺的惟一途径是：通过约束变项的使用”。② 变项是没有确定真值的代词，约束变项是指被量词约束的变项，用符号表示为“∃x”，意为“有个东西”、“至少有一个东西”、“有些东西”；“¬∃x”，意为“没有一个东西”；“∀x”，意为“所有东西”。被代入变项的事物就是变项的值，变项所指涉的一类事物是变项的值域，值域规定了变项的取值范围。如果肯定了有一类事物，就是选择了一种本体论承诺，如果否定了有一类事物，就是否定了一种本体论承诺。“‘有个东西’、‘没有一个东西’、‘所有东西’这些量化变项都涉及我们整个本体论，不管它是什么样的本体论；我们确信一种特殊的本体论假设，当且仅当，为了使我们的一个断定为真，

① Quine W. V.: *From a Logical Point of View*, p. 12.
② Quine W. V.: *From a Logical Point of View*, p. 12.

所假设的东西必须在变项的值域内。”①

例如，我们说“有些狗是白的”，就是说“有些东西是狗并且是白的。”要使这个陈述为真，“有些东西”这个约束变项所涉及的事物必须包括有些白狗，这就是承诺了白狗的存在。反之，如果我们说“没有一只狗是白的”，就是没有承诺白狗的存在。我们说“有个大于一百万的素数”，就是说“有一个东西是素数并且是大于一百万的”，这就承诺了“数”这个抽象实体的存在。古典数学就卷入到对“数”这个抽象实体的本体论作出承诺之中（逻辑主义允许用约束变项指称已知和未知的实体，可观察实体和抽象实体，这实际上是承诺了实在论的认识观，即主张共相或抽象物独立于人心而存在。直觉主义认为类是被构造出来而不是被发现的，抽象物只有被预先构造出来指称某些个体时，约束变项才能指称它们。这实际上是承诺了概念论的认识观，即主张共相的存在是由人心造出的。形式主义把古典数学当作无意义的但是有效用的符号游戏保存下来，这些符号本身和符号规则没有客观基础，只是数学家可以理解并可以用以解决问题的工具，这就承诺了唯名论的认识观，即根本反对承认抽象物，甚至也不能在心造之物的有限制的意义上承认抽象物)。现代数理哲学家关于数学基础的逻辑主义、直觉主义和形式主义的根本分歧无不明显地归结为关于约束变项应该指称实体范围的意见分歧。

总之，“存在就是作为一个变项的值”（有的逻辑哲学

---

① Quine W. V.: *From a Logical Point of View*, p. 13.

家，如 Susan Haack，把这句话表述为“存在就是约束变项的值”)，奎因把这个语义学的公式作为判定一个陈述或学说做了什么本体论承诺的标准。“在本体论方面，我们注意约束变项不是为了知道什么东西存在，而是为了知道我们或别人的某个陈述或学说说什么东西存在；这几乎完全是同语言有关的问题。而什么东西存在的问题是另一个问题。”这实际上就把本体论承诺的问题归结为语言选择的问题。

但是，这个本体论承诺的标准并没有解决在相互对立的本体论中我们实际上选择哪一种的问题，如何解决。奎因忠告我们用“宽容原则”和“实验精神”来解决。“宽容原则”是卡尔纳普在《语言的逻辑句法》一书中提出的，即在逻辑上，无道德可言。每个人都有随意建立他自己的逻辑，即他自己的语言形式的自由。既然本体论承诺的问题可以归结为语言选择的问题，那么解决本体论问题可以像科学理论系统选择概念体系那样，选择哪种概念系统或语言结构，就看它能否作为更有效地根据过去的经验预测未来经验的工具。这就是所谓的“实验精神”。所以，“我们接受一种本体论原则上与接受一种科学理论，如物理学体系是相似的”，“一旦我们选择了要容纳最广义的科学的全面的概念结构，我们的本体论就决定了”，“对任何科学理论体系的采用在多大程度上可以说是语言问题，那么，对一种本体论的采用也在多大程度上可以说是语言问题”。①

---

① 参见 Quine W. V.：*From a Logical Point of View*，pp. 15-19.

五、认识意义标准的哲学价值

奎因关于理论的本体论承诺观点的出色论证是无可反驳的，就连卡尔纳普都称赞道："奎因是把变项的引入当作表明对象的接受而认识到它的重要性的第一个人。"① 看来，纵然忽略逻辑经验主义认识的意义标准逻辑方法上的困难，也难以把形而上学从哲学中排除。但是，我们注意到，对于逻辑经验主义的意义标准，无论是波普的驳难，还是奎因的不同方案，都不是从维护一种形而上学的观点去进行批判的，而是出于对科学的关心。亨佩尔对意义标准局限性的分析更是逻辑经验主义阵营内部的批评，其结果是引申出他关于科学理论结构的理论。正如波普的友善申明所言："我并不是从一种形而上学观点去批判这一原理，我的出发点是一个关心科学的人担心这个原理不但根本打不败它的假想敌形而上学，而且实际上还向敌人献出围城的钥匙。"② 事实上，卡尔纳普"宽容原则"的提出，就意味着逻辑经验主义者们已经放弃了他们的意义标准，因为每个人都有创造他自己的语言形式的自由，而一种语言表述是否恰当，取决于这种表述所属的语言的规则，语言系统的多样性和规则的多样性，往往会使得某一陈述在一个一贯的语言系统中是有意义的，

① Carnap R.：《经验论、语意学和本体论》，洪谦主编：《逻辑经验主义》，上卷，第 92 页，注 1。

② Popper K. R.：《猜想与反驳》，第 363 页。

而根据另一系统的规则却是无意义的，因而统一的认识意义标准成为不可能。尽管认识的意义标准因被归于语言哲学的范围，而未在科学哲学中进一步研究，但是，由意义标准引申出来或与它相关的关于科学与非科学的划界问题、科学理论的结构问题、归纳与确证的关系等问题却在科学哲学中引起了长期而广泛的激烈争论。

第四章　科学的划界

一、规范性的划界标准——可证伪性

如前所述，波普[①]把认识的意义问题看作是假问题，他所感兴趣的是科学与伪科学（seudoscience）或非科学（nonscience）的划界问题（简称划界标准）。

1. 证伪主义划界标准

逻辑实证主义者的意义问题与波普的划界问题的区别首先在于，被逻辑实证主义者判定为非科学的陈述，同时也是

① 卡尔·波普（Karl Raimun Popper，1902—1994）是出生于奥地利的犹太人。1928年获维也纳大学哲学博士学位。1937年任新西兰坎特伯雷大学学院哲学教师。1949年任伦敦经济学院逻辑和科学方法讲座教授。第二次世界大战后定居英国，1965年被授予爵士称号。曾任英国科学院院士和美国艺术与科学院院士。1969年退休。他的哲学广泛涉及科学和社会问题，他的显赫名声和重大影响主要来自他的科学哲学的证伪主义（Falsificationism）思想。

无意义的陈述，也就是说非科学的陈述是无意义的。而被波普划界标准判定为伪科学或非科学的陈述是有意义的，它们仅仅不是科学的，但在语言上是有意义的。

其次，意义标准和划界标准使用的科学方法不同。在逻辑实证主义者看来，科学不同于形而上学的地方是科学的经验方法，主要就是从观察或实验出发的归纳方法。但是波普认为，这种诉诸于经验和实验的方法仍然不能将科学与伪科学相区分，所谓伪科学在波普看来是那种虽然装作是科学，事实上却是原始神话不是科学，比如，占星术就是这样的伪科学，但是它拥有基于观察、根据星象算命图和传记积累的大量的经验证据。

那么，什么方法能区分科学与伪科学呢？最能打动波普的真正科学的典范是爱因斯坦的相对论，而伪科学的典型例子则是马克思的历史学说、弗洛伊德的精神分析学和阿德勒的个体心理学。爱因斯坦的学说与后三种学说的区别何在？后三种学说的共同点是，它们明显的解释力给人以深刻的印象，只要你愿意去寻找确证事例，你将会发现世界充满了对它们的证实。无论发生什么情况，都能用这些理论解释，却没有一个事例能反驳它们。

而爱因斯坦的学说就截然不同。它给人以深刻印象的是它为预测事例承担了很大风险，这种风险就体现在，根据他的理论推导出的观察结果与以前任何人所期望的结果是不相容的，如果观察表明这个理论预测的结果确实不存在，那么这个理论就被完全反驳了。

由此，波普提出了解决划界问题的证伪主义标准，这个

标准可以表述为：一个理论是科学的，当且仅当，它具有被某些观察证据反驳的潜在性。他非常强调理论应该作出冒险性的预测。

2. 可证伪度、严峻检验、确认

波普在非常广泛的意义上使用这个证伪的观点。在理论的检验方面，他认为一个理论的真正检验是试图通过观察证据证伪它，或反驳它。对于经验科学而言，可反驳性意味着，对一个理论的每一次严格检验，都是一种反驳它的尝试。爱因斯坦引力理论的预测——水星近日点的进动、恒星光谱线红移、光线过太阳表面会偏转，虽然当时由于测量仪器所限，无法立即检验，但是驳倒这种理论的可能性非常大。而马克思主义的历史学说和那两种精神分析理论不但不接受证伪事例，反而总是重新解释它们的学说和证据，以便使它们相符合。①

在理论的评价和选择方面，波普强调，一个较好的理论必须满足两个条件：②

第一，可证伪程度（或可检验程度）较高。对于一个经验科学的理论来说，理论所具有的经验内容越丰富，它所不允许发生的事情就越多，它的可证伪程度就越高，也就是说，可证伪程度与经验内容的多少成正比。由此可知，一切重言式和形而上学陈述没有不允许发生的事情，可证伪度为0，即在逻辑上是最可几的（probable，即似可信的）；一切

① 以上内容参见 Popper K. R.：《猜想与反驳》，第 47—58 页。

② 参见 Popper K. R.：《猜想与反驳》，第 310—317 页。

与理论所蕴涵的经验陈述相矛盾的陈述最容易证伪这个理论，因此矛盾陈述的可证伪度为1，即在逻辑上是最不可几的（improbable，即似不可信的）。这说明，理论的内容越多，越容易被证伪，因而逻辑上成立的可能性即概率就越小。由此，波普给出了刻画逻辑概率与可证伪度（即理论的经验内容）的公式。假设a和b分别表示两个陈述，把“陈述a的内容”写作Ct（a），“a和b的内容的合取”写作Ct（ab），则关于陈述内容的公式为：

(1) $Ct(a) \leqslant Ct(ab) \geqslant Ct(b)$

与此对应的关于陈述的概率公式为：

(2) $p(a) \geqslant p(ab) \leqslant p(b)$

这说明，陈述的内容增加，则概率减小（即逻辑上的不可几性增加），即一个理论的可证伪度与它的逻辑概率成反比，也就是说，如果我们的目标是追求知识内容的增长，那么高概率就不可能成为我们的目标。对于波普而言，不可反驳性（正如人们时常想要达到的那样）不是一个理论的长处而是短处。

第二，能经受更严峻的检验（rigorous test）。波普指出，任何理论想要找到确证或证实的证据是很容易的，但这对于真正检验一个理论的结果是不算数的。只要理论经受住了我们所设计的严峻的检验，它便被接受，否则，便被拒斥。所谓“严峻检验”是指一个理论的大胆冒险的、常常偏离当时已被公认的理论的，看似不可信的预测结果通过了检验。波普把经受了严峻检验的理论称作被“确认”（corroborate）的理论，他引入“确认”概念是为了有别于逻辑实

证主义的"确证"概念，如前所述，确证意味着在什么条件下一个陈述为真，是达到真理的过程，确认只意味着一个理论在这次严峻的检验中没被证伪，接下来所要做的并不是把这个理论当作真理来接受，而是继续寻找证伪它的证据。一个理论的可确认度以及事实上通过严峻检验的确认度随可检验度的增加而增加，因而与逻辑概率成反比关系。[①]

总之，与逻辑实证主义者相反，在波普看来，科学的目标是追求解释力强、可证伪度高或可确证度高、概率低的理论。对于理论 T_2 和理论 T_1 而言，如果 T_2 比 T_1 可证伪度较高，并且经受了严峻的检验，那么 T_2 比 T_1 较好，应该选择 T_2。

波普指出，观察证据不能给理论提供支持，因为每个观察都用以前经验加以解释，而以前的经验并不比新的观察更可靠，所以观察证据的增加并不能增强我们对理论的信心。理论的证实是个神话。而观察证据的检验只能显示一个理论被反驳的情况。他用了很大篇幅批判了证实主义所使用的归纳方法（我们将在第六章详细讨论确证与归纳的问题），用假说—演绎法刻画了科学理论的检验过程。科学产生于试探性的猜想，然后，从猜想的假说引申出关于观察事实的预测，如果预测被证伪了，那么理论就被反驳了，如果预测通过了检验，即使是经受住了严峻的检验，我们也只能暂时地接受它，然后再继续寻找证伪它的事例。从任何意义上说，理论都不能从经验证据推出，无论心理的归纳还是逻辑的归

① Popper K. R.: *The Logic of Scientific Discovery*, 1968, p. 270.

纳都是不能从经验推出的。只有理论的虚假性可以从经验证据推出，而这是纯演绎推理。

3. 证伪主义的价值和困难

波普证伪主义科学划界标准的价值在于，他看到了任何科学理论都具有尝试性和可错性，这些特点正是被人们所忽视的，因为人们常把进入了科学大厦的知识的真理性看作是不可怀疑的。证伪主义所提倡的大胆猜测的精神正是科学家应该具备的气质，所以他被许多科学家视为英雄。他的证伪主义立场所体现的批判精神和理性主义精神，使他的科学哲学思想常被称作“批判的理性主义”。而且他对归纳法与理论确证的辩护的质疑成为哲学家长期以来力图解决的重要问题。

然而，波普证伪主义观点面临的许多问题，不禁使许多人发问：可证伪性是区分科学与非科学的好方法吗？

波普用假说—演绎法为我们刻画了一个非常简捷的理论检验模式：从猜测性假说推导出关于预测的观察事实，如果观察事实被否证了，猜测就被完全证伪了。理论被接受总是尝试性的、暂时性的，而理论的摒弃却是决定性的、一次性的。这就是使证伪主义获得证伪主义称号的突出特征，但也正是这个特征严重地损害了它的证伪主义立场。

根据证伪主义观点，理论所预测的观察事实的陈述（波普称之为“基本陈述”）对理论的证伪具有决定性的作用，然而，观察证据是可谬的。假设我们相信任何一块铁（无论它大小形状如何）遇热膨胀。根据波普任何好的冒险理论都要禁止某些观察事件发生的观点，我们的理论应该禁止出现

我们所识别的一块铁遇热后收缩的事实。假如这个被禁止发生的观察事实果然出现了，那么我们可以怀疑我们所见到的一块“铁”是否为一块真正的铁，也就是说，我们合理地选择铁的纯样本的能力是可能出问题的，这是其一。

其二，我们还可以怀疑对那块铁收缩的测量有误。或许是测量仪器不够精确，不足以精确地测量铁的物理结构或化学性质。就像当年开普勒关于“火星是方形的并且有着浓重的色彩”的错误的观察记录是由于其望远镜性能不良一样；或许由于观察者的感觉有误而导致了错误的实验报告，天文学家们一直承认不同的观察者对同一观察对象的观察，结果总会存在差异。英国皇家天文学家内维尔·马斯基林的一名观察助手就因观察经常有误而被辞退。

其三，即使在当时理论不被允许的观察事实出现了，捍卫理论的科学家们也不会愿意立刻就把这当作证伪事例而接受，他们往往用理论重新解释它，使之经受进一步的检验，试图使理论的反常事例转变为理论的确认事例。按照牛顿万有引力定律观察到的天王星轨道的“失常”就是这样转变成为对牛顿理论严峻性检验的确认事例的。

由此看来，我们用以证伪一个理论的观察报告不可能是完全可靠的，波普也承认这一点，但他辩解道：“基本陈述是作为决定或同意的结果而被接受的；就此而言它们是一些约定。”① 一旦我们决定了某个观察陈述，我们就能用它证伪任何与它相矛盾的理论。可是这样一来，证伪的过程最终

---

① Popper K. R.：*The Logic of Scientific Discovery*，p. 106.

是基于可能受到挑战的“决定”。那么，人们也可以通过更多的检验用证伪的方法表明某个观察报告是不好的，从而“决定”摒弃这个观察报告，而保留理论。

一次性证伪的困难还在于，构成被检验理论的往往不是一个单独的陈述，而是包含背景知识等的一组辅助性假说，如果理论是用实验来检验，那么还要附加规定实验仪器使用方法的定律和理论，还有诸如实验装置说明之类的初始条件。观察陈述是从这些附加假说的合取推导出的，如果观察陈述被否证了，那么否证的是许多附加假说的合取，也就是说，可能理论为假，可能背景知识为假，也可能初始条件有问题，还可能是规定实验仪器使用方法的定律和理论有错，但并不存在证伪试图检验的理论的逻辑必然性。理论富有相当的韧性，面对经验事实的挑战，只要我们在理论系统的其他部分作出大幅度的调整，或者修改辅助性假说，或者甚至修改逻辑规律，总之可以通过对整个系统的各个可供选择的部分的修改，使接受检验的理论适应一个顽强的检验，而免遭证伪。这就是奎因检验的整体论和拉卡托斯精致的证伪主义得出的结论。面对整体论和精致证伪主义的挑战，波普辩解道，做特设性辅助假说以挽救理论免遭证伪是一种“约定主义的扭曲”，这样做付出的代价是破坏或降低了理论的科学地位，一位好科学家是不会这样做的。可是，逻辑本身从未能迫使科学家一旦遭遇一个意想不到的观察就放弃一个特定理论。

其四，波普相信用可证伪度高和严峻检验的要求能对理论作出选择，而否认根据理论的确证度做选择，但是，我们

将发现这是极为困难的。假设我们将要建一栋新楼房，我们必须要选择一种物理学理论论证什么样的设计对于楼房的稳定性和承重性是合理的。现在，我们必须在以下两种理论中作出选择：（1）一个成功地经受过多次检验的理论，（2）一个从未经过检验、一直还是猜测的大胆新颖的理论。事实上，工程师和科学家都会毫不犹豫地选择确证度高的理论（1）。但是，根据波普的要求无法回答为什么选择经过检验仍然幸存的理论建楼房是合理的，而选择从未经过检验的大胆新颖的理论是不合理的。因为波普拒绝说当一个理论经受了检验，我们更有理由相信它是真的，在他看来未检验过的理论和很好地经受过检验的理论都是猜想。他把在多次试图证伪中仍然幸存的理论看作"被确认"。波普虽然可以在某种意义上解释确认是不同于确证的，但是，他却没能很好地回答，在建造楼房中我们为什么应该选择已被确认的理论，而不应该选择新理论。这个过失或许可以归于他的归纳怀疑主义：我们确实不知道当我们用过去曾用过的设计去建造另一栋新楼房时将会发生什么情况。但是，如果使用大胆新颖的设计，在尝试它之前我们不会知道它是否是一种坏设计。选择前一种设计也许是因为在实践中更熟悉它。看来如果不诉诸于实践，而且硬着头皮不承认"确证"，我们也没有理由否认选择未经检验的设计更合理。

否认理论的确证，否认科学的目的是追求真理，这一直是其他经验主义哲学家一致反对波普的地方,[1] 波普也认识到这个问题的无法回避性,所以,后来不得不承认真理也是科学的目的之一,我们没有任何理由使我们不能说一种理论比另一种更符合于事实,更接近真理。他用"逼真性"(verisimilitude)概念表示理论的真理内容,把"逼真性程度越来越高"作为一个好理论必须满足的又一个条件。[2]

其五,可证伪度要求还存在一个严重的困难。假设我相信一枚硬币正面朝上,那么,我可以从这个假说演绎出关于在一个长序列的投掷中"正面朝上"或"反面朝上"的概率的各种要求。假设我观察了 100 次投掷的结果都是正面朝上。根据我关于硬币的假说,这种情况是非常不可能的,但是事实上却不是不可能的。尽管根据理论,在越来越长的投掷序列中,正面朝上被看作越来越不可能,但是在任何一个有限长的投掷中正面朝上是可能的。但是,如果这个假说没有禁止某些特殊的观察事实出现,那么,在波普看来,它不是冒险的。这种理论对于描述特殊观察事实而言是低概率的,但却似乎不能一概排除的,而根据波普的可证伪度的要求,从逻辑上看,所有这类理论都是不可证伪的因而是不科学的。当然,波普认为,一个科学家可以决定,只要一个理论要求一个特殊的观察事实是极其不可几的,这个理论就会在实践中排除那个观察事实。如果这个观察事实出现了,那

---

① 参见 Salmon W. C.:"Rational Prediction", *British Journal for the Philosophy of Science*, 32 (1981), pp. 115-125.

② Popper K. R.:《猜想与反驳》,第 331—332 页。

么，这个理论就在实践中被证伪了。这样，一个理论的概率的高低问题，只能指望科学家在自己的工作领域中理解了。可见，概率论仅仅只能在一种特殊的“实践”意义上被解释为可证伪理论。而且我们又一次看到了“决定”在波普科学哲学中所起的作用，这不能不损害他所强调的演绎逻辑的约束力。另一方面，在证伪的过程中，观察陈述对理论假说是否被否证起了决定性的作用，波普无数次强调这完全是演绎逻辑的事情。但是我们看到的他所描述的科学图景是，理论的可证伪度和逼真度是用统计的方法决定的，似乎观察证据与理论之间没有演绎逻辑的支撑，证伪的过程也能发生。①

而且，可证伪性根本无法把伪科学从科学中驱逐。占星术在预测某人的出生年月、星座与某人的命运方面的可证伪度极高是不足为奇的；被他看作“伪科学”的马克思主义的历史学，在社会主义不能在一个国家实现的预测失败后，大部分马克思主义者都承认这个预测的不成功。

二、描述性的划界标准——解决疑难

库恩（Thomas Samuel Kuhn）② 与波普一样反对归纳

① 参见 Godfrey-Smith Peter：*Theory and Reality*，The University of Chicago Press，2003，pp. 67-68.

② 托马斯·库恩（Thomas Samuel Kuhn，1922—1996）1922 年出生在美国俄亥俄州。1949 年在哈佛大学获物理学博士学位。1956 年去加州伯克利分校任教，1961 年升任科学史教授。1964 年任普林斯顿大学科学哲学与科学史教授。主要从事科学史、科学哲学和量子物理学史的研究。

主义从事实中归纳出正确理论的规则，把理论看作是为了说明自然界而猜想的见解，但是在科学与非科学的划界标准上，他却提出了与波普不同的观点。要理解库恩的观点首先得从他所使用的与众不同而又影响深远的几个重要概念开始。

1. 范式、科学共同体和常规科学

“范式”（Paradigm）是科学哲学中最具“库恩特色”的概念。范式“意味着某些实际的科学实践中公认的范例（examples）为特殊的连贯的科学研究传统提供的模型（models），这些范例把定律、理论、应用和仪器都包括在一起。”① 这是库恩在他的《科学革命的结构》一书的开始部分给出的“范式”一词的含义。但是，他后来意识到对范式的解说已经失去控制了，他原本只是想用以指学生在实验室中、教科书中和考试中遇到的解答问题的标准例子，即范例。根据库恩的思想，范式有两种用法。在广义上，范式指某个特殊领域中科学研究的总方法，它是关于世界的看法、收集和分析资料的方法、科学思想和科学行动的习惯。在狭义上，范式是指特殊的成就或范例，例如，像孟德尔豌豆实验奠定了基因理论的基础，是一个成功的实验，被看作生物学中的一个范例；牛顿关于运动的定律为其他的科学研究提供了精神资源和科学研究的方法，是物理学中的一个范例。事实上，广义的范式包含在狭义的范式中，因为一个特殊的

① Kuhn T. S.: *The Structure of Scientific Revolutions*, The University of Chicago Press, 1962, p. 10.

成就或范例就包含有科学家所提供的世界观和方法论的典范。前面库恩给出的范式的含义显然是在狭义的意义上界定的，实际上从《科学革命的结构》一书的全部思想，以及在他此后的作品中对这一词的用法来看，他并未区分广义和狭义的用法。

范式与科学活动中的科学家密不可分，库恩使用了“科学共同体”（scientific communities）概念表示的就是范式与科学家的关系。范式除了以上所提到的内容，还要涉及更专业化的方面，这就是作为一个特殊的科学共同体的成员所具备的专业素质。一个特殊的“科学共同体”的成员都是在相同的模型中学到这一学科领域的基础知识的，这些基于共同范式研究的人在科学实践中承诺相同的规则和标准，因此，在以后的科学实践中，它们很少会在基本原理上看法不一致，就是说，按照共同范式进行科学研究的共同体的成员，对于在他们的研究领域中什么问题是重要的，如何达到对这些问题的解决，以及如何评价可能的解决方案，甚至对世界的基本看法方面都很少会发生争论。

在《科学革命的结构》一书中，“范式”和“科学共同体”两个概念的定义常常出现循环，为了避免循环定义，库恩在 1969 年补入的后记中谈道，“我们能够，也应当无须诉诸范式就界定出科学共同体；然后只要分析一个特定共同体的成员的行为就能发现范式。”根据这一观点，“一个科学共同体由同一个科学专业领域中的工作者组成。在一种绝大多数其他领域无法比拟的程度上，他们都经受过近似的教育和专业训练；在这个过程中，他们都钻研过同样的技术文献，并从中获取许多同样的教益。通过这种表征文献的范围标出了一个科学学科的界线，每个共同体一般有一个它自己的主题。”“范式是为这样的团体的成员所共有的东西。”它有两种不同的使用方式：“一方面，它代表着一个特定共同体的成员所共有的信念、价值、技术等构成的整体。另一方面，它指谓着那个整体的一种元素，即具体的疑难问题解答；把它们当作模型和范例，可以取代明确的规则以作为常规科学中其他疑难问题的基础。”①

另一方面，范式又决定了科学研究活动不同阶段的特点。“常规科学”（normal science）就是在范式提供的结构内进行科学研究的阶段。在库恩的书中，“‘常规科学’是指坚实地建立在一种或多种过去科学成就的基础上的研究，这些成就是某个特殊的科学共同体公认为进一步实践的基础。”② 范式在常规科学中的作用是组织科学研究工作，把个体科学家的工作调整到有效地解决问题的共同事业中。然而，缺乏精确性定义是范式区别于规范方法论规则的本质特征，因为范式包含了比能以明确定义和精确的形式规定的任何一组规则更多的东西，它比规则“更优先、更具约束力、更完备”。③ 一个典型的常规科学工作者对他将工作于其中的那种范式的精确性质无法明确表达，通过在同一范式下工作的科学家的教育和熟练人员的指导，通过解决标准性的问

① Kuhn T. S.: *The Structure of Scientific Revolutions*, pp. 176-177.
② Kuhn T. S.: *The Structure of Scientific Revolutions*, p. 10.
③ Kuhn T. S.: *The Structure of Scientific Revolutions*, pp. 45-46.

题，进行标准性的实验最后再通过完成一项研究，一个有抱负的科学工作者就对那一范式熟悉了。在常规科学阶段，科学家们都按照共同的范式有组织地高效地进行研究工作。

2. 科学划界标准——解决疑难

在库恩看来，正是常规科学最能把科学与其他事业区分开来。常规科学中的什么东西能作为科学与非科学的划界标准呢？这必须涉及库恩对常规科学本质的分析。一个科学共同体接受某种范式是因为这种范式比它的竞争的范式能更成功地解决一些问题。然而，一个范式在最初出现时，其应用范围和精确性都极其有限，常规科学就在于扩展范式所展示出的特别有启发性的事实，增加那些事实与预测之间的符合程度，并且使范式本身更加明晰。这个时期的科学研究通常只在三个焦点上：第一，力图增进范式揭示的那类事实的准确性，并且通过这些事实解决的问题扩大范式的应用范围和精确性。用万有引力定律进行工作的共同体必须要给出描述它的数学公式，并精确地计算出已知行星的位置和大小，运动的轨道和周期，以便用于计算未知星体。第二，解决范式理论的预测与实验中的问题。为了观察牛顿理论计算的行星的位置和大小，运动的轨道和周期，还要设计更复杂更精确的特殊仪器。第三，解决范式理论中某些遗留的模糊性问题，以及某些先前知识注意到但尚未解决的问题。单位距离的两个单位质量之间的力的大小，即万有引力常数在物理学理论中具有重要的地位，但牛顿《自然哲学的数学原理》问世后一百年内也没有人设计出能确定该常数的仪器，所以，改进这个常数值一直为许多杰出的实验家反复努力。

可以看出，常规科学的研究活动就像是强制性地把自然界塞进一个由范式提供的已经制成的十分坚实的盒子里，所以，常规科学最引人注目的特点不是发现新类型的现象，事实上，那些未被装进盒子内的现象常常被完全视而不见；也不是发明新理论，实际上，处在这种研究中的科学家往往难以忍受别人发明的新理论；而是用已接受的范式解决疑难问题，澄清范式已经提供的现象和理论。所以，库恩把解决疑难的活动看作常规科学的本质，看作是科学与非科学的划界标准。

解决疑难的活动会发生在科学发展的不同阶段，比如在科学发展的较早阶段，范式还未形成，即前科学阶段；一种范式不再能充分地支持一个解决疑难的传统，在这种范式指导下工作已无路可寻时，新范式将代替旧范式，即科学革命阶段，都会有解决疑难的活动，为什么只有常规科学中的解决疑难能把科学与非科学区别开呢？库恩的理由归纳起来主要有：第一，仅仅只有常规科学才能取得一个明确的、具有约束力的范式。而取得这样的范式，并取得范式所容许的那类深奥的研究，是任何一个学科领域发展达到成熟的标志。[①] 只有这时，一门学科才能算作真正的科学。第二，正是常规科学既规定了科学检验的规则，又规定了检验的方法，如果缺少规则，而且即便有规则可循，但没有任何疑难要解决，那么，所做的工作也绝不是科学。第三，科学共同体取得了一个范式就是有了一个选择问题的标准，当范式被

① Kuhn T. S.: *The Structure of Scientific Revolutions*, p. 11.

视为理所当然时，这些选择的问题才是有解的问题，才会被科学共同体承认为科学问题，才会鼓励它的成员去研究之。而不能用范式所提供的概念工具和仪器工具陈述或解决的问题，都将作为形而上学问题或非科学问题被拒斥，都将看作是分散科学共同体注意力的问题。①

综上所述，我认为，库恩的作为科学划界标准的解决疑难活动具有以下三个特点：第一，取得了公认的范式（这一点能使科学与不成熟的学科或前科学相区别）；第二，可以通过设计精确的实验和特殊的实仪器解决理论预测中的问题（这一点则使经验科学区别于非经验科学、形而上学和伪科学）；第三，科学共同体成员对疑难解决的方法和结果有一致的看法（这一点是试图排除社会科学、形而上学和伪科学）。

3. 库恩与波普划界标准的同异

库恩和波普一样，都反对科学通过积累进步的观点，关心科学发展的动态过程，都强调旧理论被与之不相容的新理论所抛弃、所取代的革命过程，所以，他们关于科学的划界标准是基于科学革命的过程。但是，由于他们对科学革命过程关注的焦点不同，所以，对具体问题的看法分歧很大，用库恩的话说，他们看到的线条是相同的，但看到的由线条构成的图形却往往是完全不同的东西，他们之间的区别是“格式塔转换”。

无论是逻辑经验主义者的认识的意义标准，还是波普的

---

① Kuhn T. S.: *The Structure of Scientific Revolutions*, p. 37.

科学划界标准，寻找一条方法论标准都是解决问题的关键。在方法论上，库恩和波普一样都不相信归纳法，但是，他们反对归纳法所达到的目的却相去甚远，波普是为了寻找一条更可靠的方法论标准——他所呈现给我们的是假说－演绎法，以便把科学活动建立在规范的方法论基础上。而库恩则是为了表明，人们能够有在形式上几乎不用逻辑的健全知识，尽管逻辑是有力的、最终也是必不可少的科学探索工具。因此，他并不认为我们一定要寻找一条界线分明的或决定性的逻辑标准，而是试图从科学史的资料中得出许多共同的结论。他虽然把解决疑难的活动作为他的划界标准，但它只是描述性的而不是规范性的。这个标准最引人注目之处在于，与逻辑经验主义者和波普拒绝“知识心理学”、“知识社会学”不同，随着“范式”和“科学共同体”概念的引入，他把心理因素和社会因素引入科学理论的评价中，把它们看作与方法论相关的东西。在他看来，科学家在研究中遇到意外情况，即疑难时，会作出各种选择，首先，他总是必须作出更多的研究，以便在疑难出现的地方进一步清楚地阐明他的范式。然后，他也可能因支持另一个范式并以充分的理由抛弃他原有的范式。但没有任何惟一的逻辑标准能绝对地命令他必须作出哪一种选择。

对于科学理论的检验过程，波普的视角几乎完全是触及科学革命事件的特征，在科学革命时期的反常事例，常常为当时流行的公认的理论所不能解释，这些反例在某种意义上对于反驳旧理论起到决定性作用，所以他所看到的是理论预测的个别经验事实的反驳和证伪整个理论的科学发展的图

景。而在库恩看来，波普是用非常科学（extraordinary science）时期偶然出现的革命事件的特征表述整个科学事业，“如果科学研究被视为只能通过由它自身偶然而导致的革命来考察，那么无论是科学还是知识的进展看来都是无法理解的。”只有常规科学或常规研究所规定的范式和检验方法，才使科学事业成为可能。在常规研究中，科学家必须用现行理论作为规则去解决其他人解决不了的疑难，疑难的答案是靠科学家的天才猜测的，只要有充分的才能就能解决疑难。因而，被检验的只是科学家个人的猜测，猜测经受不住检验，要受到责备的只是他自己的能力而不是现行的理论。“总之，虽然在常规科学里常有检验发生，但这些检验是特殊的检验，因为就其最终的分析来看，受检验的是个别科学家的猜测而不是现行的理论。”① 只有科学革命时期的反常事例才是针对现行理论的，但那时新范式还未形成，不可能规定检验的规则和方法，不能看做真正的检验，所以可证伪性标准不能将科学与其他事业区分开。

库恩的科学划界标准是他总的科学哲学思想的体现，他把科学哲学与科学史相结合的研究风格，使他的科学哲学得名为“历史主义科学哲学”。他所使用的“范式”、“科学共同体”和“常规科学”概念在科学哲学中影响深远，尤其是“范式转换”这个短语的影响远远超出了科学哲学领域，已

---

① Kuhn T. S.：“Logic of Discovery of Psychology of Research?”，In *Criticism and the Growth of Knowledge*，ed. by Lakatos I. &Musgrav A.，Cambridge University Press，1982，pp. 4-5.

经成为心理学、社会学、政治学，甚至商学界引用率极高的词。正由于使用这些概念使得心理因素和社会因素渗透进他的划界标准，所以人们常常把他的标准定位为“相对主义的划界标准”。

但是，在我看来，这种定位是不恰当的。尽管他否认存在一种区分科学与非科学的绝对的逻辑标准，但实际上他并不反对逻辑方法，而是把逻辑方法内化为范式的一部分，把逻辑方法的选择权交还给科学家。这说明他反对的是规范的划界标准，而并不否认存在一种描述性的划界标准，因而这种标准具有一定的相对性。就他承认有划界标准而言，他就不是一个相对主义者。而且进一步看，他为什么把常规科学阶段的解决疑难活动看作划界标准呢？因为只有这个阶段的科学理论或科学活动才更具有确定性和规范性的特点，科学共同体的成员在范式的指导下对于疑难问题的解决方法和结果都看法一致，所以，就解决疑难体现的是科学的确定性和规范性特点而言，我们没有足够的理由把库恩归于相对主义阵营，最多只能说他的科学观具有相对主义因素。

库恩解决疑难的划界标准的确体现了科学活动——尤其是经验科学活动——的某些显著特征。它吸取了整体论的观点，把理论的检验看作科学活动作为一个整体面对一次次疑难的挑战。它也吸取了精致证伪主义的观点，否定某一次解决疑难的失败对理论具有决定性的证伪意义。所以，库恩的标准比波普的标准更具说服力。但是，在我看来，库恩解决疑难的划界标准仍然未能充分刻画科学区别于非科学的特征，与波普一样，他也只不过把经验科学与其他学科隔离开，把除经验科学以外的学科都看作非科学，这样的划界标准仍然太狭窄。

三、消解划界标准——多元主义方法论

美国科学哲学家费耶阿本德（Paul Feyerabend）[①] 在他的《反对方法》一书中，不仅对正统科学哲学——逻辑实证主义的基本立场做了批判，而且对波普的批判的理性主义、库恩的历史主义的划界标准等都做了全面批判。为了消解以往那些学派的科学与非科学的划界标准，他提出了多元主义方法论，即无政府主义方法论观点。

1. 解构方法论

费耶阿本德首先从解构方法论入手。他认为，理性主义方法论的一个普遍的倾向：用永恒的形式处理知识，假定我们知识的各个要素——理论观察、论证原则——都是超时间的实体，它们有着相同的完善程度，全都同样易于理解，并且独立于产生它们的事件而相互联系。他指出，这种程序忽视了科学史的实际图景：科学是一个复杂的、多质杂合的历史过程，它既包含高度复杂的理论体系和种种古老的、僵硬的思想，又包含对未来思想体系的模糊的、不连贯的预测。

---

① 费耶阿本德（Paul Feyerabend，1924—1994）出生于维也纳。第二次世界大战期间参加了德国军队的先锋队。1947 年回到大学学习历史和社会学，后转向物理学。1951 年获得博士学位后，曾先后去英国剑桥大学和伦敦经济学院师从维特根斯坦和波普。1959 年移民美国，执教于加州大学伯克利分校。曾广泛研究物理学、数学、天文学和戏剧。

科学理论有的以简练的陈述形式给出，而有的则是不明显的，只有通过同新的异常的观点作比较才可知道。科学中发生的冲突和矛盾大都起因于历史发展的不平衡性，它们没有直接的理论意义。可见，科学史就像它所包含的思想那样复杂、混沌，它的“越轨”和“错误”都是它进步的先决条件。

科学哲学用普适的标准和理性的传统处理科学史中变动不居的事实，是不成功的，因为第一，我们想探索的世界在很大程度上是未知的实体。因此，我们必须保留自己的选择权。但是科学哲学的方法论预先就作茧自缚了。第二，只有个性才能造就充分的人，科学中的普适的理性标准有悖于培养个性，不可能与人文主义态度相调和。方法论把人变成一种可悲的、不友善的、自以为是而又毫无魅力和幽默感的机械装置。因此，要增加自由，要过充实而有价值的生活，要发现自然和人的奥秘，就必须拒斥一切普适的标准和一切僵硬的传统。

科学的实际图像远比它的方法论图像来得“非理性”，比如，新思想的接受将不得不借助论证以外的非理性手段，诸如宣传、情感、特设性假说以及形形色色的偏见。宣传尤其是用以辩护理论的不可或缺的手段。再比如，在知识的增长和科学的增长中，兴趣、影响力、宣传和洗脑技巧所起的作用之大远远超出人们通常的估计。甚至国家干预的手段也使科学的增长受益匪浅，可以用以克服“科学沙文主义”。费耶阿本德以中国中医发展为例说：“当共产党人于20世纪50年代强迫医院和医学院教授《黄帝内经》中包含的思想

和方法，用它们来治病时，许多西方专家（包括‘波普骑士团’之一员艾克尔斯）目瞪口呆，预言中国医学将每况愈下。事情恰恰相反。针灸、切脉诊断已导致新的洞见、新的治疗方法，还对西方和中国的医生都提出了新的问题。”①

2. 解构经验事实与理论的关系

无论是逻辑经验主义者还是波普、库恩都是经验主义者，因此，他们都相信，理论成功与否是由经验事实或实验结果来度量的，一个理论若与经验事实一致，就得到支持，被保留下来，若与经验事实不一致，就处于危机，甚至不得不被证伪。费耶阿本德认为这是经验主义的本质和规则，于是接下来要解构的是经验事实与理论的关系。

费耶阿本德否认“事实”的中立性，认为，科学根本不知道“赤裸裸的事实”，而只知道进入我们知识的“事实”已被按某种方式来看待了，因此这些事实本质上是思想的东西。他从科学发现的过程和科学检验的过程说明“一致性条件”（即科学理论必须与经验事实一致）不是科学所必需的。

在科学发现中，一类新经验的产生几乎是凭空造出来的。如，伽利略相信哥白尼观点的真理性，绝不是对稳定经验的信念，而是通过发明望远镜改变了日常经验的感觉核心，借助他的相对性原理和动力学改变了日常经验的概念成分，按照一种新的方式，把那些看似不可接受的虚假理论、那些不可接受的现象加以整理，划出了不同的概念界线，以

① Feyerabend P.：《反对方法》，周昌忠译，上海译文出版社 1992 年版（下同），第 266 页。

致产生了一类新的经验，然后暗示读者把这些凭空造出的新经验巩固下来作为真理。科学就是这样不依靠经验被发现的。

在科学的检验中，一个理论的检验（比如，为了检验哥白尼理论）需要一种全新的世界观，包括一种关于人及其认识能力的新观点。新观点相当任意地脱离了那些支持旧观点的观察资料，变得更为形而上学，它是新的科学史时期的开始。新观察资料是通过特设性假说引入的，科学的经验内容大大减少。一个事实是否与一个理论相关，是否反驳了一个理论都只能借助其他理论来确定，而其他理论与被检验理论的观点是不一致的。所以，一个理论与证据相冲突，也并不是因为它不正确，而是因为证据被理论污染了。所以，理论的成功与否完全是人为的。经验主义者的错误就在于，把由一个程序创造的经验证据援引为这个程序自己的理由，这是循环论证。

费耶阿本德的结论是："理论的增生是对科学有益的，而齐一性则损害科学的批判能力。齐一性还危害个人的自由发展。"① "理论的增生"就是理论的多元化。

一旦认识到理论与经验相匹配不是优点，在变革的时候这种匹配必须放松，那么，风格、表达的优美、表述的简洁、情节和故事的紧张以及内容的引人入胜都成为知识的重要特点。它们赋予语言以活力，帮助我们克服观察材料的阻力。虽然用惯常的标准衡量时，这个理论不如相竞争的理

---

① Feyerabend P.：《反对方法》，第12页。

论，甚至已部分地从观察的平面上消失，但是知识这些特点使我们保持对这个理论的兴趣。

3. 多元主义方法论

既然以上经验主义的规则是不成功的，那么就应该按费耶阿本德的反对经验主义规则的规则，即反规则行事以推进科学。费耶阿本德的反规则就是他的多元主义方法论，多元主义方法论只有一条原则，就是“怎么都行”。他认为这是一条惟一不禁止科学进步的原则，这条原则支持引入与充分确证的理论不一致的假说；支持与观察、事实和实验结果不相一致的假说，并无须专门为这种不一致辩护。

多元主义方法论是否旨在建立一种新的规则呢？费耶阿本德强调：“它的意图不是用一组一般法则来取代另一组一般法则，而是相信，一切方法论，甚至最明白不过的方法论都有其局限性。”①“惟一幸存的‘法则’是‘怎么都行’。”②这就是他“无政府主义认识论”的中心观点。然而，我们从他的书中读到的是，理性的方法论是十恶不赦的，因此，“怎么都行”实际上是，除了理性的方法外，非理性的方法都行。

多元主义方法论或无政府主义认识论的真正旨意在于最终解构科学与非科学、伪科学的划界标准。

4. 消解科学与非科学的界线

在费耶阿本德看来，科学本质上是一种无政府主义的事

① Feyerabend P.：《反对方法》，第 10 页。

② Feyerabend P.：《反对方法》，第 256 页。

业。这个观点的证据正如他已经叙述的那样，只要是科学，理性就不可能是普适的，非理性也不能加以排除。

进一步，他认为科学与神话没什么区别。神话与科学有惊人的相似性，理论模型与神话一样都产生于类比；它们都有对表面复杂性背后的统一性的追求；它们都是给常识构建抽象的理论上层建筑；它们都具有实用性的功能。他用哥白尼、原子论、伏都教和中医学等例子表明，甚至最高级和显然最可靠的理论也并不安全，可以借助于一些非理性的观点修正或者完全推翻它，就是因为这样，今天的知识可能变成明天的童话，而最可笑的神话最终可能变成科学的最坚实构件。所以，“科学并不是神圣的，科学和神话的论战已不分胜负地停止了。认识这一点将进一步增强无政府主义的证据。”①

科学与神话的界线消解了，它只是众多思想形态的一种，但并不是最好的一种。何止如此，在费耶阿本德眼里，科学简直就是当代的中世纪罗马的宗教裁判所。因为科学以它天生的优越性强迫人们按照固定的普适的法则进行思想。在学校，科学思想体系披着进步教育理论的外衣强加于孩子们。学龄儿童的父母可以为他们自由选择一种宗教作为入门教育，也可以根本取消其宗教教育，但是他们在科学方面就没有这种自由，他们不可能选择不学习物理学、天文学和科学史，他们也不可能选择学习巫术、占星术或关于传说的学问。科学简直就是最新、最富有侵略性、最教条的宗教

① Feyerabend P.：《反对方法》，第138页。

机构。

所以费耶阿本德得出这样的结论："科学与和非科学的分离不仅是人为的，而且也不利于知识的进步。如果我们想理解自然，如果我们想主宰我们的自然环境，那么，我们必须利用一切思想、一切方法而不是对它们做狭隘的挑选。然而，断言'科学以外无知识'只不过是又一个最便易不过的童话。"①

费耶阿本德无限膨胀"观察渗透理论"的观点，以至于完全否定了科学知识的客观性和实在性的本质。他把证伪主义的可反驳性的方法论和库恩方法论中的相对主义因素推向极端，视科学为完全非理性的活动，视科学进步为变动不居的自由选择，甚至把科学等同于神话，彻底消解科学与非科学的界线。他把科学哲学归结为科学史，而又把科学史视为由杂乱的、混沌的思想堆积而成，这实际上也消解了科学哲学。这种极端的非理性主义、极端的相对主义的科学观的实质是反科学的。凡是用极端非理性主义和相对主义观点讨论科学的人总不免陷入不能自圆其说的境地。就费耶阿本德的多元主义方法论而论，他说多元主义方法论的意图不是用一组一般法则来取代另一组一般法则。但是，他又说惟一幸存的法则是"怎么都行"，这个惟一幸存的法则实际上是除了理性的方法外所有非理性的方法都行，如果非理性的方法也是一组法则的话，那么岂不有悖于他所说的多元主义方法论的意图？他的回答是："认识论的无政府主义者不仅没有纲

① Feyerabend P.：《反对方法》，第 266 页。

领，而且还反对一切纲领。”① 但他又为何把他的《反对方法》称作是“无政府主义知识论纲领”呢？这只能说明科学本质上是理性的事业，只要是科学，理性的方法就是不可避免的，在说明科学活动中，极端的非理性主义立场是不能成立的。

如果说费耶阿本德的观点还有那么一点积极意义的话，那就是，第一，他注重对科学发展的外史即社会文化、政治、经济等细节的研究。与库恩一样，主张按照科学史的实际发展来描述科学家的活动。第二，强调一切方法论都有局限性，都有一定的适用范围，使人们注意到长期被无视的具有方法论意义的一些非理性因素。第三，他提醒人们思考这样一个问题：自然科学与社会科学之间是否有一条不可逾越的鸿沟？

四、科学划界标准的重新辩护

费耶阿本德消解科学划界标准的观点是科学划界问题中的最极端的相对主义、反科学的观点，但绝不是科学划界问题的终结，无论是现在或是将来都绝不可能成为科学哲学的主流。他这种极端相对主义的、反科学本质的观点得到后现代科学观论者的喝彩，他被视为反对“科学沙文主义”的英雄。费耶阿本德曾在《如何保护社会免遭科学伤害》一文中坦言，自己曾经一度因没有经费，在应邀写一本科学与宗教

---

① Feyerabend P.：《反对方法》，第 156 页。

的关系的书时，为了让书好卖，必须使书具有刺激性。而关于科学与宗教关系的最刺激的陈述，莫过于“科学就是宗教”。① 其哗众取宠之心昭然若揭。而科学哲学中最可怕的态度是过分宽容反对科学本质的思想或做法。理性地审视当今科学的发展，以及科学与伪科学的争辩，坚持科学与非科学的划界具有不可忽视的重要意义。

1. 科学典范的作用

科学是人类有目的的智力活动，一个科学共同体为了实现他们的科学目标，必须有组织地、高效地进行研究工作，而只有他们共同的范式所提供的规范性才能使他们有效地完成他们共同的事业。所以，达到一定的“规范性”是一个学科领域发展到成熟的标志。广泛地说，规范性表明这个学科有了收集事实题材的公认的手段，分析事实材料的公认的理论和方法，以及得出结论和评价结果的一致标准。规范性之所以是实现科学目标的有效手段，就在于它能有效地削弱科学活动中的个人心理因素和社会主观因素，达成公正的一致意见。然而，科学是个开放域，我们不可能在知道了它的全部对象后，再来划定科学的标准，而只能以先成熟的学科作为范例，提出规范性的科学标准，这种标准甚至在某种程度上具有理想状态。

从现代科学的发展来看，以先成熟的学科作为典范，提出规范性科学的标准，一方面使得未成熟的学科从一开始就

---

① 引自王巍：《科学哲学问题研究》，清华大学出版社 2004 年版（下同），第 135—136 页。

可以按照科学的标准规范地发展。生物学的成熟［以达尔文《物种起源》发表（1859）为标志］比物理学成熟［以牛顿《自然哲学的数学原理》发表（1687）为标志］晚了一个半世纪多，物理学的方法论、理论、基本概念都成为生物学效仿的典范。20世纪中期量子力学创立后，奥地利物理学家薛定谔在他的《生命是什么》（1944）的小册子中，提出把量子力学的概念和方法引入生物学，用物理学、化学的观点理解生命现象，谈到量子、负熵与生命、遗传、基因的关系，还提出了关于遗传密码的最初设想。原本是动物学家的沃森［美国］和原本是物理学家的克里克［英国］在读了这本小册子后，都转向研究遗传学，并且坚信如果使用物理学和化学的概念，那么生物学的基本问题（指当时正在研究的DNA的结构问题）就完全可以应用精确的术语来思考。沿着这条思路，与其他科学家合作，他们不仅发现了DNA双螺旋结构，而且破译了遗传密码，实现了生物学史上的一次重要革命——开创了分子生物学的新时代。

另一方面，科学发展的共同规律使得学科之间有着很大的可借鉴性，因此，科学标准的提供也大大缩短了学科成熟的时间。如果把公元前6世纪古希腊脱离神话自然观，开始确立科学和自然哲学的时期算作自然科学的形成时期，那么它距离第一次物理学革命的完成——牛顿力学的建立经历了2000多年的历史。而在作为典范的牛顿力学的推动下，在两个多世纪中，现代物理学、现代化学、现代生物学就迅速发展成熟。科学典范的形成无疑是自20世纪下半叶以来科学发展的速度越来越快的原因之一。当今科学体制化的结果

更是加强了科学划界标准，强化了科学发展中的客观性、专业性，削弱了社会因素、个人因素对科学评价和科学发展的介入，这使得“科学性”成为客观性、普遍性、非主观性、非个人性，甚至公正性的统称。自然科学的说明体系和逻辑方法也成为社会研究领域竭力效仿的模型。这说明，科学划界标准对于科学发展是必要的。

由于自然科学对人类社会的发展和人类思维方式的发展产生了如此巨大的影响，“自然科学”几乎取得了信仰的地位，所以，当今的伪科学常常把自己伪装成科学。如果说远古时期的伪科学的产生是由于没有科学观，没有科学方法致使人们对已知的不相信和对未知的神秘感，那么当今的伪科学的兴起则大多是由于伪科学者利用科学在人们心目中的地位，有意地杜撰和传播虚假知识蒙骗人们，以达到聚敛财富或牟取权力的目的。伪科学是思想的病毒，它不仅会侵袭不了解科学的人，而且也会侵袭科学家和哲学家，过分宽容它会有损于整个文化的健康发展。科学划界标准无疑是识别伪科学不可缺少的武器。

2. 科学与伪科学的区分

识别伪科学重要的是要界定一些能将科学与伪科学相区分的显著特征。经验主义者都强调，一个科学命题必须满足“经验上的可检验性”的条件。作为证伪主义者，波普的划界标准还注重“方法论的有效性”，作为历史主义者，库恩的划界标准关注的焦点则是科学共同体内部的意见一致性。这些标准都有可取之处，但每一种单一的标准都由于过分简单化而不足以表明科学的基本特征，也就不能表明科学与伪科学的根本区别。①

给科学和伪科学各下一个完备的定义是永远不能令人满意的，但至少可以从一定的维度找出区分它们的基本特征。科学作为一种知识体系和一种研究活动，它具有如下一些与伪科学根本区别的基本特征：

---

① 加拿大蒙特利尔、麦克基尔大学教授马利奥·邦格（Mario Bunge）曾给《哲学研究》寄过一篇题为《什么是假科学?》的文章（刊登于《哲学研究》，1987 年第 4 期，张金言译）。他的中心观点是，科学是一种复杂的东西，不可能只用一种特征来表明，伪科学也一样。因此只有检验许多特征才能明确区分科学与伪科学。为此，他把知识领域（不管是否成功）的特征概括为十种要素，然后，根据这十种要素给出科学必须满足的 12 个条件，以及伪科学（译者张金言把 pseudoscience 译作“假科学”，根据本书所使用的术语，将译作“伪科学”）所满足的相对应的 12 个条件。可以看出，邦格教授的观点批判地吸取了波普、库恩等人的观点，他试图刻画科学作为一种知识体系的特征和科学作为一种研究活动的特征，给我们以有益的启发。而且在识别伪科学的活动中具有一定的可操作性。但是我认为，其中至少有两个条件是值得商榷的：科学须满足的条件（4）：“论域 D 完全由过去、现在或将来（得到确认的或者认为存在的）的真正实体（而不是自由变动的思想）所组成”；相对应地，伪科学须满足的条件（4）：“论域 D 中充满了不真正实体的或者不能得到确证的真正实体，例如星象对人事的影响，脱离身体的思想、超自我等”。此处的“真正实体”是什么的问题是值得怀疑的。如果它也包括“将来得到确认的或者认为存在”的东西，那么爱因斯坦在提出相对论时所预言的“尺缩钟慢”的空间与占星术所预言的星象对人事的影响又有何区别？科学中的大胆而新颖的猜测常常需要超出当时得到确证的真正的实体。另一个值得商榷的是科学须满足的条件（5）：“整体看法或哲学背景包括以下各项：(a) 一种认为显示世界是由按照规律发生变化（而不是由不变的、无规律的、幻影般的）事物所组成的本体论；(b) 一种实在论立场的（而不是唯心主义或约定主义的）认识论；(c) 一种推崇清晰、精确、深度、融贯和真理的价值体系；(d) 主张自由探索真理的精神（而不是专门为了追求功利、符合大家的意见或教条）”。与此相对应地，伪科学须满足的条件（6）：整体看法、世界观或哲学包括“(a) 一种支持非物质实体或过程（例如脱离身体的精神）的本体论，或 (b) 一种为来自权威的论证或者只有那些得到专门传授或受过解释经文训练的人才能掌握的超自然认识办法留有余地的认识论，或 (c) 一种不推崇清晰、精确、深度、融贯或真理的价值体系，或 (d) 一种不主张自由探索真理，而是顽固捍卫教条，必要时甚至使用欺骗手段的精神”。条件（5）是关于哲学观点预设的问题，它并不能区分科学与伪科学。科学实在论与反实在论争论的焦点在“不可观察物体”是否真实存在（我将在第七章详细论述），因而不能将实在论和反实在论立场简单归结为唯物主义与唯心主义立场。而诸如炼金术之类的伪科学则很难说它没有经验论、实在论预设。在这篇文章的启发下，我形成了以下看法。

（1）接受一种科学知识的共同体是由受过专业知识训练的人组成，他们按照一种研究传统进行研究工作。这种研究传统即范式坚实地建立在一种或多种过去科学成就的基础上，共同体的成员密切合作，按照共同的范式有组织地高效地进行研究工作。

而伪科学共同体没有公认的范式，他们不进行任何科学研究，共同体的成员都可以凭着自己的理解或幻想杜撰、编造理论，凭着直觉进行工作。

（2）科学概念和科学命题在语言表述上是清晰、确切的。从不使用未加定义的概念，从不引入未经证明的命题，而且理论概念和理论命题都可以还原为经验概念和经验命题接受检验（此问题将在下一章详细论述）。因此，科学体系中的概念和命题是一贯的，即一个命题及其否定不能在一个体系中都为真，其中必有一假。

与此相反，伪科学从不清晰、确切地界定所使用的概念，从不证明其引用的命题，而是故意使它们的概念和命题含糊不清，以使能解释一切结果，即使诸如生与死、福与祸之类相互矛盾的结果都能化解于模棱两可的解释。

（3）科学知识是经验上可检验的。“经验上可检验的”意指，其一，能够通过受控研究可靠地鉴定被研究对象（即观察陈述）产生的相关条件之间的依赖关系；其二，再现这些条件的变化对被研究对象的影响，即实验的可重复性；其三，理论的预测能被实验精确地检验，由于预测是可检验的，即有丰富的经验内容，因而具有可证伪性。

由于伪科学没有公认的范式，没有清晰、精确的术语，从事伪科学的人必须按自己的理解作出假说和预言，所以他们的假说和预言不可能用实验检验，更不可能进行重复实验。如果说伪科学也标榜自己经得起经验的检验，那么不过是“眼见为实”一类的魔术表演罢了。伪科学的预言是不可证伪的，预言的结果尽在“信则有，不信则无”的“忠告”之中。

（4）科学知识是方法论上合理的。“方法论上合理的”意指，理论陈述与经验陈述（观察陈述或实验数据）之间的一致使用了逻辑方法或数学方法。

既然伪科学理论在经验上是不可证伪的，所以它的理论陈述与经验陈述之间关系的建立是不需要通过任何逻辑方法或数学方法的。占星术虽然利用了大量的天象观察资料，但却不可能使用任何逻辑方法从天象“推导出”人间吉凶祸福、心灵感应之类的结论。

（5）科学有明确的研究目标。科学追求的目标是理论的广泛说明能力和精确的预测能力，因此，科学家的努力工作是为了通过解决疑难活动，使本研究领域已发现的规律在理论上更加系统化，在方法论上更加完善。

而对于伪科学而言，除了杜撰和散布虚假的知识欺骗人们，以达到敛财获利之目的外，没有任何理论研究的抱负，所以理论的系统化、完善化对于伪科学的目的来说是无价值的。

（6）科学关注知识的增长。科学知识的增长问题是指，如果能被一种科学知识说明的新的经验领域的事实越来越多，这种科学知识的预测越来越多地经受住了严峻的检验，

那么就意味着这种知识进步了；反之，如果一个知识体系遇到越来越多无法解决的难题，那么就意味着危机产生了，或者它将被与之竞争的理论所代替，就像爱因斯坦广义相对论的引力理论代替了牛顿引力理论那样；或者它的合理部分被归并到新的理论中，就像光的微粒说和波动说的合理部分被归并到光量子理论中那样。因此，一个科学共同体一方面努力发展自己的理论，另一方面，也十分关注相关理论和与之竞争的理论的发展，不绝对拒绝新的假说和新的方法。

由于伪科学在经验上是不可证伪的，也没有任何理论研究的目标，所以一般来说，伪科学理论长期处于不发生变化的状态。今天的占星术与几千年前的占星术相比，如果说有什么变化，那么或许只不过有现代语言与古代语言的差别，不同流派之间的区别也只不过是所重视的天体不同而已，在理论上从未发生过“科学革命”。伪科学不仅不需要借鉴任何其他科学理论，而且与所有科学理论的本质是相悖的，所以它的理论与其他科学理论的发展无关，如果说伪科学也时常使用一些科学术语和科学常识，那不过是为了更好地掩饰它们杜撰的虚假事实，其实它们使用的那些科学术语与科学常识与它们自己的理论牛头不对马嘴。

当然，宗教、政治意识形态、文学批评等知识不具备科学条件，它们与伪科学一样统属于非科学知识领域，但是同时它们也不具备伪科学的条件，作为知识领域，它们对于人类社会文化的发展发挥了重要的作用。

3. 科学与社会科学、前科学

科学知识除了自然科学外，还应该包括社会科学，有人认为，社会科学是不能满足科学的基本条件，那么社会科学是否应该被排除在科学之外呢？坦率地说，对于社会科学来说最大的障碍在于特征（3）：科学知识是经验上可检验的，常被认为对以社会题材为研究对象的社会科学是不可能的。对于社会科学来说，特征（3）的困难主要体现为三点：社会题材是否具有“客观的”观察陈述的性质？受控研究对于社会题材是否可能？社会现象的预测是否有效？我认为，这三点并非为社会科学所不可逾越。

（1）社会题材是否具有“客观的”观察陈述性质？

社会题材的客观性受到怀疑的原因在于，其一，社会科学的研究对象往往是人的目的性行为，必须涉及构成人的目的性行为的动机、心理根据、目标以及隐含于目标中的价值。社会科学家要对这些目的性行为作出描述和说明，必须把自己作为处于社会过程中的一个积极的当事人，按照自己的“主观经验”来理解社会行动的内在含义。因此，社会科学中的描述范畴和说明范畴被看做完全是主观的。

然而，虽然人的行为是有目的的，但无论是研究人类行为的社会科学家还是非研究者描述或说明人的行为时，都是把各种心理状态（即主观状态）看做外在行为表现形式的基础。不仅在描述或说明公开行为时不能使用纯心理状态的术语，就是在描述行为的动机和有意识的目的时也并不限于使用完全涉及区分心理状态的术语，就如为了说明一个群体的行为规则，探究并描述这个群体的生活方式、物质条件是必要的。可见，社会科学中的描述范畴和说明范畴并非完全是主观的。

而且，把心理学建立在公共可观察的基础上也并非不可能。许多心理学家反对把提供实验受试者精神状态的内省报告建立在受试者的私人心理状态的陈述上，而是通过受试者在既定条件下作出的可观察的言语应答的概括得出心理学资料，因此内省报告就建立在客观（即主体间可观察的）资料基础上了。尽管这是心理学行为主义流派的理论研究和实验研究纲领，但它内在的合理性说明，社会题材并非本质上是主观的。

其二，不受价值约束的社会科学是不可能的。社会科学家往往把他们的价值承诺引入对社会现象的分析之中，对证据的评价之中，尽管他们相信能够像自然科学那样用伦理中立的观点研究人类事务。这一点是毋庸置疑的。

尽管区分社会科学中许多陈述是纯事实内容的还是评价性内容的往往是非常困难的，但是我们不应该否认“价值判断”这个术语的两种不同的意义：一种是，一个价值判断对某个公认的特征在某种程度上出现（或不出现）于特定的事例中的断定，这被称作“表征性价值判断”。另一种是，一个价值判断由于承诺了某种道德理想，而表达了对这个理想或某个行动的认同或不认同，这被称作“评价性价值判断”。[①] 实际上，表征性价值判断相当于自然科学中对自然现象所做的纯粹事实表述，这两种价值判断之间存在着一个相对清晰的区分。比如，一个盗窃者在盗窃一农户财产时被

① 参见 Nagel E.：《科学的结构》，徐向东译，上海译文出版社 2002 年版（下同），第 590—591 页。

主人当场抓住，在户主拨打当地公安局电话报警时，盗窃者逃跑了，在户主的呼喊声中，村里的数名邻居将盗窃者抓回，并且你一捶我一棒地将他打昏了。六小时后当公安人员来到现场时，盗窃者已死亡。这一段完全是对发生的一件社会事件的叙述，如同一个自然科学家对他的研究对象所做的纯粹的描述一样。但在如下意义上可以说它是“价值判断”，即它承诺了“盗窃者”和“盗窃行为”的评判标准，并且这一标准将成为评价这一事件的尺度之一。而且，尽管这其中只是对村民们殴打盗窃者的公开行为给出一个严格的事实描述，完全没使用“多次被盗的村民们气愤地将盗窃者抓回”、“残酷地殴打”这样一些带价值趋向的语词，但是，读过这段叙述的人也能感受到村民们的行为动机和当时的残酷场面。接下来，事件的研究者们会对这一事件作出相当不同的“评价性价值判断”，有的人认为，盗窃是违法的行为，盗窃者的死是咎由自取；有的人则认为，人权面前人人平等，即使是盗窃者也不能任意被剥夺生存权，所以杀人者应接受法律的制裁。还有人认为，如果公安人员尽守职责及时赶到现场，悲剧就不会发生，所以应当负有主要责任。显然，这每一种评判都预设了一种优先的道德理想。

然而，当人类事务的研究者对一事件的评价出现了相互冲突的价值预设时，通常的处理方法不是借助于外在的权威力量说了算，而是把预设的价值承诺揭示出来，采用一定社会在特定领域中公认的标准来评价。如上例中，虽然每一种价值评价都不是没有道理的，但是根据社会应该保障每个人的生存权这个优先的价值承诺，根据民法的规则追究了原本

是受害者的被盗者的法律责任。而且，在许多情况下，当社会科学家对某一人类事务的价值评价出现不同意见时，还常常通过受控研究的方法消除意见的不一致。比如，通过实验来分析游戏机活动对儿童行为的影响。由此看来，在人类事务的研究中并非完全不可能超越于价值作出客观评价的。

(2) 受控研究对于社会题材是否可能？

以上提到的受控实验常常被认为对于社会现象的研究是不可能的。受控实验是在被研究现象出现或不出现的场合，每次改变与被研究现象相关的一个条件，使其他条件保持不变，通过重复实验，确定被研究现象与相关条件之间恒定的依赖关系或非依赖关系。受控实验对于社会现象研究的困难在于，第一，被研究现象本身就是易变的。由于人参与了被研究事件，会把未知量的变化带进被研究现象，从而会破坏实验结果。比如，在对投资趋向、民众选举意向等社会问题的研究中常常使用问卷调查或采访调查的方法，但由于受访者意识到他是采访者感兴趣的对象，而他的回答可能会与他的切身利益相关，所以他的回答也许不是他日后的真实态度。

不过，这并不是社会科学不可逾越的困难，社会科学往往可以采取使这种困难不产生，或者以不对结果有明显影响的形式产生的研究技术，比如，使受访者完全不知道他们正在被观察，或者不使他们意识到研究的目的。何况这个困难并不为社会科学所特有，自然科学的研究中也存在同样的问题。量子力学中的海森堡测不准原理表明，宏观的测量仪器在测量微观的粒子时必然要对微观粒子产生重大干扰，所测量到的结果就同粒子的原来状态不完全相同。宏观仪器的干扰不可忽略，同时也无法控制。

第二，对社会现象进行严格的受控实验以获得普遍规律是不可能的。因为与被研究的社会现象相关的社会条件常常处在变化中，如果出于实验的目的而动手修改某个社会条件，这本身就等于引入了一个社会变量，而由此引起的社会变化通常是不可逆的，这样，每一次重复实验便是在并不处于同一初始条件下进行的，那么，被研究现象与相关条件依赖关系或非依赖关系归咎于哪一种初始条件是不确定的，由此得出的结论难以具有普遍规律的性质。

其实，只要分析以下曾被认为在理论的稳定性上和预言的精确性上都优于其他学科的天文学就清楚了。天文学在对天体的研究中就缺乏对天体做受控实验的条件。科学家们常常采用这样的研究程序：不要求再现研究现象，也不要求对变量进行处理，只要求在精心收寻进行比较的场合中，对某些情况的变化进行分析，以确定它们的变化与被研究现象的相关性。这种程序称为“受控分析”（相当于“穆勒五法”中的“共变法”），当相关的因素难以从自然发生的条件中排除，不易实施受控实验时，受控分析是容易满足的，因而尽管它没有受控实验精确，但却是必不可少的。受控实验和受控分析本质上都基于受控的经验观察，因而都被称作“受控

经验研究”。[①] 它们在逻辑上都具有同样的功能，它们都是或然性说明模式，即把在被研究现象与相关变量在某些状况下出现的依赖关系或非依赖关系认定为普遍定律。在自然科学中，一个普遍定律并不是能够直接应用于它的一切特殊情形的，一个普遍定律是一种理想情形，它在应用于具体情形时，必须以引入附加假定（或公设），或者指派随应用情形而变化的常数为中介，伽利略自由落体定律在应用于地面上的物体时，必须考虑假定：“对真空中运动的物体而言”；这一定律中的引力常数并非在一切纬度上的值都相同，但在对该定律的表达中却不引用在它的值上的那些变化，而是通过变量符号“g”来表示，用这样的方法使这一定律获得更大的普遍性。而在社会科学中，假设理想情形和引入附加假定的逻辑手段也经常被应用，比如，在经济学中，在完全竞争市场条件中涉及的“买卖者”、“商品是同质的”、“资源的完全流动性”和“信息是完全的”这些概念时，就采用了这两种逻辑手段。因此，既然自然科学使用这种方法得出普遍规律是可能的，也就没有特殊的理由否认社会科学使用这种方法得出普遍规律的可能性。

事实上，受控分析方法已被广泛运用于法学问题、经济学问题、政治学问题、规范伦理学问题和人类学问题的研究中，只要采用足够的研究技术，其结果的有效性在本质上与自然科学中的实验室实验几乎没有两样。尽管目前社会科学

① Nagel E.：《科学的结构》，第 543 页。

中的大多数受控研究在满足受控研究条件的完备性上，与自然科学相比还有相当差距，但是，可以肯定的是，越来越多的社会科学学科正在效仿自然科学的经验研究方法。

(3) 社会现象的预测是否有效?

有人认为，除非社会科学能像天文学精确地预言未来一个确定时间点上的天体现象一样，预言将来的某天将发生的事件，社会科学才是真正的科学。的确，由于太阳系是一个相对孤立的系统，有着相当稳定的初始条件，因此天文学在宏观领域的预言成功率极高。但是在其他自然科学领域所研究的系统不满足对宏观预言的要求，所以它们的预言并不像天文学那样幸运，对于具体事件的长远未来的预测，它们甚至没有理由比社会科学更自信，因为我们没有理由相信所预测的事件永远不受外在条件的干扰，我们预测将出现的一颗未知星体，也许会因为观察不到的因素使它不知不觉被毁灭了。而且未来事件的不确定性是难以预测的，恐怕物理学原理也难回答，刚落下的一片树叶一分钟内将会飞向何方。

而对于将来的预测，社会科学并非完全不可能。社会科学家常常根据有关社会现象之间依赖关系的知识，能够预测新知识的可能后果，从而精心制定行动方案。比如，1997年亚洲金融危机爆发时，经济学家根据有关金融危机的知识预言，如果人民币不贬值，那么，虽然我国出口额将下降，但可以缓解亚洲经济的紧张形势；反之，将会加深金融危机。中国政府本着高度负责的态度，在坚持人民币不贬值的同时，采取努力扩大内需，刺激经济增长的政策。结果正如经济学家们预言的那样，既保持了国内经济健康和稳定的增长，又对缓解亚洲经济紧张形势、带动亚洲经济复苏起到了重要作用。这说明社会科学即使不能在细节上预言新知识何时产生和以什么形式产生，但至少能对新知识的可能后果作出预测。

综上所述，“经验上可检验”的标准并没有成为社会科学不可跨越的障碍，因而不能成为拒绝把社会科学作为科学的理由，在某种意义上说，这个标准起到了规范社会科学发展的作用，因而是有助于社会科学知识领域进步的。

进一步考虑，以上的划界标准是否会将处于萌芽状态的前科学（protoscience，即新兴的不成熟的科学）划入伪科学之列呢？新兴理论在提出之初，其范式是反传统的，很少得到经验事实的支持，认可的同行也极少，大胆、新奇的预测几乎无法与伪科学的幻想相区别。量子力学突破了科学家们长期信奉的主客二分的信念，放弃了严格的因果决定论信念，爱因斯坦相对论动摇了牛顿力学的信念，他那些看似违反直接经验的冒险的预测，因此在发现之初都被视为异端。然而，这些是科学内部的异端，它们只是偏离了传统的科学信念，即使是在初见端倪时，它们也很难被错判为伪科学，因为真正的科学一经产生，它的研究活动很快就会显现出科学的基本特征。而且，对它们的怀疑很快就会被消除，因为真正的科学不会经历太长的时间就会走向成熟，量子力学和广义相对论，从提出假说到令人震惊的预测经受严峻检验，从而被普遍接受，时间都没有超过 30 年。但是如果一个新奇的理论经过半个多世纪或更长时间都没有发展为一种成熟科学的组成部分，那么人们就有理由用从最初的怀疑它，转而斥之以伪科学，占星术和炼金术就是如此。伪科学是科学外部的异端，它所偏离的是科学的本质，科学是不能容忍它们的。

第五章　科学说明

一、什么是科学说明

面对我们周围瞬息万变的大千世界，人们常常会产生各种各样的疑问：电闪雷鸣的现象是怎样产生的？为什么行星会绕着太阳转？地球上为什么会产生生命？1997 年亚洲金融危机是怎样产生的？等等。对世界的各种现象作出说明，这是科学的主要目标。那么什么样的说明能称作科学说明呢？

19 世纪德国的一些科学家如马赫、迪昂等人认为，科学不应该回答“为什么”的问题，因为追问现象背后的原因是形而上学哲学家们关心的问题。科学只能根据定律描述事件，没有一种回答能超越于定律所给予的范围，因此科学只能回答“怎么样”的问题。科学家们之所以这样认为，是因为当时德国占统治地位的哲学传统是谢林、费希特和黑格尔的唯心主义哲学，他们认为仅仅描述现象是不足以了解世界的，他们相信通过寻找科学方法所不能达到的现象背后的形而上学原因能更充分地了解世界。而20世纪唯心主义传统已不为大多数德国哲学家所坚持，在英美哲学家中实际上已经消失。所以，科学家们不再回避谈论“为什么”的问题了，不过他们所要求的不是形而上学意义上的回答，而仅仅是在经验定律的模式内说明某些疑问。

然而直到20世纪初，许多科学家并不清楚什么是科学说明。当时，德国的生物学家、哲学家德里希（Hans Driesch）宣称，他提出了关于生物再生现象的科学说明。像海胆之类的生物当身体的某部分被截断后还会长出新的部分；人的手指断了，手指的细胞能长出新的组织。这些现象在当时还未在科学上得到说明。德里希用“活力”（entelechy，这一词来源于亚里士多德，常译作“隐得来希”）说明了生物的这一奇特现象。他说，活力是引起有生命的东西按照它们现在的方式活动的一种特殊的力，它像物理学家介绍的重力或磁力一样是看不见、摸不着的，是一种非物质的、非质料的、非空间的、每一种生物体都具有的内在的力。生物的活力具有不同的种类，其复杂性取决于生物进化的不同阶段。人的“心灵”实际上仅仅由人的活力组成。比如已刚满月的婴儿手指断了，虽然他从未听说生理学定律，但他的断指也能长出新的细胞组织，这是心灵中的活力导致的结果。

卡尔纳普和他的维也纳学派认为德里希的活力论不是真正的科学说明，这与物理学家介绍磁力的概念是不一样的，物理学家并不仅仅假定存在这样一种不可观察的实在，他们还要明确被磁化的物体必须遵守的定律，这些定律能用于预测，并且这样预测是能够通过经验和观察检验的。在1934年布拉格的国际哲学会议上，卡尔纳普和赖欣巴哈批判了德里希的理论和为他的理论所作的辩护。① 此后，科学说明的一般模型和科学说明的特征等问题成为科学哲学研究的重要问题。

二、亨佩尔 D-N 说明模型

1. D-N 说明模型及其恰当性条件

卡尔纳普在批评德里希的活力论时，已经涉及科学说明应该具备的一个基本要求：说明项中至少包含一个经验定律，但这个要求对于一个说明来说还是不充分的。例如，为什么会出现彩虹现象？因为一切天体都有倾向自身的吸引力。这个说明中虽包含一个经验定律，但它却与被说明项不相关。所以，还必须满足的一个要求是：说明项中的定律必须与被说明项相关。然而，定律本身并不衍推任何一个确定的事情将发生，所以，还必须满足另一个要求：说明项中必须包含各种先行条件的陈述，使之与定律的合取逻辑地蕴涵被说明项。满足这些要求的说明模型就是亨佩尔提出的“演绎一定律说明模型”（Deduction-Nomological Modal，以下

---

① Carnap R.: *Philosophical Foundations of Physics*, ed. by Martin Gardner, New York: Basic Books, 1966, pp. 12-16.

称D－N说明)①：

C_1，C_2，…，C_K

L_1，L_2，…，L_R

E

模型中的C_1，C_2，…，C_K和L_1，L_2，…，L_R统称为说明项，其中C_1，C_2，…，C_K可以是发生在特定时空中的事件或事实，也可以是发现的某种定律；L_1，L_2，…，L_R是说明中援引的一般定律，称作被说明项的覆盖律，说明性论证可以说是将说明项包容于覆盖律内。E被说明的事件、事实或定律的陈述，是被说明项。

亨佩尔在说明这个模型时，有两个特点值得注意。第一，一般定律常常是被说明项的原因，但是亨佩尔并不把科学说明限制在因果说明上，他指出，定律也可以是一种功能性定律，因为它们可以用以明确对于其他变量（如温度和容量）来说，一个变量（如压力）的相关值的数学功能。第二，说明项C_1，C_2，…，C_K对于特定事件或事实发生的演绎说明而言，应该是初始条件，但是，亨佩尔并不要求它包含初始条件，因为他想要这个模型不仅覆盖事件的说明而且覆盖定律的说明，因为一个或一组定律（如牛顿引力定律）可以说明另一个被它演绎地蕴涵的定律（如开普勒第二定律）。

① Hempel C. G.："Explanation in Science and History"，in *Frontiers of Science and Philosophy*，ed. by Colodny R. G.，London and Pittsburgh：Allen and Unwin and University of Pittsburgh Press，1962.

亨佩尔给出了 D－N 说明逻辑上恰当和经验上恰当的条件标准。

D－N 说明逻辑上恰当的条件：

R_1 被说明项必须是说明项的逻辑推断。

R_2 说明项必须包含一般定律，这些定律对于被说明项的推导是基本的。

R_3 说明项必须有经验内容，即它至少原则上能被实验或观察检验。

D－N 说明经验上恰当的条件：

R_4 说明项中的陈述必须是真的。

条件 R_1 表明 D－N 说明是必然性的说明模型，先行条件和定律的合取惟一地蕴涵了“E 为什么发生”的答案，而不蕴涵其他可能的答案。条件 R_2 中所说的“一般定律”实际上也包含数学定理，因为数学定理在科学说明中往往起到重要作用，包含数学定理的科学说明是非常合理的。R_3 则强调，一个科学说明至少应该包含一个能被实验或观察检验的经验定律，即使它包含有数学定理。条件 R_4 是要求科学家在提出科学说明时，必须为其中包含的潜在的说明项的真提供辩护，否则，就不是一个真正的说明。除了数学定理的真不由经验决定外，大多数定律的真都由经验决定，所以这条要求被看作是经验上恰当的条件。亨佩尔通过条件 R_4 强调了他关于一个真正的说明是非常客观的观点。

2. 结构同一性论点

卡尔纳普和亨佩尔都注意到 D－N 说明模型不仅是科学说明的基础，而且是科学预测的基础。卡尔纳普认为，说明与预测的区别仅仅是知识状态的不同，在说明中，E是已知的，我们通过表明它如何从定律和先行条件中推导出来，从而说明E为什么或如何发生。在预测中，E是一个还不知道的事实，我们有了定律，并且有了某些特定的事实陈述，我们可以推断E，尽管它还没有被观察到。亨佩尔的看法是，在对一个特定事件的D-N说明中，这个说明逻辑地蕴涵了被说明项，如果说明中引证的定律和特定事实是已知的，那么我们可以对过去已发生的事情进行推导，我们可以说这个说明论证是用来作为被说明事件的演绎预测。在这个意义上，一个D-N说明是一个潜在的D-N预测。科学的D-N说明和D-N预测没有逻辑结构上的区别，只有实用方面的区别。这种观点被称作"说明和预测结构同一性论点"。① 并且亨佩尔把这个论点表述为两个子论点：(1) 每一个恰当的说明都潜在地是一个预测；(2) 每一个恰当的预测都潜在地是一个说明。所以，"说明和预测结构同一性论点"又被称作"说明和预测对称性论点"。

科学哲学家们对结构同一性论点提出了许多批评意见(将在第四节详细论述)，这主要是由对称性论点的如下几个特征所使然：

(1) 亨佩尔在说明他的第一个子论点时曾指出，这个论点也得到其他说明类型即归纳-统计说明模型的支持，任何关于"事件X为什么发生"问题的合理的可接受的回答都

① Hempel C. G.: *Aspects of Scientific Explanation*, New York: Free Press, 1965, pp. 366-376.

必须提供X应是预期中的信息，如果它不是D-N说明的一个精确的例子，那么它至少有合理的概率。这说明亨佩尔相信他的论点既可以适用于D-N说明，又可以适用于归纳—统计说明。

(2) 在日常生活中，诸如在一场球赛前预测球赛的赢家这类预测，仅仅只是一个陈述，是不需要什么理由和论证的支持的。而亨佩尔则是在特殊的意义上使用预测这个词的，由于他只对科学预测感兴趣，所以把“预测”限制在预测论证的意义上。

(3) 亨佩尔想使他的说明模型既覆盖定律说明又覆盖事实说明。但是他却没有谈到定律的预测，因为定律不是在特定时间发生的某种事情。可见，亨佩尔显然是把说明的对称性论点限制在事件的说明和事件的预测的范围内。

(4) 亨佩尔认识到，我们有时可以使用定律或理论，基于后来所掌握的初始条件和特定事实推导过去曾经发生的事情。这种推理常被称作事后预测（postdictions）或回朔预测（retrodictions）。科学家一般把这看做一种特殊的预测，因为事后预测与对实验结果的预测一样，也从真实性未知的事情的定律或理论中演绎出来的。但是亨佩尔谨慎地把事后预测从对称性论点中排除，因为现在的事情不能说明过去的事情。所以对称性论点仅仅与亨佩尔限制意义上的预测论证相关，即仅仅与时间上先于结论所描述的事件而掌握的所有初始条件和特定事实的论证相关。

三、亨佩尔 I－S 说明模型

1. I－S 说明模型及其恰当性条件

并不是所有的科学说明都能通过 D－N 说明模型重构，因为自然科学中的更多的规律并不体现为普遍规律，而是概率统计规律，物理学和遗传学中许多特定事件的说明必须使用概率性规律。例如，张三得麻疹病的原因是这样得到说明的：他的兄弟几天前得了很严重的麻疹，他是从他兄弟那里传染上这种病的。这一说明是将被说明事件（张三得麻疹病）与此前发生的事件（张三接触过麻疹病人）联系起来，因为与麻疹病人接触和染上这种病之间存在着一种联系，所以这被认为是为被说明事件提供了一种说明。然而这个说明项与被说明项的联系不能用普遍规律表示，因为并非所有与麻疹病人接触过的人都引起接触传染，只是接触传染的概率很高。显然，这个说明中的说明项并不演绎地蕴涵被说明项，从说明项的真推出的被说明项的真只有很高的或然性。为此，1962 年亨佩尔把他的注意力转向研究归纳－统计说明模型（Inductive-Statistical Modal，以下称 I－S 说明）。①

I－S 说明有如下形式：

① Hempel C. G.："Explanation in Science and History", in *Frontiers of Science and Philosophy*, 1962.

Fi

p（O，F）很高

═══════════使得非常可能

Oi

模型中，i 是一个特定的事例，陈述“Fi”读作：“i 是 F”，表示在事例 i 中因素 F 被认识；p（O，F）表示具有 F 的事例中要素 O 发生的统计概率 p 是非常高的；所以“Oi”（i 是 O）是非常可能的。“Fi”相当于 D－N 说明中的事实陈述，“C_1，C_2，…，C_K”，“p（O，F）”相当于定律陈述“L_1，L_2，…，L_R”，只不过 p（O，F）是个概率规律。事实陈述和概率规律一起构成说明项，O_i 是被说明项。前提与结论之间用双线分开，以表示前提（说明项）使得结论（被说明项）具有很高的概率。可以看出，I－S 说明模型是确定一个特定事件相对于统计规律的可能性。

特定事实或事件的 I－S 说明的恰当性条件是：

逻辑上恰当的条件：

S_1 被说明项必须从具有高归纳概率的说明项推导出来。

S_2 说明项必须至少包含一个统计规律，而且这个统计规律对于被说明项的推导是必要的。

S_3 说明项必须有经验内容，即它必须至少在原则上能够通过实验来观察检验。

经验上恰当的条件：

S_4 说明项中的陈述必须是真的。

S_5 说明项的统计规律满足最大确定性要求。

条件 S_1—S_4 与 D－N 说明的恰当性条件是对应的，而

S_5 是针对归纳一概率说明中单个事件说明的不明确性问题提出的要求。

2. 说明的不明确性问题

任何单个事件都可以被指派到不同的参照类中给予说明，而每一种参照类呈现给我们的将是不同的统计规律，于是，常常有不同的概率与一个单个事件相联系。我们用下面这个例子来说明。

被说明项是：张三患麻疹（Ga）。因为张三发烧，并且张三的兄弟患麻疹（Fa）。而所有发烧并与麻疹患者接触的人染上麻疹的概率是 0.90（P（G/F）＝0.90）。如果把张三指派给“发烧并与麻疹患者接触的人染上麻疹”这个参照类（1），那么张三患麻疹的概率是 0.90。但是，张三是 30 岁以上的成年人（Ha），而 30 岁以上的成年人不患麻疹的概率是 0.96（P（¬ G/H）＝0. 96）。如果把张三指派给参照类（2）“30 岁以上的成年人”，那么张三不患麻疹的概率是 0.96。

我把这两种参照类的论证分别称作论证（1）和论证（2），其形式如下：

论证（1）	论证（2）
P（G/F）＝0.90	P（¬ G/H）＝0.96
Fa	Ha
══════ [0.90]	══════ [0.96]
Ga	¬ Ga

这样一来，不管张三患麻疹还是不患麻疹，其概率都很高，而相对于当时被科学接受的知识总集 K 来说，这两个

论证的前提都是真的。这实际上意味着没有给被说明的单个事件以真正的说明。这就是单个事件说明的不明确问题(The Problem of Explanatory Ambiguity)，亨佩尔也把它称作是“统计说明的认识不明确性问题”。我们可以这样表述不明确性问题：被接受的科学陈述总集 K 包含了不同的陈述子集，这些陈述子集被用作概率形式的不同论证，结果它们分别给予逻辑上相矛盾的结论以高概率。

从实践来说，不管 a 被证明为是 G 或不是 G，我们都要给予相应的说明。那么在什么意义上，通过诉诸于 K 中的真知识，我们在说明了事实 Ga 的同时也正好说明了事实¬Ga 呢？亨佩尔认为，我们不能在没有进一步约束的情况下允许这两种预测都得到辩护，否则，我们就是接受了互相矛盾的辩护。为了处理 I－S 说明的不明确性问题，亨佩尔提出的“最大明确性要求”(Requirement of Maximal Specificity，简称 RMS)。[①]

3. 最大明确性要求

标准的统计说明模式可以表示为：

$$
\begin{array}{l}
P(G/F)=r \\
F_b \\
\hline\hline
G_b
\end{array}
\quad [r]
$$

令 S 为前提的合取，K 为提出这个说明时被科学接受

① 第 2，3 个问题参见 Hempel C. G.：*Aspects of Scientific Explanation*，pp. 381-383，pp. 394-403.

的陈述总集。亨佩尔的“最大明确性要求”（RMS）规定了一个I－S说明必须满足如下条件：如果S和K的合取（S∧K）蕴涵：b属于F_1类，并且F_1是F的子类，那么（S∧K）必定也蕴涵子类F_1中G的一个有明确概率的陈述，即P（G/F_1）＝r_1。这里r_1必须等于r，除非被引入的概率陈述P（G/F_1）＝r_1是一个纯粹的数学概率论定理。

首先，由“除非”引导的从句是理解RMS的关键，它表明，纯粹数学概率论定理不能给一个经验事实提供说明，因为一个纯粹的数学概率论定理是表示推理中作为证据的陈述对于理论陈述的支持度，它与陈述的经验内容无关。如果在RMS中省略这个从句的限制，那么将会出问题，将会把一个纯粹计算理论公设的概率值不恰当地赋予单个经验事件。

然后，RMS要求我们，必须把被说明项Gb指派到它所属的已知的最大明确性的参照类中，这里的“明确性”是指参照类（G/F）对于前提的合取S的概率必须是一个可数的值，并且是高概率值。那么，如何确定“最大明确性的参照类”呢？让我们以上述论证（1）为例来说明。如果论证（1）的参照类（G/F）对于前提的合取S的概率，即（G/F，S）没有一个给定的概率值，则参照类（1）的论证不满足RMS。在这种情况下，参照类（1）对于被说明项“张三患麻疹”就不是一个恰当的I－S说明。

如果论证（1）的参照类（G/F）对于前提的合取S有一个给定的概率值，即P（G/F，S）＝r_1，那么我们必须进一步考虑r_1的值是什么。如果r_1＝r，则论证（1）满足

RMS。在这种情况下，如果没有发现比被说明项所属的这个参照类更明确的参照类，那么论证（1）就被当作被说明项的一个可接受的 I－S 说明。另一种情况是，如果 $r_1 \neq r$，并且 P（G/F，S）$=r_1$ 是一个纯粹的数学概率论定理，那么就不满足 RMS，而且论证（1）就不是一个恰当的可接受的 I－S 说明。在这种情况下，我们就应该考虑用被说明项所属的其他的可满足 RMS 的参照类来建立可接受的I－S 说明。

亨佩尔把最大明确性要求看作是卡尔纳普的“总证据要求”特征的扩展。总证据要求可以表述为：“在归纳逻辑的应用中，对于给定知识状态而言，已得到的总证据必须被看作是确定确证度的基础。”① 这个要求表述了在给定被接受的知识状态下应用归纳逻辑合理性的必要条件。RMS 规定可以看出，对于知识 K 而言，RMS 显然被相对化了。知识状态 K 是在特定时间被科学接受为真的所有句子类。而 K 随着时间的推移其内容将发生变化，有很大可能包含某些假句子。这个特点意味着，“正确的”归纳说明没有纯粹的客观性，它取决于科学背景，取决于科学家的信念，因此亨佩尔承认归纳说明基本上是相对的、主观的。他把归纳说明的这个特点称作“统计说明的认识相对性”。

① Carnap R.：*Logical Foundations of Probability*，Chicago：University of Chicago Press，1950，p. 211.

四、亨佩尔两种说明模型的疑问

20 世纪前半叶，关于科学说明问题的争论大多集中于亨佩尔的覆盖律论点和他的两种说明模型。

1. 说明一预测对称性论点的反例

亨佩尔的说明－预测结构同一性论点或对称性论点，得到萨尔蒙、卡尔纳普、内格尔等科学哲学家的认可，他们认为，在给定了说明论证的前提的所有信息的情况下，不论是必然性的 D－N 说明还是高概率性的 I－S 说明，被说明事件应该是可以预测的。许多科学哲学家都把用于预测的能力看作是一个好的说明应该具有的特点。但是，有些科学哲学家通过一些反例对对称性论点提出了反对意见。让我们先来看看科学哲学家们对亨佩尔的第一个子论点——一个恰当的说明潜在地是一个预测所提出的有代表性的反例。

反例（1）：斯克瑞文（Michael Scriven）假定一个小城市的市长琼斯患有局部麻痹。局部麻痹是一般麻痹的一种形式，一般麻痹是由长期未治愈的梅毒引起。根据琼斯的申诉，他患有长期未治愈的梅毒，所以，梅毒是他患局部麻痹的原因。这是“为什么琼斯患局部麻痹”问题的说明。但是，只有 10％的未治愈梅毒继续发展为局部麻痹，所以，琼斯的梅毒一定不能预测他的局部麻痹。由于 90％的梅毒确实不会患局部麻痹，所以我们作出的预测情况应该恰好相反。

亨佩尔对这个反例辩护十分简短：这并不是一个恰当的

说明的例子。因为尽管引用的条件是基于定律，但是这个条件对于一个事件的发生只是必要条件而不是充分条件，所以它并未对事件作出说明。然而，许多人认为亨佩尔的回答不令人满意，因为在梅毒市长的例子中，我们知道没有其他因素会使某人患局部麻痹，把这个例子看作一个由统计规律说明的低概率事件未尝不可。事实上，在使用I－S模型时，是否必须坚持任何统计说明都应该赋予被说明项以高概率的问题是值得商榷的。

反例（2）：达尔文用自由选择理论说明了物种的起源和进化。科学家们认同达尔文理论提供的说明，但却不能用达尔文理论预测任何即将存在的新物种。可见，进化论可以提供说明，却不能用于预测。

在回应这个问题时，亨佩尔强调了区分进化的叙述和进化的理论的重要性。进化的叙述是叙述性地描述了最早出现在地球上的物种系列的产生与灭绝。尽管这种叙述是完全真的，但是没有做出任何说明，仅仅描述了过去曾发生的事情。相反，进化论却使用了遗传学、突变论和选择论这些普遍性理论，还加上一系列关于环境条件和生态关系的假设。它能对物种的幸存和灭绝的一般事实很好地提供部分的、概率性的说明。只是进化论不能说明特殊物种为什么会逐渐灭绝，这部分地归于目前生物学知识的欠缺，另一方面，是由于自然选择机制中物种变化的随机性本质，这个本质特点妨碍了对将会出现的新物种的详细说明和预测。但是这并不能表明进化论只能提供说明，不能用于预测。

反例（3）：斯克瑞文关于桥的坍塌例子显示了科学说明

的另一个特点。这架坍塌的桥不仅告诉我们金属疲劳发生了，而且告诉我们金属疲劳足以引起整个建筑的失败。类似的例子说明，对于某些相关事件我们不能预测，只能给予事后的说明。因为对这类事件来说，我们断定说明项的陈述为真的惟一理由就在于被说明事实实际上已经发生。

亨佩尔同意斯克瑞文例子中这样的说法：我们不会有桥坍塌发生之前预测它的所有必要的信息。但是，他坚持认为这并不意味着斯克瑞文的这个例子是他的第一子论点的反例，因为第一子论点的正确解释应该是这样一个条件从句：

"如果说明项中的信息是已知的，并且是在被说明事件发生前已知的，那么事件一定能被预测。"

而斯克瑞文桥坍塌这类例子表明，它们没有满足这个条件句的前件，构成一个反事实条件句，但并不表明这个条件句是假的，因为蕴涵式的前件假，蕴涵式总为真。

我认为，亨佩尔对这三个典型反例的辩护基本上是令人信服的。反例（1）是对I－S说明的高概率要求的挑战。然而，一个真正的I－S说明引用的定律虽然不是普遍性的，但是高概率要求却可以从逻辑上保证，被说明项被统计规律覆盖有很高的或然性，所以高概率要求既合乎科学实践之情，也合乎概率论之理。所以，否定I－S说明的高概率要求是不合理的。

反例（2）涉及D－N说明的说明项中的一般定律与被说明的特定事实之间的关系。一个真正的N－D说明引用的是普遍性程度很高的定律，它们所覆盖的说明事件是相当广泛的，但普遍性定律与特定事件的联系必须通过约束性的先

行条件。反例（2）之所以被看作是亨佩尔对称性的第一子论点的反例，就是由于忽略了被说明的特定事件的特殊性（如物种变化的随机性），从而忽略了应该包含在说明项中的约束性的先行条件。

反例（3）的特点是忽视了反事实条件句的真值条件。其实，亨佩尔根本没有必要同意“我们不会有桥坍塌发生之前预测它的所有必要的信息”的说法，因为如果在建桥之前，根据所使用的金属材料的性质和质量对建桥的金属材料的耐疲劳程度和耐疲劳时间给予测定，那么是完全可以在事情发生前给予充分预测的。没有掌握预测桥坍塌的必要信息，不是D-N说明模型的技术所致，而是当时实践的局限或建桥技术的局限所致。

下面我们再来看看科学哲学家们对亨佩尔的第二个子论点——一个恰当的预测潜在地是一个说明所提出的反例。

反例（4）：Koplik点是出现在麻疹发病前约一周的病人的面颊黏液内的带白色的小点。假设Koplik点总是伴随着麻疹出现，那么可以断定它们之间的联系是似定律性的。这个定律常常用于预测：带有Koplik点的病人一周后将患麻疹。然而，这个定律却不能说明带有Koplik点的病人为什么在一周内将会发展成麻疹。这个例子被看作是反驳亨佩尔第二个子论点的有说服力的案例。

亨佩尔辩护道，认为Koplik点的论证不是对说明模型的反驳，而可能是对于把“带有Koplik点的病人一周后将患麻疹”作为一条普遍定律的怀疑：Koplik点是否永远伴随以后出现的麻疹。他猜想可以用如下方法消除这种怀疑，即将少量的麻疹病毒局部接种到人的面颊上，如果出现了Koplik点，但没有导致麻疹病例，那么这个定律仍然将为预测进一步症状的出现提供可靠的基础。

然而，亨佩尔的辩护没能完全使反对意见信服。因为，即使“带有Koplik点的病人一周后将患麻疹”不是一条普遍定律，也是一条高概率的定律，亨佩尔的辩护也不能解决这个论证为什么不满足I-S说明模型，因而不是一个统计说明的问题。

为什么亨佩尔的说明模型容易受到这类例子的攻击呢？有的科学哲学家［如鲁本（David-Hillel Ruben），后面将详细叙述］认为原因在于，他的模型不包含因果关系的条件。为什么Koplik点未能说明以后的麻疹病例？因为这种点不是麻疹产生的原因，而这种点和麻疹产生的共同原因是麻疹病毒的感染。与此类似的例子还有，我们可以用电闪现象的出现来预测雷鸣现象的出现，但电闪不是雷鸣的原因，它们的共同原因是阴电与阳电相击。然而我们没有说明这个原因也能作出前面的预测。这只能说明预测与说明的不对称性。

反例（5）：高度为H的旗杆投下长度为S的阴影。根据光直线运行的定律，假设太阳的仰角为θ，则我们可以从旗杆的高度推断阴影的长度。这样我们既得到了一个关于阴影长度S的预测，而且应用等式$H=S\cdot\tan\theta$，又得到了一个关于阴影为什么有那种特定长度的说明。但是假设同样的等式，我们虽然能从阴影的长度推出（预测）旗杆的高度，却不能用阴影的长度说明旗杆为什么有如此特定的高度。类

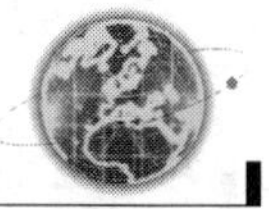

似的还有钟摆的例子，我们能从单摆的周期推出（预测）摆的长度，却不能认为摆的周期说明了它的长度。这些例子表明并非每一个恰当的预测都潜在地是一个说明。

反例（6）：谢弗勒（Scheffler）对结构同一性的第二个子论点提出了另一个挑战。① 他注意到，科学预测可以基于一个不包含定律和没有说明力的有穷资料集。假说“金属的电阻随温度的升高而增加”已得到有穷观察资料集的支持，而且“金属导体的温度将随电阻的增加而升高”的预测也得到了观察事实的检验。但是，如果预测的事实真的发生了，这些检验资料显然没有给假说提供说明。谢弗勒想用这个反例表明科学预测与科学说明结构上的不同一性，因为科学预测有时不包含定律，不具有科学说明必须具备的论证结构的特点。

面对这些挑战，亨佩尔承认没有更好的办法拯救对称性的第二个子论点。②

在我看来，对称性论点第二个子论点的困境在于，被预测事件一般是单个事件，或者（1）它是从一般科学定律和先行条件的合取推导出的一个关于“某事件是如何”的预测，在这种情况下，如果要证明“一个预测是一个说明”，

---

① Scheffler I.： “Explanation, Predictin, and Abstraction”, *British Journal for the Philosophy of Science*, 7 (1957), p. 296; *The Anatomy of Inquiry: Philosophical Studies in the Theory of Science*, New York: Alfred A. Knopf, 1963, p. 42.

② 亨佩尔的回应参见 Hempel C. G.：*Aspects of Scientific Explanation*, pp. 366-376.

就是要证明从一个单称命题能必然地推出一个全称命题，或者能必然地推出一个合取命题其中的一个合取支，这显然在逻辑结构上是不对称的。或者（2）D－N预测是个因果预测，那么前提或者是产生被预测单个事件的惟一原因，或者是产生被预测事件的多种原因之一，或者与被预测事件互为因果关系。如果是互为因果关系，那么预测与说明就是对称的，被预测事件无疑可以说明前提中的事件为什么发生。但如果是另外两种情况，预测与说明当然就不对称了。可见，预测与说明在大多数情况下是不对称的，要找到反例是很容易的。

至于反例（6），如果用这个例子作为亨佩尔第二个子论点的反例是合适的，但用这个例子说明预测有时不包含定律是不成立的。因为把“金属的电阻随温度的升高而增加并且金属导体的温度将随电阻的增加而升高”作为假说推出预测事件，就给假说赋予了定律的地位。

我的看法是，D－N说明和D－N预测没有逻辑结构上的区别，只有实用方面的区别的论点是正确的，因为它正确地揭示了恰当的科学说明和科学预测在结构上必须满足的共同条件——必须是论证。但是，“所有说明都是论证”不等值于“所有论证都是说明”；同样“所有预测都是论证”不等值于“所有论证都是预测”。所以，说明与预测是不对称的。因而，从“D－N说明和D－N预测的结构同一”论点推不出亨佩尔的两个子论点。也就是说，“说明和预测的结构同一性”论点与“说明和预测的对称性”论点是不等价的。

2. 不相关性问题

亨佩尔的两种覆盖律模型都不能保证说明的前提与被说明项是相关的，也就不能保证从说明项中排除与被说明项不相关的陈述。这就是所谓的“不相关问题”。科学哲学家们提出了许多不相关性例子，以便讨论不相关性产生的原因。下面我们分析几个典型的不相关性例子。

例（1）：阿肯斯坦（Petr Achinstein）提出了关于服砒霜的例子。[①] 倒霉的琼斯至少服了一磅砒霜，根据所有服了砒霜的人都会在 24 小时内死亡的定律，能推断琼斯在 24 小时内会死。对于“琼斯为什么死亡”来说，这是一个满足 N-D 模型条件的好的说明。但是事实上，琼斯服毒后不久就遭遇车祸而亡。所以，尽管这个 N-D 论证的前提都是真的，并且从定律能有效地推出结论，但是琼斯的死亡却不是从前提推得。这个例子说明，这个 N-D 论证的前提对于被说明项而言是说明上不相关的。

例（2）：萨尔蒙提出了约翰·琼斯没怀孕的例子。[②] 约翰·琼斯经常服避孕药，所有服避孕药的男人都不怀孕。所以，约翰·琼斯没有怀孕。这是结论“琼斯没有怀孕”的 N-D 论证。但是，这个论证显然并未说明琼斯为什么没怀孕，因为琼斯没怀孕是因为他是男人，而不因为他服了避孕

① Achinstein P.：*The Nature of explanation*，New York：Oxford University Press，1983，pp. 168-171.

② Salmon W.：“A Third Dogma of Empiricism”，in *Basic Problems in Methodology and Linguistics*，ed. by Robert Butts and Jaakko Hinitikka，Reidel，Dordrecht，1977，pp. 149-166.

药。这个例子是想说明 N－D 论证被包含了与结论不相关的信息。

例（3）：萨尔蒙还提出了另一个例子以说明 I－S 论证也会包含不相关的信息。假设，食盐在凉水中搅拌 5 分钟后溶解的概率是 0.95。我们取些食盐对其施以“溶解咒语”，这些盐便成为“魔盐”。魔盐溶解于水中的概率是 0.95，这是魔盐定律。虽然这个定律可以用于预测某个魔盐例子将溶解于水，但却不能说明盐为什么会溶解于水。其原因在于基于魔盐定律的这个 I－S 论证包含了不相关的信息。

3. 明确性要求质疑

萨尔蒙的例（3）也被用来说明亨佩尔的最大明确性要求 RMS 是不充分的。他提醒人们注意，魔盐的例子是满足亨佩尔的 RMS 的，因为能使盐溶解的参照类没有比魔盐这个参照类更明确的参照类了。问题在于，盐被指派的参照类——魔盐是个太独特的类了，我们应该把被说明项指派到能满足 RMS 的、最广泛的、最少特殊性的参照类中，萨尔蒙认为最大明确性要求应修改为“最大明确性的最大类要求”。

可不幸的是，这种处理并不比 RMS 成功。“最大明确性的最大类”需要满足的条件是，这个类具有高概率，并且包含有最多的事物。为了便于寻找这个满足 RMS 的最大类，让我们假设，小苏打在凉水中搅拌 5 分钟后溶解的概率是 0.95。这与盐在相同条件下的概率相等。这些白粉末都是在凉水中搅拌 5 分钟后溶解的。这些白粉末被溶解的事实说明了什么？根据最明确的最大类要求，我们必须寻找满足

RMS 的最广泛的类。这就是盐能满足的 RMS 的事物类，小苏打也能满足 RMS 的事物类。那么这个类就是盐和小苏打的析取的事物类。假设我们知道没有其他的化学品溶解于水的概率是 0.95，那么可以推断或是盐或是小苏打的事物类是能满足 RMS 的最广泛的类。这样，根据最大明确性的最大类要求，粉末溶解所说明的不是盐溶解于水的事实，而是或是盐或是小苏打溶解于水的事实。用这种方法来处理，结果是，说粉末是盐与说粉末是犹他州的矿石一样都是与被说明项不相关的。这样一来，如果说 RMS 的失败是因为允许把被说明项指派到太狭窄的参照类中，那么最大明确性的最大类要求的失败则是要求把被说明项指派到太广泛的参照类所使然。①

萨尔蒙、兰顿等人还批评了 RMS 中的高概率要求，指出这个要求排除了说明不可几性事件的概率。兰顿举了赌博轮盘的例子来说明。这个轮盘上有 99 条红道和 1 条黑道。公设“轮盘是真正随机的”意味着一旦轮盘开始旋转，就没有任何因素能影响结果。那么，当轮盘逐渐停下来时，每一个道就有了被选择的相同概率。在这样的设置下，认为我们能说明为什么轮盘停在红道上，而为什么轮盘不停在黑道上似乎很荒唐。但这两例子不管各自的结论如何确实都是相当好的说明。出现红道的概率是 99%，出现黑道的概率是 1%，这两个说明同样给我们提供了这两种情况的概率理解。

① Meixner John：“Homogeneity and Explanatory Depth”，in *Philosophy of Science*，46 (1979)，pp. 366-381.

但是对轮盘将停在黑道上的预测推理是非常弱的，如果遵守高概率要求，我们就不应该接受对黑道概率的说明，而这样一来，诸如此类的低概率事件就被高概率排除在说明之外了。这当然是不能接受的。

兰顿还批评了亨佩尔的最大明确性要求是把概率说明的概念相对化了。根据 RMS，事件的概率说明的正确与否是相对于当时的科学知识状况和科学家的信念而言的，这是兰顿所不能接受的。他指出亨佩尔的错误就在于，他并没有做到像他自己所要求的那样，严格区分统计描述和纯概率定律。如果决定论是正确的，那么所有定律一定都是普遍的。在这种情况下，就没有概率定律和正确的概率说明了，在纯决定论的世界里，在我们发现对事件的真正的、客观的 D－N 说明之前，统计说明仅仅是权宜之计，说明中的统计“定律”根本就不是真正的定律，而是在给定时刻对未知东西的表达。看来在完全决定论世界里亨佩尔的 I－D 说明模型的条件是不可能满足的，原因在于在完全决定论世界里根本不存在真正的概率规律。但是，如果世界不是决定性的，而是至少被某些真概率规律所控制，那么，一旦我们认识了真正概率定律要求的真正的非决定论，则认识相对性论点就坍塌了，产生 RMS 的动机也就随之坍塌了。兰顿的目的在于指出，真正概率定律要求的是非决定论观点，非决定论观点保证了统计说明的客观性。

五、鲁本的科学说明新观点

1. 因果关系条件

鲁本对对称性问题和不相关性问题进行反思后认为，这两个问题的产生都是由于亨佩尔的模型中没有关于因果性条件要求，而对特定事实的恰当说明必须包含一个事实原因的描述。他试图通过增加一个经验因果性条件来修改亨佩尔说明模型。[1]

因果性条件要求：说明项必须包含一个对被说明项原因的描述，并且这个描述对于说明论证的结论具有重要作用。

因果性条件作为解决对称性问题和不相关问题的补救措施似乎是合理的。可是，麦克卡什却对此补救措施持怀疑态度，他用如下例子表明，因果性条件不能保证对结论的论证将是一个真正的说明。

(1) 所有金属都是导体。

(2) 森林被闪电击中，并且这颗螺丝钉是金属制的。

(3) 这颗螺丝钉不是导体，或者森林没被闪电击中，或者森林失火了。

---

(4) 森林失火了。

麦克卡什想用这个看似不太自然的论证说明，尽管这个

① 第五节鲁本的观点参见 Ruben David-Hillel：*Explaning Explanation*，New York：Routledge，1990，pp. 182-188，pp. 191-208，pp. 248-252.

论证满足了亨佩尔说明模型的要求和鲁本因果关系条件的要求，但它显然没有说明为什么森林失火了，因为这是个循环论证。前提（3）是一个包含了三个不相关的选言支的选言陈述。如果前提（3）是真的，则至少有一个选言支必须是真的。根据前提（1）和（2）可以推出前两个选言支是假的，那么当前提（3）为真时，第三个选言支必须为真。但是第三个选言支仅仅是结论的重述。可见，陈述"森林失火"显然是恶循环。① 有人试图通过修改前提（3）来避免这个恶循环，即从前提（3）中去掉选言支"森林失火了"，并且把所有前提用合取符合连接成一个合取范式形式，使得被说明项（结论）不蕴涵前提的任何一个合取支。但是，正如鲁本所言，麦克卡什还会想出新招，再设计一个论证，使之满足亨佩尔条件和因果关系条件，而未能说明论证的结论。

2. 说明的单陈述观点

因果关系条件的目的是为了把说明项与被说明项紧密地联系起来，以至于使它们的演绎关系存在于某种真正的因果关系之中。但是，因果关系条件实际上仅仅要求，说明的前提提到事件 e 是被说明事件 c 的原因，而并未要求前提包含陈述"c 是 e 的原因"。麦克卡什的反例表明这个因果关系条件太弱，一个仅仅被提到的因果关系不能保证它与被说明项的相关性。于是，鲁本考虑应该从说明的形式上加强因果

① McCarthy Timothy："On an Aristotelian Model of Scientific Explanation"，*Philosophy of Science*，44（1977），pp. 159-166.

关系条件。他提出，我们可以把说明设想为具有单前提的论证：

c是e的原因。

———————

∴e。

“c是e的原因”这个陈述还可以用“e因为c”，或“因为c”表达。这个说明仅仅由一个被说明项的原因是如此这般的陈述组成，在鲁本看来，把其他的前提保留在论证中似乎对于说明e的原因是多余的。如果把这种单陈述形式看作说明的一种形式，那么事实上，它对于说明被说明项的原因既简单，又不缺少什么信息。

但是，根据亨佩尔和卡尔纳普等科学哲学家说明理论的观点，所有说明都是论证，并且都至少包含一个定律的观点，单陈述形式的论证是没有价值的，因为它的前提太简单，而且没有明确地提到定律。但是鲁本却认为，从一些典型的说明例子来看，完全的说明不是论证，而是单陈述句或是合取式。在思考了亨佩尔覆盖律模型的重要反对意见，并且试图通过因果关系条件来避免说明模型的困难后，鲁本否定了亨佩尔说明理论的两个重要原则：所有说明都是论证；所有说明都必须明确地包含定律。

3. 定律在说明中的作用

鲁本不同意亨佩尔和卡尔纳普等人关于所有完全的说明都是演绎或归纳论证的观点，认为他们这种观点不仅未能为完全的说明提供充分条件，而且更重要的是未能为说明提供必要条件。批评性的意见不是表明所有说明都不是论证，而是表明论证应该和更多的东西一起构成说明。鲁本自己的观点是：每一个说明都是一个单陈述，而不是一个典型的论证。

如果说说明不是典型的论证，那么定律在说明中占有什么地位呢？鲁本的观点是：许多完全的说明并不包含定律。但是他并不认为，从某些说明不是论证的观点能推出某些说明根本不包含定律，也推不出定律与说明不相关。有些说明尤其是物理学中的说明是包含定律的，但是定律在这类说明中的作用不是论证前提的作用。尽管相关定律在这类说明中起着重要的作用，但是其他的说明在不包含定律的情况下也可以是完全的。

根据鲁本的单陈述的观点，定律如何能与说明相关呢？假设：句子（S）是“为什么o是G”的说明；句子（S）表示：“o是F并且所有F都是G”。这里的（S）是一个句子，而不是一个论证，但它也包含了一个定律的陈述：“所有F都是G”。只有当“所有F都是G”是一条定律时，“o是F”才是“为什么o是G”的完全的说明。如果“所有F都是G”是假的，那么“o是F”就不完全说明“为什么o是G”。也许F类与G类的真正联系更为复杂，相关的定律是：（x）（Fx∧Kx∧Hx∧Jx→Gx)，即所有是F、是K、是H并且是J的个体都是G。但这并不表明“为什么x具有属性G”的说明必须包含这个定律，而是意味着这个定律提醒我们注意“为什么o是G”的说明必须不仅涉及o是F，而且也要涉及o是K，是H，是J。在这个意义上，定律与说明相关。但是，定律不明确地出现在说明中，它不是一个完全

说明的组成部分，“为什么 o 是 G”的说明只与 o 这个特定事物所具有的 F 属性和 G 属性直接相关。

鲁本论证所表明的观点是，说明不是一个典型的论证，定律不是说明形式的组成部分，但是说明陈述明显地包含一个与描述被说明项表面属性密切联系的定律。所以定律在说明中起着重要的作用。这样一来，至少从表面上看，鲁本关于科学中完全说明的观点是以类似于亨佩尔 D－N 说明的观点结束的，但是，关于“什么是说明”的哲学解释，他们的观点基本上是不同的。

然而，我认为，鲁本通过因果关系条件和单陈述观点对于对称性问题和不相关问题的补救显得有些隔靴搔痒——不解决问题。他的因果关系条件涉及的仅仅是因果定律，而因果定律所覆盖的仅仅是特定事件，所以他实际上把科学说明仅限于对特定事件的因果关系说明。但是科学说明在很多情况下需要对被说明项进行非因果性说明，比如在生物学和人类事物的研究中常常对某个系统的特征进行“功能说明”，对某个行为的后果进行“目的论说明”；在矿物学研究中还常常对特定事件是如何从先前的事件中演变而来进行“发生学说明”；用抽象性更高的定律说明经验定律。不把说明模型限于因果关系说明，正是亨佩尔建立覆盖律模型的初衷。退一步说，就算鲁本的单陈述观点体现了因果关系说明的特点，但是这个处理并没有解决相关性问题，单陈述的形式仍然不能有效地从说明项中排除与被说明项不相关的陈述。

六、兰顿 D－N－P 说明模型

1. 兰顿 D－N－P 说明模型的特征

纵观亨佩尔的说明例子，兰顿（Peter Raiton）[①] 认为其实质无非是把被说明项归到一个普遍定律或概率定律下。所以，对于亨佩尔来说，说明就是普通归类。但是正如前面所讨论的对称性论点的反例说明，并非所有普通归类都是说明，普通归类对于说明是不充分的。D－N 模型缺乏反映被说明事件原因的内在机制的描述，由于没有提供内在机制的描述，所以许多 D－N 论证太肤浅以致不能对结果提供说明。要说明 A 类中的特定事件为什么也是 B 类的事件，除了使用定律“对于所有的 x 而言，如果 x 是 A，那么 x 是 B”外，还必须引入更多的东西。所以为了保证说明的完善性，必须在说明模型中提供被说明项原因内在机制的描述。

而对于 I－S 模型，如前所述，兰顿对亨佩尔的最大明确性要求和这个要求所包含的高概率要求提出了批评，认为真正概率定律反映的是非决定论世界的规律，只有非决定论规律才能保证统计说明的客观性。所以他把注意力主要放在思考受自然规律支配的偶然现象的说明上。

兰顿试图通过在说明模型中增加被说明项原因内在机制

① 兰顿（Peter Raiton，1947－ ）出生于伦敦。曾在英国剑桥大学学习数学，在美国普林斯顿大学获得博士学位后，继续留校任教。现任普林斯顿大学教授。主要研究科学哲学和生物学哲学。

的描述来修改亨佩尔两种说明模型。为此，他提出了“概率说明的演绎—定律模型”（Deductive-Nomological Model of Probabilistic Explanation，简称 D-N-P 模型），[①] 这个模型的形式可以表示如下：

被说明项：Ge，t_0：e 在 t_0 时刻有属性 G。

说明项：

a. 形式为（b）行的概率定律的一个理论推导　　理论推导

b. $(t)(x)[Fx,t\rightarrow P(Gx,t)=r]$　　概率定律 ⎫

c. Fe，t_0　　初始条件 ⎬ 演绎论证

---

d. P（Ge，t_0）＝r　　单个事件倾向 ⎭

e. （Ge，t_0）　　附加说明

被说明项 Ge，t_0 读作：e 在 t_0 时刻有属性 G。比如，在 t_0 时刻，赌博转盘停在黑道上的一次特定的机会 e。这个事件发生的陈述又出现在说明项的结尾（e）行中，但这仅仅是作为附加说明，兰顿用这种方式是为了表明，被说明项不是说明项的结论，也不是从说明项推导出来的，附加说明放在此处是为了提醒我们事实上被说明事件已经发生，这是一个事后的说明。

（b）行读作：对于所有时刻 t 并且对于所有事件 x 而言，如果 x 在时刻 t 有属性 F，那么 x 在此时刻有属性 G 的

---

① Raiton P.：“A Deductive-Nomological Model of Probabilistic Explanation”，*Philosophy of Science*，45（1978），pp. 206-226.

概率是 r。比如，如果 F 表示属性“带有 99 条红道和 1 条黑道的完全随机的转盘”，G 表示属性“转盘旋转后停在黑道上”，那么，r 的值是 1/100（在此例中，概率并不取决于时间，故变项 t 可以从定律陈述中去掉）。（b）行在推导中很重要，它是一个真正的普遍定律，结论（d）仅仅是它的全称例示。当然如果（b）只是个统计概括，如在赌博转盘的例子中，那么关于特定的一次转盘的机会 e 停在黑道上的概率就不能从任何统计概括有效地推得。

说明项（a）行表达了兰顿 D－N－P 模型的重要要求：任何恰当的说明都必须明确表述产生被说明项原因的内在机制。实际上，兰顿的内在机制的描述是一个非常宽泛的概念，它可以是一个可见的机制，如在赌博转盘例子中的机制，也可以是一个不可见的机制，如放射性物质衰变的机制，还可以是时空中的某种连续或不连续的过程，如量子现象间断性运动的机制。对于兰顿来说最重要的问题是，被说明项原因的内在机制是理论的推导，而不是直觉理念的推导。但是有一点要求是狭窄而极高的：内在机制的说明是基于非决定性规律的说明。

结论 P（Ge，t_0）＝r 是单个事件的概率倾向。什么是倾向（propensity）？它是单个事件的一种似定律趋向或自然规律的概率，它表示单个事件的变化趋势。从（b）和（c）推导出的结论 P（Ge，t_0）＝r 是单个事件的概率，它是特定事件 e 在某时刻有属性 G 的概率倾向。

单个事件的概率倾向与在一个长序列中单个事件发生的频率是不同的。比如，我们投掷一枚非常匀质的硬币。由于

它的质量分布非常均匀，根据结构学定律，任何一次投掷“国徽朝上”的概率恒等于1/2，尽管我们不曾投掷过，“国徽朝上”就已经有了这个概率。如果这次投掷的结果是“分子朝上”，那么下次投掷“国徽朝上”的倾向仍然是1/2。这样，在兰顿的模型中，如果假设“硬币国徽朝上为1/2”是一条似定律、一个不确定性的倾向，并且，如果投掷硬币8次，8次的结果都是“国徽朝上”，那么对这个结果的完全的说明是：“国徽朝上的倾向是（$1/2)^8$”。在国徽朝上发生的机会已经给定（尽管很低）的同时，就已经对它的结果作出了完全的说明。倾向是不确定性的因果性趋向，所以，它与因果关系一样，在时间上具有方向性。但是与概率不同的是，倾向不可能从现在向过去运行，只能从现在向将来运行，所以，它用于说明单个事件的概率倾向是物理概率（是事先确定的概率），而不是频率（是事件发生的统计概率）。单个事件概率倾向的概念是兰顿模型的另一个重要特点，正如他所说，D-N-P模型是可行的，仅当它的意义是有倾向，或客观的、物理的、由自然规律控制的单个事件的概率组成。这一特点显然是用以反对亨佩尔I-S模型的“统计说明的认识相对性”特点。

可以看出，说明项包含了论证：说明项（b）和（c）是（a）的推导；所有论证都包含在（a）行概率定律的推导中。但是说明项作为一个整体，其本身并不是一个典型的论证形式。这个特征是为了表明兰顿关于说明不是论证的观点。

从兰顿对亨佩尔的说明模型的批评，以及他的模型显现的特点，可以看出他的D-N-P说明模型与亨佩尔模型的一些不同的特征：

（1）所有说明都是客观的；没有一个说明是相对于信念集，或相对于特定时刻科学知识状态的；

（2）说明不是论证，也不应该用论证的标准评价它们；说明是提供相关信息的描述；

（3）说明（无论是概率的还是非概率的）都要求不仅有定律，而且还有被说明项原因的内在机制的描述；

（4）概率说明要求真正的概率定律；真正概率定律是由非决定论决定的；

（5）概率说明没有高概率要求；不可几事件可以与高概率事件一样得到说明。

2. 对D-N-P说明模型的批评

D-N-P说明模型的特殊结构引起了许多批评意见，有人认为这种概率说明模型既过窄又过宽。过窄是因为量子力学之外的现象很少真正是非决定性的，像生物学、遗传学、经济学、社会学、流体力学和气象学等学科所处理的现象都是决定性的，而且是非常复杂的。我们把统计学概率论用于这些学科，在很大程度上是因为我们不知道大量对我们感兴趣的行为起决定作用的初始条件。但是，D-N-P说明模型中概率论和统计学却没有用于这类说明的，因为它不包含非量子现象的计算、预测和论证，也根本不能说明这些复杂现象（甚至投掷硬币哪面朝上）的内在机制。而且依我看，即使对于量子现象，D-N-P模型也只能用于预测，而不能用于说明，因为它的“单个事件的概率倾向”是有朝向未来而不朝向过去的方向性，它

可以推测单个事件下一次出现的概率倾向，而不能确定地说明已发生事件的情况。

另一方面，D-N-P说明模型又过宽，因为它要求对一切事物作出非决定性倾向的说明。正如兰顿指出的，在某种程度上说，世界上发生的每一件事情在分子水平的发生上都是不确定的，所以甚至人类行为的说明或行星的动力的说明都应该有相关倾向的复杂的量子力学的计算，只有这样，它们才能获得恰当的概率倾向。比如，热水杯中的冰块融化了，一般我们根据热力学第二定律就能说明这个现象的原因了。可是，根据兰顿的模型，我们必须对它做非决定性的说明：冰和水都由分子组成，分子是由原子组成，而原子的运动要用量子力学定律说明，然后，我们才能用量子力学的定律计算出当水加热时冰块融化的概率倾向。然而，这个过宽的要求实际上是个不合理的高要求，没有一个正常人愿意把这个原本很简单的说明工作变成这么艰巨的任务去完成。

对于这些反对意见，兰顿一方面承认上述分析的观点，真正的科学说明是很复杂的，另一方面，他否定问题出在他的模型上。兰顿相信，如果一个系统真是具有决定性规律，那么由于它的复杂性使得对它行为的真正说明不可能是概率性的。在这种情况下，我们无论作出多大努力，它也不可能得到概率说明，那么我们就不应该装作我们有能力给出它的概率说明。反之，如果这个系统无论在多么小的程度上具有非决定性规律，那么我们就不能用视而不见的办法逃避对它做说明的责任。科学说明的任务的确极其艰巨，如果说科学说明存在困难，那么困难在于世界的复杂性，而不在于D-

N-P说明模型的要求。

七、科学说明观分歧的根源

科学哲学家们围绕着科学说明模型对科学说明的本质进行了激烈的争论。科学说明模型以不同的标准为根据可以作出不同的划分，根据说明中所使用论证方式的种类的不同，可以把科学说明模型分为演绎说明模型和归纳说明模型；根据说明的不同功能，可以把科学说明模型分为因果性说明模型、功能说明模型、目的论说明模型、发生学说明模型等。

亨佩尔选择了从论证方式的角度，提出了演绎－定律模型（D-N）和归纳－统计模型（I-S）。根据他的覆盖律论点，科学说明都具有论证的特点，即前提与结论的关系是演绎地有效的，或者是有归纳地支持强度的；并且前提中至少有一经验定律的陈述。所以，在亨佩尔、卡尔纳普等科学哲学家看来，科学说明本质上是一个推导被说明事件的推理。给定说明论证的前提，被说明事件就能必然地或高概率地被预测。因此，亨佩尔和许多科学哲学家把对被说明事件的预测能力看做一个好说明具有的特点。而且，能预测的特点保证了说明具有可检验性，具有经验内容，这也是科学说明区别于非科学说明的关键。亨佩尔还从说明与预测在结构上的共同要求，概括出科学说明的另一个本质：说明和预测在形式结构上没有区别，一个论证是一个说明还是一个预测取决于实用的因素。科学说明的论证方式特点、结构特点、可检

验性等是科学说明的方法论特征，可见，亨佩尔是从方法论上研究科学说明的本质的。所以，正如萨尔蒙所说，亨佩尔的科学说明概念具有认识论特色。从方法论上探讨说明的本质，关注的重心通常放在各种说明的形式结构特征上，而且常常需要故意忽略具体说明内容上的特征以及功能上的特征，比如，说明项的内容应该是什么，以及与被说明项的内容是否相关的问题，对被说明项的说明是因果性说明还是非因果性说明的问题是这个研究视角所不能作为的。所以从方法论的意义上，我认为亨佩尔的说明理论所揭示的科学说明的本质是具有一定说服力的。

鲁本把对称性问题和不相关性问题的产生归结为亨佩尔模型缺少因果性条件要求，兰顿 D－N－P 模型的重要要求是，任何恰当的说明都必须明确表述产生被说明项原因的内在机制。由于强调因果关系和因果性内在机制的说明，所以萨尔蒙称他们的说明概念是本体论的说明概念。从本体论的路径研究科学说明的本质，常常忽略诸如说明是否具有论证结构、被说明项是否能被预测、被说明项是否能得到高概率的说明等方法论问题，而是特别倾注于对被说明事件因果关系的正确描述（如鲁本）或内在的因果机制的正确描述（如兰顿），即使是高度不可几现象也应该给予完全的说明，而且注重概率计算的客观性、非相对性。鲁本和兰顿从本体论的路径对科学说明的本质，尤其是因果性说明的本质提供了一些有价值的观点。

可是，从本体论的观点看，不能解决不相关性问题是亨佩尔两种模型的一大缺陷，必须引入因果性描述，直至代之以具有因果性描述机制的D－N－P模型。而且，亨佩尔关于I－S说明的“最大明确性要求”也是本体论研究路径不能接受的，因为最大明确性要求最终是相对于“给定的知识状态”，对最大明确性参照类的选择取决于特定时刻科学家接受的信念集。这种“统计说明的认识的相对性”、主观性是兰顿所不能容忍的。

从认识论的观点看，说明项与被说明项是否相关的问题，涉及说明项与被说明项的内容，是由提出说明论证或预测论证的科学家依据他研究领域的知识来判断的问题，是不可能在模型上得到根本解决的。所以，尽管鲁本试图通过增加“因果性条件要求”来挽救亨佩尔模型的“错误”，但却仍难避过麦克卡什反例的责难。“因果性条件要求”至多只能作为准规则，给科学家在构造说明论证时提个醒，从形式上保证说明项与被说明项在内容上的相关性是说明模型不能作为的。

而且从认识论的观点看，鲁本和兰顿的说明模型引入了因果性条件要求、因果性内在机制描述要求，而否定科学说明的方法论的本质，使得科学说明的范围大大缩小，尤其是兰顿的模型仅仅能用于预测非决定性事件。并且，从认识论路径看，兰顿对说明模型和概率的客观性、非相对性的理解是有误的。（1）实际上，对于D－N和D－N－P这两种演绎性质的说明模型来说，同样无法从形式上排除定律选择和认为前提为真的相对性和主观性。比如，惠根斯选择了光的波动说定律说明光的直线传播现象，而牛顿选择了光的粒子说定律说明光的直线传播现象。尽管这两个正确D－N说明

的被说明项是相同的，但科学家们却由于信念集不同而选择了不同的定律作论证的前提。在伽利略之前，人们用于说明自由落体现象的定律是亚里士多德的自由落体定律——物体下落的速度与其重量成正比。它的错误是在伽利略之后才被认识的。同样，在D－N－P说明中，如何能从形式上保证(t)(x)［Fx，t→P（Gx，t）＝r］是一个真正的普遍定律，Fe，t_0 是一个真陈述，因果性内在机制的陈述是一个真陈述的问题，也不是D－N－P模型本身能解决的问题，因为这些都是本体论问题。但这并不表明最大明确参照类的选择、定律的选择和前提为真的认识都是主观的、相对的，从本体论的观点看，它们的客观性、非相对性体现为科学家共同体认识的主体间性。(2)“概率”概念存在不同的解释，主要有三种：频率解释、逻辑解释和主观置信度解释（在后面“确证与归纳”一章将详细论述)，它们所能说明的问题是不同的，但是它们都有客观基础，如同覆盖律模型是基于自然的决定性规律，D－N－P模型是基于自然的非决定论规律一样。

总之，覆盖律科学说明观与因果性科学说明观的分歧根源于认识论说明概念与本体论说明概念的区别，以及由此而引起的一种科学说明的形式模型的普遍性在多大程度上能覆盖特殊的科学说明的案例的问题。解决分歧的出路或者是建立一种包含各种模型在内的更一般的统一的模型，或者根据科学说明的不同目的和功能，限制每一种模型的普遍性，以完善其理论问题。我认为，前一种路径是不可取的，因为更一般的统一模型虽然外延扩大了，但却是以弱化科学说明的内涵为代价的，也就是说，它所揭示的科学说明的本质特征将是极其有限的，这并不是我们所希望得到的模型。而相比之下，后一种路径能从不同的维度展现科学说明的特征，这也许是科学哲学研究科学说明问题所企盼的局面。

第六章　理论与观察

一、两种语言模型

科学知识是用语言来表达的，所以科学知识首先是语言。逻辑经验主义者认为经验科学理论是由两种语言——理论名词与观察名词构成，这被称作两种语言模型观点。

科学语言包含逻辑词与非逻辑词，“而且”、“…或者…”、“如果…那么…”、“…当且仅当…”等联结词和“所有”、“有”（或“存在”）量词都是逻辑词，它们是逻辑常项。非逻辑词分为观察名词和理论名词。观察名词标示可观察对象或过程，以及这些对象的可观察属性或关系。如维也纳、热的、较硬的。理论名词是不能用观察名词明显下定义的名词。如电子、波长、温度、基因。含有观察名词的语句是观察陈述。例如，“太阳位于天空中的某个位置”。在科学陈述中，为了描述事实，并且确切地表达一门经验科学的理论定理，描述性的名词是不可少的。理论名词加上描述性名词就形成了理论陈述。例如，“电子排列在原子内部的同心圆上”。

逻辑经验主义者把物理学这样的经验科学系统看作是没有解释的演算系统，那么理论系统中的命题如何与观察名词、理论名词联系成理论呢？为了引入理论名词，必须给出两种公设，第一种是理论公设：不含有任何观察名词，仅仅含有理论名词的陈述。比如，“一个物体比另一个物体温度更高”。第二种是对应公设：既含有观察名词又含有理论名词的陈述。比如，“当第一个物体比第二个物体温度更高时，第一个物体比第二个物体更热”。“温度”是个理论名词，不能用观察名词直接定义，而“热”是观察名词，是可以通过感官的触觉直接确认的。第一种公设表示由理论陈述组成的科学理论的基本定律，通过它引入理论名词。第二种公设就是把理论名词与观察名词联系起来的对应规则，它给理论名词的使用规定了某种经验的、可操作的规则，从而使理论名词和理论陈述得到解释。当然，观察名词能通过观察直接地得到解释，因而能完全地被理解，而理论名词只能通过观察名词间接地得到解释，因而只能被不完全地、部分地理解。另一方面，第二种公设能使理论陈述演绎出纯观察的定律，从而使理论陈述能用观察的方法接受检验。由此，卡尔纳普给出了理论名词的意义标准：一个理论名词在一个给定的理论中是有意义的，当且仅当，含有它的理论命题与这个给定理

论一起，能推出不能单独由这个给定理论推出的观察陈述。①

概括地说，逻辑经验主义者的两种语言模型论的基本要点是：

(1) 观察名词与理论名词界线分明，区分的标准为是否指称可观察事件，观察名词直接指称可观察事件，理论名词则不直接指称。

(2) 观察陈述与理论陈述界线分明，区分的标准为含有的词汇，观察陈述含有观察名词，理论陈述则不含有。

(3) 观察名词能被直接地解释，完全地理解；理论名词只能被间接地解释，部分地理解。

逻辑经验主义者的两种语言模型论在很长时间里被看做是关于经验科学理论结构的正统观点。

二、观察的理论负荷

汉森（N. R. Hanson）在《发现的模式》（1958）一书中提出了著名的“观察的理论负荷”（theory-laden of observations）论点，直接挑战了两种语言模型论。他通过如下三个层面来论证他的观点：②

(1) 观察的物理状态与视觉经验

---

① Karnap R.：“Observation Language and Theory Language”，*Dialektik*，47/48 (1958)，p. 237.

② Hanson N. R.：*Patterns of Discovery*，pp. 4-30.

开普勒和第谷一同站在山上观看日出，开普勒看到：太阳是不动的，地球在运动；第谷则相反。他们在黎明的东方看到了相同的东西吗？

有的哲学家认为，他们当然看到了相同的东西，因为他们从相同的资料出发，作了相同的观察。不同的只是他们的解释，他们用不同的方式解释了证据。所以我们的任务就是要揭示这些资料是如何受不同理论、不同解释，或者不同智力结构影响的。这些哲学家把物理学"看"的任务留给科学家，自己承担起看的理论解释的任务，他们的确在努力完成这个任务。

然而在汉森看来，这些哲学家对看与解释的理解过于简单，以致不能把握物理学观察的性质。

尽管两个观察者的视力正常，并从视觉上意识到他们观察的是相同的对象，但他们却没有看见相同的东西，没有从相同的"资料"出发。因为看太阳不是看太阳的视网膜图像。如果观察者处于催眠、麻醉或神经错乱状态，那么就可能看不见太阳，尽管他们的视网膜确实以与通常相同的方式记下了太阳的映象。

看是一种视觉经验，而视网膜反应仅仅是一种物理状态。是人而不是人的眼睛在看，照相机和眼球本身是看不见东西的。开普勒和第谷有着共同的视觉经验，使他们看见了相同的物理客体。但是对于图 1 而言，情况就比较复杂了。正常的视网膜和照相机会对图 1 留下相同（或相似）的痕迹，如果让看的人画出他们所看的东西，大多数人都会画出与图 1 一样的形状。这是看的物理状态。但要问：你们看见

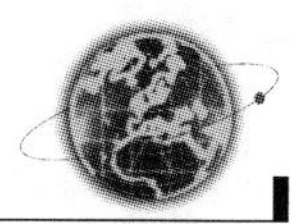

了什么东西？则会有人说：看见一块仰视的有机玻璃立方体。有人会说：看见了一块俯视的有机玻璃立方体。还有人会说：看见的是被切割的宝石。也有人会说：看见了一块冰、一只鱼缸或一只风筝框架。也许有人看见的仅仅是在平面上交叉的线条。究竟是看见了不同的东西，还是以不同的方式解释相同的东西？

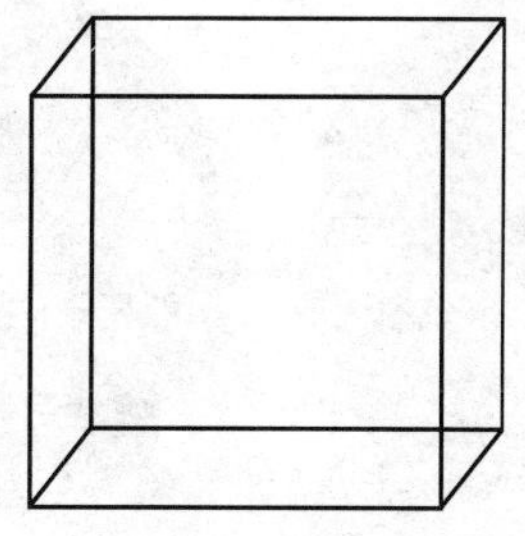

图 1

汉森指出，解释是思，是行；而看则是一种经验状态。看这些图的不同方式不能归之于视觉反应后面的不同思想。这些反应是自发发生的。根据格式塔心理学（Gestalt Psychology）理论，知觉活动与记忆活动在功能上是同型的，它们的正确与错误完全可撇开作为解释的重要因素的主体。汉森认为，这些哲学家把不同地看相同的东西归结为用不同的方式解释相同的东西的错误在于：把看的视觉经验混同于看的物理状态。在他们看来，“看”是中立性的，对任何理论都不偏不倚，把相同的对象“看做”不同的东西是因为解释中含有不同的理论。这是完全错误的，为什么？要回答这个问题，必须先分析观察的要素。

(2) 理论与观察要素

以往人们给出的观察的模型仅仅是头脑与眼睛如何配合的简单模型：首先记录观察，然后寻找观察的知识。然而，观察与知识体系之间的关系并非如此简单。

图 2

当我说我看见图 2 中的酒杯时，你会说，那正是我看见的两个对峙的面孔。在我们相互的提示下，我也看见了对峙的面孔，你也看见了酒杯。当注意力从杯子转为面孔时，视觉图像或感觉并没有变化，那么发生变化的是什么？再看图 3，一位训练有素的物理学家和一位顽童似乎能看见同样的东西，但物理学家能看出图中的东西是一个 X 射线管，而一个顽童能把它看做一个玻璃玩具。为什么他们会把同样的视觉图像“看做”不同的东西？

图 3

让我们先分析观察的要素。观察包含三个必不可少的要素：其一，感官接受的感觉图像——由点、线条、形状和颜色组成。其二，感觉图像按一定的样式组织起来。其三，在一定的语境中呈现所观察到的东西。语境不必言明，被纳入思维、想像和描绘中。前一种是感觉要素，后两种是概念要素。而概念要素与观察者先前的经验和理论相关，也就是说，它们已经被理论所渗透。

我们再来看图 2。如果把图中白色的部分看做一个玻璃实物，上面最宽的部位是酒杯盛酒的空间，下部细长的部分是酒杯的高脚，而图中黑色的部位是背景底色，那么我们显然能把图 2 看做一个高脚杯。但如果我们转换一下视网膜图像的组织样式，左边黑色部分的上方凸出的地方是人的额头，中部最尖的部位是鼻子，鼻子下边是嘴巴。那么图 2 可以看做是一个侧面的人像。右边的黑色部位也同样是一个侧面人像。对于图 3，训练有素的物理学家能看出它是一个 X 射线管，是根据电路理论、热力学理论、金属和玻璃的结构理论、热离子发射理论、光的传播、折射、衍射理论、原子论、量子论以及狭义相对论来看这一仪器的。没有这样的语境，顽童无论如何也不能把视网膜中的这个图像组织成X射线管。可见，感觉图像的组织样式和语境决定了观察者会如此不同地看相同的观察资料。

（3）理论与观察陈述

视觉意识是由图像支配的，而观察报告则是用公共语言陈述的。如果达尔文对“贝格尔”号航行期间进行的观察所作的描述使用的是私人语言，那对科学就是无意义的。只有他的观察陈述能与其他科学家交流，被其他科学家利用和批判，才是与科学相关的。

而图像与语言是有区别的，正如汉森指出的，其一，图像是摹本，与描绘的原形同型。我们能够画出熊的牙齿，但画不出它的嗷叫声。列奥纳多能画出蒙娜丽莎的笑容，却画不出她的笑声。然而，语言具有多种功能，语言能描述出景色、牙齿、嗷叫声、笑容和笑声。其二，图像是无意义的，而语言是有意义的。物体、事件或图像本身不具有意义，我们看见苹果落地的事实没有改变我们关于存在的知识，但是牛顿关于“苹果落地而不是上天”的陈述是对科学有意义的。其三，图像没有真假，太阳或立方块作为我们视网膜上的、大脑皮层上的或感觉资料的图像，既没有真，也无所谓假。但陈述有真假，当我们断定“苹果落地”或“这个立方块是透明的”时，这些断定是真还是假，是由看见的事实决定的。

观察陈述是用语言表述的，而语言的意义是由一定的理论给予的，作为一个范式的观察者，会对相同的观察对象给出不同的观察报告。光束从空气进入玻璃会产生折射现象，没有科学背景的人仅仅把光的折射现象看做五彩的光。惠根斯根据波动理论把光的折射现象看做：光波在密度较大的介质中运动减慢的结果。而牛顿根据微粒理论则把折射现象看做：密度较大的介质对光微粒施以更强的引力的结果。而且，观察陈述利用的理论有多精确，观察陈述就有多精确。物理学中关于“力”的陈述是精确的，因为它的意义是从精确的牛顿力学获得的。而日常语言中关于“力”（如环境的力量、很大的风力等）的陈述不如物理学中的陈述精确，因为它们的意义是从不精确的常识中获得。

由此可见，任何观察都有理论负荷，不受理论影响的、绝对中立的观察语言是没有的。

三、词汇不能区分为两种语言

根据逻辑实证主义的观点，只有观察名词是“被直接地解释的”，理论名词仅仅“被部分地解释的”。而观察名词是指称可观察事件及其性质，理论名词则指称不可观察事件及其性质。普特南（Hilary Putnam）在《理论所不是的东西》（1962）一文里批判了这种观点，指出，逻辑实证主义为了回答“如何可能解释理论名词”的问题而发明出观察语言与理论语言的区分，而两种语言的区分问题是完全没有根据

的。他的理由是：①

如果“观察名词”不能用于不可观察的东西，那么就没有观察名词了。因为，

(1) 许多被卡尔纳普归为不可观察物的名词的不是理论名词；而至少有些理论名词指称可观察物。

(2) 观察报告能够而且常常含有理论名词。

(3) 科学理论甚至可以仅仅指称可观察物（达尔文进化论最初提出的情况就是一例）。

科学史表明，指称不可观察物的名词总是借助于已有的习惯用语来解释的。语言史上从未有过不能谈论不可观察物的时期。所有语词都有可能用于不可观察物，甚至找不到一个不能指称不可观察物的单独名词。否则，我们如何引入指称不可观察物的名词就成问题了。简言之，如果“观察名词”原则上只能指称可观察事件，那么就没有观察名词了。另一方面，也没有理由认为，关于世界不可观察部分的理论必须含有理论名词。

那么，是否可以把观察名词的补类“非观察名词”称作“理论名词”呢？不能。因为把理论名词等同于不可观察物的名词是不自然的而且会产生误导。像“气恼”、“爱”之类的词仅仅因为不指称可观察物而被归于理论名词，是对习惯用法的不恰当的引申。而恰当的理论名词来自于科学理论。

① Putnam H.: “What Theories Are Not”, in *Science Reason and Reality*, ed. by Rothbart D., Peking University Press, Beijing, 2002, pp. 96-100.

诸如“人造卫星”之类的词就是理论名词，虽然它指称的事情是相当可观察的。

更严重的困难是把“理论陈述”等同于含有非观察名词的陈述，把“观察陈述”等同于含有观察名词的陈述。普特南关于观察陈述可以含有理论陈述的情况是很容易证明的。可以想像，陈述“我们也观察到两对电子偶的产生”，其中“电子”一词既出现在观察报告中，又出现在观察报告得出的理论结论中。由此把它仅仅归于观察名词或者仅仅归于理论名词都是曲解。

普特南的结论是：“观察报告”的概念在科学哲学中是必须的，但是观察报告与理论陈述不能也不应该根据它们含有的词汇来区分。“如何可能解释理论名词”的问题并不存在。普特南虽然挑战了一直被接受的逻辑实证主义者的科学理论结构的观点，而且承认观察报告的必要性，但却并未给出一个避开两种语言区分后如何表述理论的方案。

四、理论的内在原理与连接原理

既然两种语言的区分困难重重，那么，科学理论是如何被表述的？亨佩尔在《论科学理论的“标准看法”》（1970）一文中，批判了逻辑实证主义科学理论结构的“标准看法”，提出了两种原理的观点。① 他指出，表述一个理论需要两类原理，简称为内在原理和连接原理。内在原理表征理论所设定的事物类和过程，以及假设支配那些事物类和过程的规律。连接原理则指出理论所假设的一般规律怎样与我们已熟悉的理论、能预见的经验现象相联系。

以气体运动理论为例。内在原理是表征分子层次微观现象的那些原理，包括关于分子运动随机性质的假定，以及支配这些分子运动的概率规律。连接原理是将微观现象的那些原理与相应的气体的宏观特征——气体的温度与其分子的平均动能成正比联系起来。从这个例子看，关于分子运动随机性质，以及支配这些分子运动的概率规律是理论上假定的不能直接观察到的，而运动着的分子的质量、动能与能量是可以用温度计和压力表测量到的。连接原理可以说是把在理论上假定的不能直接观察到的事物及其性质与可以直接观察的事物及其性质联系起来。

从语言特征来看，一个理论的内在原理是用这个理论特有的理论词汇来表达的，它的连接原理则既有理论词汇，又有先于这个理论而引进并独立于这个理论的经验词汇，称作前理论词汇或先行词汇。

亨佩尔科学理论结构的两种原理与两种语言模型显然有某些相似之处。内在原理是用理论词汇表达的，相当于理论

① Hempel C. G.: "On the 'Standard Conception' of Scientific Theories", in *Analyses of Theories and Methods of Physics and Psychology*, *Minnesota Studies in the Philosophy of Science*, Ⅳ, ed. by Michael Radner and Stephen Winokur, 1970, pp. 142-144.

陈述，如果把内在原理公理化，用无解释的符号代替其中的初始理论词汇，就相当于公理化演绎系统中的公设。而且，连接原理中的经验词汇相当于观察语言，连接原理把内在原理中的理论词汇与前理论词汇或经验词汇联系起来。所以连接原理相当于公理系统中用观察名词解释演算公式的语句集。有人把它称作“操作定义”、“配合定义”，或者甚至称作“对应规则”或“解释原则”。

当然，亨佩尔提出两种原理观点是为了区别于逻辑实证主义的正统观点。其一，亨佩尔对经验科学公理系统的性质的看法与正统观点有别。形式化公理系统中的初始词项在系统内是不给予明显定义的，作为公理的命题的真也不在系统内给予证明，一个公理化理论只需要证明一个公式是由初始词项组成的合式公式，一些定理是由公理推导出的真命题，这个公理化理论的真理性就会先天地有了保证，而无须作任何经验研究。卡尔纳普就是根据公理系统的这种性质构造了两种语言模型，并把这个特点用于分析经验科学的理论结构。亨佩尔则认为，形式化公理系统涉及定理和定理之间关系的真的分析，对于公理化的纯数学理论是适用的，但如果认为经验科学理论体系仅仅涉及这类分析，那就根本不合理了。因为一个经验科学可以有许多不同的公理化，例如在牛顿力学的公理化中，可以给任何一条定律如第二运动定律以一个基本概念、公设或定理的地位，但如此获得了公设地位的第二运动定律，在牛顿力学中并不意味着就如同公理系统中的初始词项和公理那样获得了不证自明的真理地位。经验科学中的理论名词、公设或定律的意义和真理性都是经验上可检验的。所以，在亨佩尔看来，公理化方法基本上是一个讲解的手段，它决定一个语句集，并展示它们的逻辑关系，但并不涉及它们的认识根源与联系。

其二，亨佩尔的内在原理与公理系统中基本命题是不同的。一个公理系统的基本命题是借助于“新”的理论名词来表达的。亨佩尔认为，实际上大多数科学理论的基本命题不仅使用新理论名词，而且使用旧的或前理论名词，这些名词是在引进理论之前就已被使用和理解的。所以一个理论的内在原理除含有理论名词外，一般必须含有前理论名词，而前理论名词，如前所述是含有经验名词的。经典力学的质量、速度、动能等名词能够有意义地作为“前理论名词”应用于分子、原子的微观对象的研究，因为这些名词在其中起作用的某些定理仍然适用于这些新的对象。而且，某些前理论陈述不仅用作内在原理，而且用作连接原理。

其三，亨佩尔的连接原理与公理系统中的对应规则相异。逻辑演算的推理规则，即对应规则，是约定的，理论中的每一个语词和语句的意义都通过对应规则的确定操作来规定，所以，对应规则被称作“操作定义”。对应规则把公理的真理性传递给其他语句。亨佩尔认为，把一个语句看做是由于规则而真是不合理的，因为在经验科学中，由推理规则推得的真命题，常会因进一步的经验发现或理论发展而被修正。除了逻辑和数学真理外，没有任何陈述享有绝对免受经验修正的豁免权。与对应规则不同的是，连接原理并不预先被假定具有约定和分析的性质，甚至与内在原理之间并无绝对的划界标准。

总之，内在原理与连接原理都既含有理论名词也含有经验名词（或观察名词），因此不能根据名词的特点来分界。而且它们在认识论上也没有必然（约定）真理和偶然（经验）真理地位上的区别。

五、两种陈述区分的认识论意义及其可能性

逻辑经验主义者两种语言区分基于观察名词与理论名词的绝对分明的界线，而这两种名词的区分又是基于它们是否指称“可观察”事件。然而综上所述，两种语言区分的主要困难在于：

（1）不存在独立于理论的“纯粹的”观察。观察者头脑中的感觉资料受到观察者理论背景和知识预设的影响。

（2）不可观察事物或事件的名词都可以以某种方式与可观察实验相联系。原子结构的电荷理论假定的α粒子是不可观察的，但它们在实验室中显示的径迹一定是可观察的。

（3）观察报告通常用理论语言来表述。对光束从空气进入玻璃会产生折射现象的观察报告，不能以可观察词项如“光的颜色”来表达的，而是引入光的波动理论或光的微粒理论来表达的。

有些科学哲学家据此完全否定观察陈述与理论陈述区分的可能性和认识论意义。在我看来，这种观点与逻辑经验主义者绝对区分的观点一样，是有失偏颇的。

科学理论的结构问题是科学哲学研究不可回避的问题，

而研究理论的结构，就不能不涉及不同类型的陈述在理论中的功能，如果不区分观察陈述与理论陈述，就不能很好地揭示理论结构的特征。所以，尽管亨佩尔试图用内在原理与连接原理论点避免两种语言区分的困难，但他却无法避免使用"理论上不可观察的东西"与"经验上可观察的东西"、"前理论名词"与"经验名词"这些暗含着观察名词和理论名词区分的表述。另一方面，科学哲学家可以不赞成理论的可检验性的某个或某些标准，但却不能否认可检验性问题是科学哲学研究的重要问题之一。而对于抽象程度较高的理论假说，离开"观察陈述"和"理论陈述"的概念，是无法讨论它们的可检验性问题的。仅此可见，两种陈述的区分对于科学哲学的研究是必不可少的，因而是具有重要认识论意义的。

尽管根据可观察事件与不可观察事件不能最终地、绝对地区分观察陈述与理论陈述，但不等于这种区分就是完全不可能的，正如不能因为认为没有明确的界线把一个人的脑袋的前后两面区分开，就认为两者没有差异一样。我们可以根据几个突出的特点把观察陈述和理论陈述区分开：

（1）观察陈述中的每一个描述词项都与某些可操作程序相联系，当观察陈述的某些指定的条件被给出后，这些程序就可用以断定描述词项所具有的、可由观察鉴定出来的特征。"物体沿水平运动，没有受到任何阻力时，它的运动是匀速和永无止境的，只要平面在空间中是无限的"，这一对自由落体运动的陈述所包含的可操作的程序和指定的条件十分清楚。而理论陈述中许多描述词项的意义并不由这些可操作的程序指定，大多数理论词项的有效意义要么仅由它们的理论公设隐含地定义，要么只能由理论推导出的观察陈述间接地给予定义。牛顿力学中最基本的描述词项“惯性”和“力”就不能直接通过观察得以鉴定。

(2) 观察陈述是对观察资料中发现的性质和关系的直接概括，它既可得到直接资料的确认，又可得到间接证据的支持。伽利略自由落体定律既可得到自由下落的物体在各个时间间隔中经过的距离的有关资料来直接证实，又可得到有关单摆运动实验的间接证实。尽管一个观察陈述常被纳入一个特定的理论框架给予说明，甚至同一观察陈述往往被纳入相互竞争的理论给予说明，尽管阐述该观察事实可能还要采用该理论特有的专门术语，但该观察陈述的意义不需考虑与哪一理论相联系的意义也必定能独立地理解。所以，即使说明该观察陈述的理论最终衰亡了，该观察陈述仍然有生命力。正如燃素说被推翻了，“但是燃素说者的实验结果并不因此而完全被排除。相反地，这些实验结果仍然存在，只是它们的公式被倒过来了，从燃素说的语言翻译成了现今通用的化学语言，因此它们还保持着自己的有效性。”[1] 而理论陈述——尤其是像广义相对论那样抽象程度很高的理论陈述——中的概念离开隐含定义它们的特定理论，就不能理解它们必须满足理论公设限制的含义，以及由公设决定的与其他词项的相互关系的结构。因此，改变一个理论的公设，其基本词项的意义就随之改变了，尽管修改后的理论仍采用原

① 恩格斯：《自然辩证法》，人民出版社 1971 年版，第 33 页。

理论的词项或语言表达式。爱因斯坦的狭义相对论虽然仍然使用“惯性”、“引力”等基本词项，但由于它改变了绝对的不变的时间、空间的理论预设，因此这些词项和万有引力定律的意义也随之改变了。

（3）从以上所举例子可以看出，一个观察陈述常用一个单一的陈述表达，它是对特定的观察材料的描述，其对事实的说明范围十分狭窄。而一个理论陈述通常须由几个相关的陈述集来表达，它常能说明范围更为宽广的各种观察陈述。

由此可见，观察陈述具有独立于理论陈述的特点。

第七章　确证与归纳

观察如何能确认科学理论？观察陈述与理论之间的联系是否合理？这些是逻辑经验主义者重点研究的问题，也是科学哲学最近一个多世纪以来一直关注的基本问题。逻辑经验主义者试图通过研究观察证据与理论之间的关系来发展一种确认的逻辑理论。而由确认逻辑理论引发出的悖论成为一个个“奇案”，在科学哲学中产生了经久不衰的争论。本章首先讨论确认的古典逻辑方法，然后讨论由这些逻辑方法引出的几个主要的悖论。

一、确证的古典逻辑方法

科学研究的程序大致可分为两个过程：科学发现过程，即提出科学假说；科学检验过程，即检验科学假说。逻辑经验主义者把科学发现的过程交由心理学和社会学研究，他们则试图通过研究科学检验的过程来发展确证的逻辑理论。确证的逻辑理论与几种古典的逻辑方法直接相关。

1. 假说—演绎法

科学假说除了具有上一章所谈及的说明力的特征外，另一个重要特征就是具有可检验性。一个科学假说是可检验的，就是指，从这个假说可以推出某些关于未知的观察事件的断定，而这些观察事件的断定可以通过实验检验得到确证。牛顿万有引力定律预测了1682年出现过的那颗大彗星（后被称为哈雷彗星）下一次过近日点的日期是1759年4月左右。这个断定被1759年3月13日的观测所确认。当然，说从某个假说推出未知的观察事件，只是一种简略的说法，事实上，一个预测事实不能仅从一个单独的假说演绎出来，而是需从一组假说演绎地推出。当时预测哈雷彗星回归的周期，科学家们首先假设了离太阳最近的木星和土星对哈雷彗星的摄动作用，然后根据已有的观察资料和已被确证的物理学的其他原理计算了木星和土星的大小和质量，再根据万有引力定律计算出哈雷彗星回归的位置和时间，最后，守株待兔似的观察。可见，从万有引力定律推导出哈雷彗星的回归周期还需要借助于其他已被确证的理论。在这个推导中，万有引力定律是需要通过检验确证其真假的假说，我们称之为“被检验假说”，那些已被确证的理论我们称之为“辅助性假设”，哈雷彗星回归的周期被称作“预测事实”。科学假说的这类确证方法就是假说—演绎法。

假说—演绎法可以这样表述：从被检验假说和辅助性假设推导出预测事实，然后检验这个预测事实。如果预测事实被检验为真，那么被检验假说便被确证；如果预测事实被检

验为假，那么被检验假说便被否证。如果我们用 H 表示被检验假说，用 A 表示辅助性假设，用 e 表示预测事实，那么假说一演绎法的否证推理公式可以表示为：

$H \wedge A_1 \wedge \cdots\cdots \wedge A_n \rightarrow e$

$\neg e$ 公式（1）

$\therefore \neg(H \wedge A_1 \wedge \cdots\cdots \wedge A_n)$

$\therefore \neg H$

也就是说，被检验假说和辅助性假设一起逻辑地推导出预测事实，当预测事实被检验为假时，被检验假说和辅助性假设一起被否认了。

假说一演绎法的确证推理公式可以表示为：

$H \wedge A_1 \wedge \cdots\cdots \wedge A_n \rightarrow e$

e 公式（2）

$\therefore H \wedge A_1 \wedge \cdots\cdots \wedge A_n$

$\therefore H$

也就是说，被检验假说和辅助性假设一起逻辑地推导出预测事实，当预测事实被检验为真时，被检验假说和辅助性假设一起被确认了，因此被检验假说得到确认。

然而，在科学史的案例中屡见不鲜的否证推理形式和确证推理形式，对于理论的证伪和确证都不具有逻辑的必然性。公式（1）的结论$\neg(H \wedge A_1 \wedge \cdots\cdots \wedge A_n)$表明被检验假说与辅助性假设的总和是假的，但并不表明被检验假说必然假，有可能辅助性假设有错。牛顿万有引力定律是在 1687 年出版的《自然哲学的数学原理》一书中公布的，但在 1656—1666 年间，他就已经提出了万有引力定律的理论命题，推迟20年公布这一发现的原因之一是，牛顿在1666年根据这个定律计算地球运行的轨道时，所用的地球半径、太阳离地球的距离和太阳系的其他一些测量数据都不十分精确，由于这些辅助性假设的缺陷，使得计算出的向心力的值和引力值在数量上并不完全与观察符合。约在1684年，当牛顿得到了关于地球子午线弧度的更精确的测量结果后，才使他的计算数据得以精确。如果牛顿仅根据推理形式（1）而放弃万有引力定律，岂不铸成历史的遗憾？

推理形式（2）的无效性就更不必说了，这个肯定后件的蕴涵推理形式在演绎推理中是个无效式。牛顿万有引力定律关于地球形状的预测、哈雷彗星回归周期的预测和海王星的预测——都成功地被确证后，为什么科学家们仍然没有最终放弃对牛顿理论的怀疑呢？原因就在于用推理形式（2）推出的结论不具有逻辑的必然性。

看来，对于科学假说的确证，假说一演绎法不是一种令人满意的推理方法。

2. 枚举归纳法与投射法

科学假说常常是对多次观察结果的重复出现的概括。比如，“所有天鹅都是白的”这个结论，是通过“在时刻 t_1 观察到天鹅1是白的，在时刻 t_2 观察到天鹅2是白的，……，在时刻 t_n 观察到天鹅n是白的”而得出的。科学中的经验性定律通常用这种推理得出，这种推理称作枚举归纳法，其推理形式可以表示为：

S_1 是P，

S_2 是P，

……

S_n 是 P，

∴所有 S 都是 P

应用这种推理形式，通过有限可数次观察便可以得出全称结论“所有 S 都是 P”，其结论显然不具有逻辑必然性。所以我们有理由认为以下这个推理的结论是假的：“武汉第一天下雨，第二天下雨，……，第 n 天还下雨，所以武汉每天都下雨。”

我们还常常把一种类似的推理用于预测下一次事件的出现。比如，根据在时刻 t_1 到时刻 t_n 所观察到的天鹅都是白的，我们可以预测下一只被观察的天鹅将是白的。根据第一天、第二天、……、第 n 天观察到的太阳都是从东方升起，可以预测第 n+1 天太阳将从东方升起。这种推理称被称作投射法，其推理形式可以表示为：

S_1 是 P，

S_2 是 P，

……

S_n 是 P，

∴S_{n+1} 是 P

用这种推理形式确证一个预测事实同样不具有逻辑必然性，因为这种推理的结论“S_{n+1} 是 P”不被前提所必然蕴涵。可见，枚举归纳法与投射法同样不能令人满意地确认一个科学假说。

假说一演绎法、枚举归纳法和投射法这些古典逻辑方法不能恰当地揭示证据与假说之间的实质关系，所以没能解决确证问题。

二、休谟的归纳悖论

1. 归纳合理性悖论

归纳推理的或然性在哲学史上引起了颇多的争论，18世纪英国哲学家休谟对归纳推理合理性提出的质疑，把这个争论推向高潮。休谟的质疑是，我们能为归纳推理的合理性提供证明吗？休谟对这个问题的回答是否定的。

休谟的观点分为两个论点，第一，归纳推理在逻辑上是不能成立的。因为没有任何正确的逻辑论证能确认我们不曾经验过的事例类似我们经验过的事例，因此即使观察到对象经常地连接之后，我们也没有理由对未曾经验过的对象作出任何推论。第二，归纳推理也不能在经验上得到辩护。企图诉诸经验为归纳推理找证据，说：我们曾经常常使用归纳推理，并获得了良好的成果，所以我们有权力继续使用归纳推理。但是这样来证明归纳推理正确性的推论本身就是一个归纳推论，即假定归纳推理的可靠性，用它来证明归纳推理是可靠的，这是循环论证，是无效的证明。那么归纳的实质是什么呢？休谟把归纳推理与演绎推理进行比较来说明这个问题。

一切论证分为必然性的和可能性的两种，必然性论证即演绎推理，其逻辑有效性取决于其前提和结论所含的各个概

念之间的关系，而不是取决于前提和结论所涉及的事实内容。可能性论证即归纳推理则不同。为什么通常人们会把“第一天、第二天、……、第 n 天观察到的太阳都是从东方升起，所以，每天太阳将从东方升起”这个归纳推理看做是正确的，而有充分的理由把“武汉第一天下雨，第二天下雨，……，第 n 天还下雨，所以，武汉每天都下雨”这个归纳推理看做是错误的呢？理由并不来自归纳推理的形式，而是来自经验。“根据经验来的一切推论都是习惯的结果，而不是理性的结果。因此，习惯就是人生的最大知道。只有这条原则可以使我们的经验有益于我们，并且使我们期待将来有类似过去的一串事情发生。如果没有经验的影响，那我们除了当下呈现于记忆和感官的事情而外，完全不知道别的事情，我们将永远不会知道如何使用自己的手段来达到我们的目的，我们将永远不会运用我们的自然的能力来产生任何结果。”① 这样，休谟便把归纳推理归于人的心理习惯。然而，作为经验论者，休谟并不否认归纳推理对推动人类思维的作用，而是认为没有归纳法，我们的大部分的思维都会停止。因而这便成为归纳悖论。

休谟提出的归纳问题以及对于归纳推理性质的分析，在哲学家中引起了强烈的反响，波普说：“我认为休谟对归纳推理的驳难既清楚又完备。但是我对他用习俗或习惯给心理

① Hume David：《人类理解研究》，关文运译，商务印书馆 1982 年版，第 42—43 页。

学的解释却十分不满。”[①] 波普的这个评价具有广泛的代表性。另一方面，为了给归纳推理作出辩护，哲学家们则提出了各种不同的方案。

2. 诉诸于概率归纳逻辑

正当哲学家们为或然性的归纳推理的合理性辩护问题所困惑时，数学概率论的发展使他们看到了希望。

数学概率论由于 1933 年前苏联数学家柯尔莫哥洛夫（Kolmogorov）建构了概率公理系统而日臻完善，由此而推动了概率归纳逻辑的发展。20 世纪初期，贝耶斯在 18 世纪证明的概率论定理——贝耶斯定理（Bayes’ theorem）成为一切归纳推理的模式，把贝耶斯定理看做归纳推理的模式的科学哲学家形成了归纳逻辑中的贝耶斯主义学派。贝耶斯主义者的观念是，只要假说不存在必然性，那么观察证据就只能提高或者降低假说的概率。这把以往确证理论基本观念——“观察证据确认假说”转变为“观察证据给假说以概率支持”的观念。这种新观念通过贝耶斯定律很好地体现出来。

贝耶斯定理的简单形式可以表述如下：

$$P(h/e)=\frac{P(e/h)P(h)}{P(e)} \qquad \text{公式 (1)}$$

在贝耶斯定理中，h 表示假说，e 表示证据。P（h）表示在不考虑证据 e 时，假说 h 的概率，所以称作假说 h 相对于证据 e 的“先验概率”。P（e）表示证据 e 为真的概率。

① Popper R.：《猜测与反驳》，第 60 页。

P (e/h)表示假设在假说 h 为真的条件下证据 e 的概率，也称作假说 h 相对于证据 e 的“似然性程度”。P (h/e) 表示假定证据 e 为真时，假说 h 的概率，所以相应地称作假说 h 相对于证据 e 的“后验概率”。

在假说检验中，科学家常常要面对两个或更多的相互排斥的竞争假说，如果考虑两个互相竞争的假说的情况，那么贝耶斯定理可以表述为：

$$P(h/e)=\frac{P(e/h)P(h)}{P(e/h)P(h)+P(e/\neg h)P(\neg h)} \qquad \text{公式（2）}$$

公式（2）中的¬ h 表示与假说 h 互斥且穷举的竞争假说。贝耶斯定理有两个中心思想：其一，如果证据提高了假说的概率，则证据确认了假说。意即，如果新的证据提高了竞争假说之一，则证据确认了这个假说。其二，假说的概率可以通过贝耶斯定理不断地得到修正。在得到新的证据之前，两个竞争假说的先验概率尽管是根据当时假说对已有经验事实的说明力的强度给出的，但是随着新证据的出现，给予互斥假说的支持会发生变化，根据贝耶斯定理，允许作出这种修正。

我们以关于光的本质的两个竞争的理论——光的微粒说和波动说来说明如何使用贝耶斯定理来确证假说。光的微粒说把光看做由微粒子组成的射流；光的波动说把光看做从光源发出的纵波，遇到障碍物时会产生一系列的次波。18 世纪，由于微粒说能合理地解释波动说所不能合理解释的光的直线传播的路径和光的偏振现象，所以各种光学实验对微粒说的支持超过了波动说。在光的传播问题上，波动说导致的推论是：光在空气中运动的速度应大于光在水中的速度。而波动说的推论则相反。1850 年傅科（Leon Foucault）设计了一个把光在空气中和在水中的速度加以对比的实验。假设实验的结果是：光速在水中比在空气中快。现在我们假设：波动说为 h，在实验前，P（h）＝0.4。微粒说为¬ h，在实验前，P(¬ h)＝0.6。P(e/h)＝0.7，P(e/¬ h)＝0.4。那么

P(h/e)＝(0.7×0.4)÷(0.7×0.4＋0.4×0.6)＝0.55。

可见，波动说的概率从实验前的 0.4 提高到 0.55。

要注意的是，互斥的竞争假说 h 和¬ h 相对于证据 e 的先验概率的取值，假说 h 和¬ h 相对于证据 e 的似然性程度的取值，必须满足概率论公理。由柯尔莫哥洛夫建构的概率论公理系统有如下四条公理：

公理 1：所有事件的概率都在 0 和 1（包括等于 1）之间，即 0＜P(h)≤1。

公理 2：必然事件的概率等于 1。

公理 3：对于两个互斥事件 h 和 h^*，$P(h \cup h^*)=P(h)+P(h^*)$。

公理 4：如果 P(e)＞0，那么 P(h/e)＝P(e/h)/P(e)。

根据概率论公理，以上公式（1）和公式（2）必须满足以下条件：

第一，任何一个竞争假说的先验概率值在大于 0 而小于 1 之间，如果 h 与¬ h 为两个互斥的竞争假说，那么 P(h)＋P(¬ h)＝1。

第二，P(h)＞0 并且 P(e)＞0。因为定理中含有条件概

率 P(h/e)和 P(e/h)，条件概率的定义不允许条件本身的概率等于 0。

由此可见，只要假说的先验概率确定了，整个推理过程即概率计算过程就是一个演绎的过程，所以先验概率又称为“基本概率”。但是，假说的先验概率具体如何测定并不取决于概率演算系统，而是取决于对“概率”概念的解释。人们是在最广泛的意义上使用概率概念的，以至于产生了不同的概率解释，对概率的解释不同，也就决定了测定先验概率值的方法以及构造该方法的推理规则的不同，由此便导致了不同的概率归纳逻辑。结果是，归纳推理合理性辩护的问题最终便可以归结为概率解释之合理性辩护的问题，归结为确定先验概率值的方法之合理性辩护的问题。

下面我们将讨论主要的三派概率解释理论——频率主义、逻辑主义和主观主义概率解释理论，以及它们为归纳推论的辩护。在此之前，我们先谈谈与这三派概率解释理论密切相关的古典概率概念。

3. 古典概率概念

在数学概率论中，有一种对概率的古典解释。在这种解释中，投掷硬币、投掷骰子等的操作称作试验，试验结果所出现的情况称作事件 E。可能发生的所有事件有 n 种，当事件 E 发生的情况有 m 种时，一个事件 E 的概率被定义为：该事件发生的总次数 m 与可能发生的所有事件情况 n 之比，当所有可能发生的事件 n 都是等可能时。其形式可以表示为：P(E)＝m/n。

比如，一枚有六个面的骰子抛落后奇数点朝上的概率，根据古典概率定义，这枚骰子抛落后可能发生的情况共有6种，因此每一次奇数点朝上的概率为：P(奇数点朝上)=3/6。

所有可能发生事件的等可能性预设了“无差别原则”，此原则的内容是：如果没有任何理由使我们能够认为两个事件中的一个比另一个更加可能发生，那么，我们必须赋予这两个事件相等的概率。

无差别原则有明显的局限性，首先，它的使用必须具备一些特殊条件，比如，投掷的硬币或骰子必须是匀质的，否则便不能根据这个原则赋予每一面的出现以等可能。所以无差别原则对于一般场合是不适用的。另一个局限是，无差别原则只能给所有可能事件指派概率值，而不能用于给个别事件指派概率值，根据这种概率解释，我们无法确定下一次投掷硬币时，头像朝上的概率是多少。还有一个局限是，无差别原则具有主观随意性。由于无差别原则是基于没有充分的理由偏向某一事件，因而随意赋予了每一事件等概率。这意味着，无知可以成为确定先验概率的依据。尽管人们似乎已经习惯于，如果对一种事件状态除了知道它发生和不发生外一无所知，那么对这个事件发生的概率和不发生的概率都定为1/2，但是，赋予等概率的方法常常与实际操作相悖，而我们也常常会为这种错误的习惯付出代价。

举一常见的掷骰子赌博的例子。庄家为了多赢钱，在骰子的非几何中心的地方嵌入一小块不起眼的铅，以至于使某一面投掷后朝上的机会多于其他面。假设某赌博者或者不知道这一情况，或者尽管知道这一情况，但不知道哪一面朝上的机会多。所以，他不得不根据无差别原则相信，各面朝上

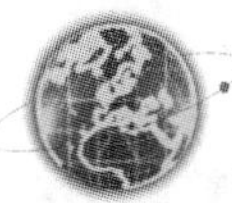

的概率相等。按照这种信念赌博，其结果必然是输多赢少。致使实际情况与无差别原则相悖。

一般认为，把无差别原则作为确定基本概率的普遍原则是有局限性，因而这些局限也是三派概率解释理论所要竭力改进的。但是，我们没有理由就此彻底抛弃无差别原则，通过限制它的使用条件，在没有充分的理由偏向某一事件的情况下，它仍然不失为一条实用的原则。

4. 频率主义概率解释及其辩护

概率概念的频率解释是 1837 年普阿松（Simeon-Denis Poisson）在其《批判的概率研究》一书中首先提出的。20 世纪频率主义解释的主要代表人物是冯·米塞斯（R. Von Mises）和莱欣巴赫，萨尔蒙被看做是近期的发展人。

作为频率解释的概率的精确定义是 1919 年由冯·米塞斯给出的，[①] 他把概率定义为：在某事件的无限序列中，事件的某一特征发生的相对频率的极限就是该特征相对于该序列的概率，记作：

$$P(h/e)=\lim_{N\to\infty}\left(\frac{h\text{ 发生的次数 }m}{e\text{ 的总次数 }n}\right)$$

这个公式表示，具有某一属性的事件 H 相对于试验 E 的概率，等于事件 H 在试验中出现的次数 m 与试验 E 的总次数 n 之比，当试验次数无限地增加时的极限。例如，在掷硬币游戏中，推断“头像朝上”的概率。多次投掷一枚硬

① Mises R. Von: “Grundlagen der Wahrsheinlichkeitsrechnung”, *Erkenntnis*, 2, 1931, p. 189.

币，正面朝上的次数与试验的总次数之比，即相对频率在1/2左右摆动。当试验的次数越来越多时，相对频率越来越趋近于1/2，1/2就是“头像朝上”的概率。

相对频率的序列不是由数学规则确定的，而是由观察产生的。然而，我们所观察到的只是长序列有限的开始一段，序列中继续延续下去的无限部分是未被观察到的，这个无限序列的概率值用什么方法来确定呢？莱欣巴赫认为确定概率值的最好方法莫过于渐近认定的简单枚举归纳法。他把这种方法表述为：假如在已给定的有限一段我们已经观察到相对频率 f^n（h/e）＝m/n，我们认定，这个序列进一步延伸下去的频率极限（即概率）就是m/n。例如，在研究新生儿中男婴的概率时，最初的一百例观察中，男婴出现了56例，我们便认定新生儿中男婴的概率为56/100。当然，这是最初认定，这个认定的结果可以通过以后的观察结果不断得到修正。通过逐级认定，最初认定就能够转变为最佳认定（即对符合成功次数最多的原理的认定）。在上例子中，当观察次数增加到150次时，男婴出现的次数是90。我们便重新认定男婴的概率为90/150，依次下去，如果以后的逐级认定发现54/100出现的次数最多，那么我们便把54/100作为男婴的最终（也是最佳）概率。

但是如果给定的序列不具有频率的极限，那么渐近认定方法的合理性根据何在呢？莱欣巴赫承认，我们面对的是一种不确定性，我们不知道频率的极限是否存在。但即使如此，渐近认定方法仍然是合理的，因为如果自然界中出现的序列具有频率的极限，那么我们应用渐近认定的方法就终归

可以得出可靠的概率；如果极限不存在，用其他方法也同样得不出结果。也就是说，使用渐近认定的方法，该得到的都能得到，得不到的只是不该得的，结果什么也不会损失。正是在这种实用的意义上，用渐近认定的方法，即归纳推理得到的概率便有了合理的根据。①

然而，面对科学理论验证的实际过程频率主义的概率概念并不像莱欣巴赫所断言的那样乐观。

第一，渐近认定的简单枚举归纳法并非普遍适用的确定基本概率的最佳方法。渐近认定的方法是对于无数次重复事件的概率而言的。用这种方法求概率值，概率极限要在一个长序列的试验中才能得出。但是在科学验证中，我们所要验证的命题的性质是各个有别的，所要求的实验次数也迥异。要验证某种原子弹成功的概率，只要有一次实验就够了。在这种场合，"长序列"纯属多余。而对于另一类命题，只有在三万亿个试验之后才能进入真正的极限值的5%之内，那么，即使只要求获得5%的真值也是办不到的，因为被分别记录下来的各种试验的数目要达到三万亿次需要千年万载的时间。在这种情况下，用别的方法能比渐近认定方法更好地确定基本概率。

赖欣巴哈也发现，这类渐近方法（即收敛方法）是非常多的，虽然它们都能导致相对频率的收敛，但是收敛的结果是不一致的。给定一个有限范围的序列，并且给定这个序列

---

① 见 Reichenbach H.：《概率概念的逻辑基础》，载《逻辑经验主义》，上卷，第389-411页。

中的一个观察频率，那么我们可以选择 0 到 1 之间的任何一个数作为这个序列的概率值，并且总有某个渐近方法能支持这个任意选择的数就是概率。这类渐近方法作为一个整体来看，能容忍相对频率极限的任何推导。对于一个特殊的序列来说，某个渐近方法将比其他的方法更快地导致收敛于正确的值，如何能证明渐近认定方法是惟一能选择的方法呢？莱欣巴赫提出了另一个辩护的理由：渐近认定具有“描述的简单性”。[①] 但这种辩护显然是无意义的。在如萨尔蒙指出的，“描述的简单性”只能在经验上等价的理论、命题和方法中起作用。尽管许多收敛方法都在某个极限上收敛，但它们不可能被看做是经验上等价的。因为它们容忍一类完全任意的推断。[②] 因此，“描述的简单性”并不构成辩护的理由。但萨尔蒙仍然辩护道：“枚举归纳法仅仅是在我们没有获得超出给定样本的观察频率的信息时所提供的一种方法，即使在频率极限的定义很一致的情况下，概率也能被枚举归纳法以外的方法所满足。而把枚举归纳法作为基本的归纳方法是仍然有待于改进的。”[③]

第二，频率解释无法说明单个事件的概率。根据频率解释，概率是无限事件的序列的性质，那么单个事件的概率对

---

① Reichenbach H.: *The Theory of Probability*, Berkeley: University of California Press, 1949, Chapter 11.

② Salmon W. C.: “The Predicting Inference”, *Philosophy of Science*, 24 (1957), pp. 180-182.

③ Salmon W. C.: “The Foundations of Scientific Inference”, in *Mind and Cosmos*, p. 241.

于频率概念来说岂不成了定义上的矛盾？而对于假说的验证人们关心的正是单个假说的概率，例如下一次投掷硬币“头像朝上”的概率，下一个新生儿是男婴的概率。但是相对频率极限对于判定单个事件的概率几乎是无用的信息。为了使频率解释的概率概念适用于单个事件，莱欣巴赫引进了单个事件的“权重”概念。在统计学中，“权重”表征一种“平均值”，在莱欣巴赫这里，“权重”具有平均可能性程度的意味。他认为，“权重就是该命题序列的概率，而该序列的元素就是所考虑的认定。于是，权重的概念就取代了单个命题的概率这个靠不住的概念。我们不能够给单个命题对应上一个概率，但是我们可以给它配上一个权重，相应的命题序列的概率对于单个的情形也有了间接的意义。”① 也就是说，某个无限序列的概率值可以转到它的个别成员上。例如，我们发现一枚硬币在多次投掷中，头像朝上的频率是1/2，那么，我们可以说，对于某一次特殊的投掷头像朝上的权重就是1/2。莱欣巴赫认为这样一来概率对于个别事件的意义问题就解决了。

但是这样的解决仍然有问题。个别事件可以属于许多不同的参照类，那么不同的参照类可以给同一个事件以非常不同的权重值。假设张某是汉正街人，99%的汉正街人是富翁，因此张某是富翁的权重为0.99。但是张某又是一个哲学家，而只有1%的哲学家是富翁，因此张某是富翁的权重

① Reichenbach H.：《概率概念的逻辑基础》，洪谦主编：《逻辑经验主义》，上卷，第401页。

为0.01。那么为了确定这个单个事件的概率，我们应当以哪个参照类为依据呢？对这个问题没有令人满意的解决办法。

另外，莱欣巴赫引进权重概念，是为了使相对频率适用于个别事件，但结果却适得其反。给单个事件配上一个权重，实际上就是给单个事件分配以平均概率值，无疑这是诉诸于古典概率的“无差别原则”，其主观随意性就不言而喻了。

5. 逻辑主义的概率解释及其辩护

逻辑主义的概率解释把概率看做是两组命题之间逻辑关系的确定形式。这一思想是从拉普拉斯(P. S. de Laplace)的古典概率论传下来，并由凯恩斯（J. M. Kegnes）1912年发表的《概率论》明确地提出来的。逻辑解释的现代最有影响的代表是卡尔纳普。

卡尔纳普认为频率解释的概率概念不具有分析的性质，只属于经验科学的范围。不能解决经验科学自身的逻辑基础问题。解决这一问题只有依赖于逻辑的概率概念。而古典概率解释中逻辑概率的主观因素与逻辑的分析性质是不相协调的。因此，他提出了具有客观性质、分析性质的逻辑概率。

卡尔纳普把逻辑概率定义为“确证度”（degree of confirmation），他把频率主义的概率概念称作“长序列的相对频率”。为了区别这两种概率概念，他用C表示确认度。用C（h/e）表示“假说h相对于给定证据e的确证度”。为什么确认度C（h/e）是逻辑概率呢？因为“一旦某个假说用h陈述出来，并且任何可能的证据用e陈述出来（并不要求它是事实上观察到的证据)，那么h是否可以和在多大程度上被e所确证，这个问题就能通过对h和e以及它们间的相互关系的逻辑分析而给予回答。”① 也就是说，确证度是表示假说的语句h与表示证据的语句e之间的逻辑关系，尽管h和e本身是有经验内容的，但无须顾及它们内容的真或假，只需凭语义和语形的分析就能算出h相对于e的纯逻辑关系。这就像演绎推理只涉及前提和结论之间逻辑关系，而不涉及前提和结论的真假一样。所不同的是，演绎推理涉及前提和结论的完全蕴涵关系，只有蕴涵或不蕴涵两个值；而逻辑概率涉及证据与假说之间的部分蕴涵关系，涉及0至1之间的无穷多个值。卡尔纳普认为，这样的逻辑概率才是全部归纳推理的基础，并相信这将至少为关于归纳推理的争论提供一个清晰的合理的基础。②

卡尔纳普用什么方法确定的先验概率呢？在一定的范围内对可能发生的事件的描述，他称为“世界描述”，对一个世界的充分描述，被称为“状态描述”。一个世界描述是由若干简单命题（如“1是奇数”，“2是偶数”等）组成，假设L是一个最简单的语言系统，我们用Q表示基本谓词，其中基本谓词的个数是n个，个体对象（逻辑上称作个体常项）有两个，用a和b表示。首先考察个体常项a是否具有这些谓词所表达的属性，如果有Q_1，就记作Q_1a，如果没

---

① Carnap R.：*Logical Foundations of Probability*，Chicago：University of Chicago Press，1950，p. 26.

② Carnap R.：《卡尔纳普思想自述》，上海译文出版社 1985 年版（下同），第117页。

有 Q_2，就记作 $\neg Q_2a$，考察完后，把结果合取起来，如：$Q_1a \wedge \neg Q_2a \wedge \cdots \wedge Q_na$。这个合取命题就完整地描述了个体 a 的状态，可以称之为“个体描述”。当我们用此方法得到了关于个体 b 的个体描述后，把两个个体描述（即所有个体描述）合取起来便构成了这个简单世界模型的毫无遗漏的描述，就是一个世界描述，不同的世界描述刻画了不同的可能世界的模型。

如何确定每一个体描述的概率值呢？卡尔纳普认为这种基本概率值的确定是不能依据经验的，必须依据逻辑关系。于是他考虑需要使用“无差别原则”给每一个体描述赋予等概率。这样，语言系统中的任何一个命题的先验概率都可以先验地、逻辑地确定下来，假说相对于证据的确认度也就可以逻辑地确定了。

卡尔纳普把无差别原则用于各个世界描述，这将会与早已受到恰当批评的古典概率理论一样主观武断。为了避免这个问题，卡尔纳普对世界描述作了进一步的限制。

世界描述解释把 n 个谓词分配给所有个体常项，如上例中，世界描述就是把 Q_1 至 Q_n 谓词分配给个体对象 a 和 b。不同的世界描述有不同的分配。分配的结果会使两个世界描述在逻辑结构上出现同构的情况。所谓两个世界描述在逻辑结构上是同构的，就是指两个个体常项包含的谓词是相同的，如：$Q_1a \neg Q_2aQ_3a$ 与 $Q_1b \neg Q_2bQ_3b$ 是同构的。一类同构的世界描述就是一个“结构描述”。世界描述确定后，结构描述就相应地确定了。然后，再根据“无差别原则”赋予每一结构描述等概率。先后两次使用无差别原则的赋值结

果，使得并非所有状态描述的概率都是相等的。

按照逻辑概率确定先验概率的方法，表示假说 h 和证据 e 之间的逻辑关系，理应是惟一的，但是，分配先验概率的方法并非惟一。事实上，可以任意给每一世界描述赋一非负的概率值，使在一个语言系统中所有世界描述的概率值之和为 1，以此作为测度，便可得出一种计算 P（h/e）的方法。一种赋值方法就对应着一种确认度，依据无差别原则的平均赋值方法只是其中之一，这样的赋值方法可以有无限多个，h 与 e 的逻辑关系也就有无限多个了。因此，卡尔纳普不得不开始怀疑他的确认度定义的恰当性了，他坦率地表明，如果能提出另外的方法，譬如说，确证度的一个新定义，在某些情形下导致比他的逻辑系统所提供的更恰当的数值，那么这就构成了一个重要的批评。或者，甚至不必提出定义，只要表明任何恰当定义必须满足的一个条件而他的逻辑系统却不满足，这就可能是通向一个更好的解决的第一步。①

看来这一步必须从接受"归纳方法的多元化"的事实开始。卡尔纳普认识到，也可能互不相容的方法的多元化是归纳逻辑的基本特征，所以谈论惟一一种有效的方法是无意义的。一个积极的努力方向就是对目前的诸种归纳方法置于同一个连续统中作统一的处理，找出诸归纳方法借以相互区别的基本特征。② 这个连续统的特征参数 λ 可取从 0 到 $+\infty$ 的

① Carnap R.：*Logical Foundations of Probability*，p. 567.

② 以下关于归纳方法连续统（即 λ—系统）的基本思想参见 Carnap R.：*The Continuum of Inductive Methods*，University of Chicago Press，1952。

任意值。选定一个λ值，就确定了一种归纳方法，不同的λ值反映了不同归纳方法的特征。λ值取得越大，说明逻辑因素的作用越大，一般来说，行动者在毫无经验时，假说的先验概率根据逻辑分析得出，故λ值大。但随着观察次数的不断增加，概率值逐渐趋近于相对频率，即λ值越来越小，这时的归纳方法就相当于赖欣巴哈的渐近认定法。

在不同的λ值所对应的诸多归纳方法中何者为最佳，选择的合理性依据何在呢？卡尔纳普的回答是，这个问题不是一个纯理论问题，而是一个实践的问题。评价一种方法正如评价一种工具对于某一目的适合性一样。对于归纳方法的选择尽管有信念因素的动机，但选择本身既不是信念的表现，也不是信念行为的表现。

卡尔纳普确定先验概率方法的合理性依赖于他的归纳逻辑系统中的公理，所以他把归纳辩护的问题理解为关于接受他的归纳逻辑公理的合理性，于是说："在我看来，被接受作为归纳逻辑公理的合理性有下列独有的特征：

（a）把这些合理性的建立在我们关于归纳有效性的直觉辩护的基础上，也就是建立在关于实践决策（例如，打赌）的归纳合埋性的直觉评价基础上。因此：

（b）给出归纳的纯演绎的辩护是不可能的。

（c）这些合理性是先验的。"①

显然，卡尔纳普的观点表明，归纳逻辑公理的合理性不

① Carnap R.："Replies and Systematic Exposition"，in *The Philosophy of Rudolf Carnap*，p. 978.

可能得到纯分析性的辩护，只能得到归纳直觉的辩护，而且这种直觉辩护是诸如赌博的实践决策之类的主观置信度的辩护。

卡尔纳普的概率解释理论的每一步发展都十分注意克服古典概率解释和频率主义概率解释的不足，然而每一步发展都给他带来了新的困难。

第一，卡尔纳普的逻辑解释所面临的一个最基本的困难是先验概率的分配问题。他两次使用“无差别原则”分配先验概率，比起古典概率论对这一原则的应用多了一些限制，亦即把使用的范围限制在一类特殊的命题，即同构命题上。即使这样，无差别原则面对科学理论的评价仍然显得缺乏根据。在科学理论的评价中，各个证据并非处于同一层次上，而是处在复杂的层次上的，处于不同层次的证据对于理论的确证程度并非是等量齐观的，其中某些证据对理论的评价比另一些更为重要。对于评价牛顿的万有引力理论，海王星的发现比重物垂直下落的事实更为重要。如果给它们赋予同等概率，那显然是不合理的。因此，“无差别原则”的先天不足仍然没有从卡尔纳普的先验概率的确定方法中消失。

第二，卡尔纳普的逻辑解释最初是把概率定义为确认度的，以后在他的归纳方法的连续统中容纳了频率概率解释，在归纳辩护中又容纳了概率的置信度解释，这并非完全不可取，因为这多少使得他那不考虑经验内容的逻辑概率有了向经验学习的机会，也使得他的无差别原则的主观随意性稍微得到修改。可是这样一来，卡尔纳普把逻辑概率作为归纳逻辑的基础，从而为归纳逻辑合理性作辩护的计划终告失败。

第三，卡尔纳普把归纳辩护最终归结为归纳直觉的合理性实在令人失望，让人感觉他仍未摆脱休谟幽灵的缠绕，致使卡尔纳普为他逻辑主义概率解释合理性的辩护成为无效。

6. 主观主义概率论及其归纳辩护

主观主义的概率解释肇端于贝耶斯。现代主观主义的创始人是拉姆齐（Ramsey Frank P.）和菲尼蒂（Finetti de Brunv）。拉姆齐的代表作是《真理与概率》一文，菲尼蒂的代表作是《预见：其逻辑规律与主观根源》一文。[①]

主观主义的概率解释把概率定义为某人在给定证据 q 时，对命题 P 的主观相信度，即某人相信命题 P 是合理的。

相信是一种信念，而信念是一种内省的心理感觉，人的信念感觉的强度是不可测度的，因此难以把数值赋予这种感觉的强度。如何使信念成为科学研究中公共可测度的呢？拉姆齐提出了一种解决方法。他把信念程度看做是信念的因果属性，也就是说，我们愿意根据这个信念去行动的程度。相信与不相信的差别在于我们应该在多大程度上根据这些信念去行动。而行动可以通过行动者对行动方案的选择来测度，我们便可以通过选择行动方案来测度信念，实现定量地看待信念。行动者选择行动方案的基本原则是最大利益原则，意

① 这两篇文章均编于 Ed. by Kyburg H. E. &Smokler Howard E.: *Studies in Subjective Probability*，John Wiley&Scns Inc，1964. 中译文见《科学哲学名著选读》，江天骥主编，湖北人民出版社 1988 年版（下同），第 39-147 页。

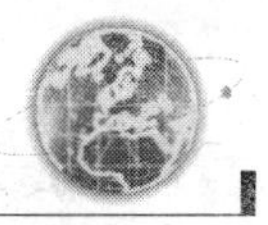

即行动者会选择在他看来能导致实现最多利益的行动方案。[①] 行动者可以根据最大利益原则给某一行动的各个可能的方案赋予相信度即概率，然后选择某一种行动方案。当我们知道了一个行动者给予各可能方案的相信度和他的选择方案后，便可在一定条件下计算出他对某一方案的相信度。拉姆齐认为，我们生活中的各种决策行为非常类似于打赌行为，而打赌决策则为相信度的计算提供了简单可行的模型。

假设，一个赌者 X 与他的对手 Y 就赌局 h 打赌，X 付出赌金 u，Y 付出赌金 v。当 h 为真时，X 赢得全部赌金 u＋v而获纯利 v；反之，如果 h 为假，则 Y 赢得全部赌金 u＋v 而获纯利 u。于是赌局 h 对于 X 的赌商 P（h）是：

$$P(h)=\frac{u}{u+v}$$

比如，赌者 X 和其对手 Y 以 30 元对 10 元的赌金为从牌中抽出的“下一张牌是梅花”打赌。从以上赌商公式可知，如果下一张牌是梅花，则 X 赢得 40 元，获纯利 10 元。反之，X 则输掉 30 元，而 Y 获纯利 30 元。从计算结果可知，X 对“下一张牌是梅花”的相信度是 0.75，对“下一张牌不是梅花”的相信度是 0.25。

显然，当赌商大于 0 时，X 赢得赌金，当赌商等于 0 时，X 不赢不输，当赌商小于 0 时，X 输掉赌金。P(h)是赌者所能接受的最大赌商。一个理性的人，只有当他认为 P(h)≥0 时，才会为 h 打赌，他当然不愿意为 P(h)为负值打

① 必须指出的是，这里的利益或不利不应该等同于伦理学上的功利主义，不过是指一个人在决策行为中的期望或不期望。

赌。这就类似于说，一个理性的人对命题 h 的相信度恰好等于他所愿意接受的最大赌商。所以主观主义者把最大赌商作为对命题 h 的测度。

根据相信度的定义，条件概率的相信度，即给定证据 e 时，对命题 h 的相信度就被解释为：某人就 h 打赌时打赌商数，只有当 e 真时，这个打赌才是有效的。这就是有条件的打赌。也就是说，尽管每个人对命题 h 都有自己的主观相信度，但他的知识状况对其主观相信度的决定是必要的。相信度随知识状况的变化而变化。

对于主观主义概率解释理论批评最多的是关于用最大赌商的方法来确定先验概率的主观任意性。主观主义者们从以下两个方面为他们的相信度体系的客观性作了辩护。

首先，拉姆齐用相信度系统的一致性为其客观性作的辩护。拉姆齐证明了相信度系统的每一个定义都符合概率论的一致性公理，并且证明了概率论公理对任何一致的相信度系统都必然成立。[①] 比如，相信度的取值必须满足以上提到的概率论公理，否则就会是一个不一致的相信度系统，即是一个不一致的打赌系统。在一个不一致的打赌系统中，将会接受在任何情况下都必输的打赌，也被称为"打一个荷兰赌"(Dutch Book)。例如，某人 X 接受了这样一个打赌：以二比一赌注为 h 真打赌（即他放入 2 份赌金，对方放入 1 份，若输就付给对方 2 份，若赢就取对方 1 份），同时，又以三比一的赌注为非 h 真打赌。在这种情况下，无论结果如何，

① 证明过程见 Ramsey F. P.："Truth and Probability"，Chapter 3。

X都将输，若h被证明为真，他将输得3∶1份的赌金；若h证明为假，也将输得2∶1份赌金。情况之所以如此，是因为X在这场打赌中违反了概率公理（1)。他以二比一的赌注为h真打赌，说明他对h真的置信度是2/3。可他又以三比一的赌注为非h真打赌，这说明他对非h真的置信度就是3/4。而2/3+3/4大于1，这样，他在这场打赌中违反了公理（1)，因而它必然是个不一致的打赌。拉姆齐认为，概率定律的作用并不在于对一个命题决定一个惟一合理的相信度，而仅仅在于把遵守它们的一致性的相信度集合辨认出来。我们能够接受目前的相信度，并且通过考察说明我们的相信度是如何从初始相信度一致地变化而来，我们的相信度也就可以被看做是逻辑上得到了辩护。

其次，菲尼蒂提出“意见收敛”定律为相信度体系的客观性所作的辩护。菲尼蒂意识到，仅仅根据一致性要求不足以说明不同个人的判断之间为什么能达到多少有些严格的意见一致，于是，他证明了概率论中的不同大数定律（在随机现象的大量重复中往往出现几乎必然的规律，大数定律是这类定律的总称）对于相信度系统是有效的。大数定律的重要推论是：尽管不同的人关于重复独立试验的特征概率在开始时有多么不同的意见，但随着经验证据的不断增加，它们的后验概率将无限制地接近于一致，这就是所谓“意见收敛”定律。这条定律给主观主义概率解释增添了客观色彩，它说明了在某些条件下不同个人的预测何以能有或多或少的严格一致性，但它也表明，先验概率的不一致的意见总是合法的。

至于归纳推理合理性的辩护问题，拉姆齐对休谟的论证完全认同，并认为即使把归纳推理看做或然性推理加以辩护也不能克服休谟指出的困难。归纳推理是一种有用的思维习惯，我们相信归纳推理是合理的，是因为它经常导向真理。不相信归纳推理是合理的人是没有养成归纳的习惯，这并不证明他们错了。也就是说，不相信归纳推理是合理的习惯也是合理的。

主观主义的观念近年来被统计学家和科学哲学家广泛关注，已有相当多的文章讨论它的相关问题。主观主义的核心观点是，最初的先验概率集是自由选择的，只要遵守了概率论公理，就没有理由说一个最初的先验概率集比另一个更好。这个观点对决策论有较强的吸引力，但另一方面作为科学理论验证和评价的逻辑，它又表现出明显的弱点。这主要体现在：

第一，对于比较陌生的命题，主观主义概率无法评价其初始概率赋值的合理性，仅仅根据一致性要求的判定自然过于主观随意。尽管“意见收敛”定律给先验概率的确定平添了客观的色彩，但问题是，意见收敛是需要相当长时间的，对于大多数命题的先验概率的判定，这条定律似乎没有多大作用。况且，我们必须接受这样的事实，即面对大量的证据和同样的测量结果，两个人对某个初始概率集最终也没能达成意见一致。

有的科学哲学家从整体论的立场对意见收敛定律提出质疑。意见收敛定律假定了两个人即使初始概率非常不同，但是对于证据的似然性程度 P(e/h)却意见一致，所以面对大量的事实证据，他们的意见才会趋于一致。但是为什么我们

希望证据的似然性程度一致？为什么那两个人对于所有可能证据应该有相同的似然性程度？意见不一致为什么不会影响他们对相关观察的看法？意见收敛定律并未给出说明这些问题的一般理由。①

第二，按打赌商数给类似于打赌的不同信念赋予先验概率以作决策是可行的。但是把这种测度概率值的方式用在对不同理论的选择中是困难的。因为前者可根据某一行动的结果来辨认相信度合理性，而对于不同理论的选择来说，这样的辨认是困难的。因为科学理论或假说的评价是异常复杂的，不同的甚至对立的理论对同一事件的解释或预测的结果完全可以是相同的。这样，根据对某一事件解释或预测的结果是无法辨认其先验相信度是否合理的。例如，光的微粒说和波动说都能很好地解释光的反射和折射现象，根据对光的反射和折射现象的解释结果是无法判定对这两个假说的相信度的合理性的。由此可见，这种概率值的测度方式不能普遍适用于科学理论的选择。

7. 对三种概率解释理论的比较评价

从理论体系的协调性看，频率主义概率解释理论和逻辑主义概率解释理论是不协调的。频率主义强调经验的因素，把概率定义为无限序列的频率极限，其渐进认定的枚举归纳法使得先验概率的认定能不断接受经验的修正。但另一方面，对于单个事件先验概率的“认定”却又那么主观随意。逻辑主义为了克服频率主义概率解释中经验因素与分析性质

---

① Godfrey-Smith P.：*Theory and Reality*, pp. 209-210.

的不协调，提出了具有客观性质、分析性质的逻辑概率，并把逻辑概率定义为确认度。但由于它使用了先天就具有主观性的无差别原则作为确定先验概率的方法，还由于卡尔纳普的语言宽容原则使得他把频率主义概率定义纳入了其归纳逻辑，并且在将其逻辑用于决策理论时实际上已转向了主观主义的“相信度”，以致使逻辑主义的概率解释理论最终失去了协调性。相比之下，主观主义的概率解释理论最具有内在的协调性。我们不禁要问：为什么会出现这种局面？因为概率本身就是主观的，整个概率论就是纯主观性质的，所以声称要消除概率解释中的主观因素的频率主义和逻辑主义，只能比较巧妙地把其中的主观因素隐藏起来，但最终却难免逻辑上的不一致。而主观主义概率解释理论正视了概率的主观性本质，于是合乎逻辑地把概率定义为相信度，承认先验概率不一致的合法性，而意见收敛定律则把主观概率建立在了经验检验的基础上，说明在经验丰富的情况下，主观因素对初始概率的影响并不十分明显。

从适用范围看，三种概率解释理论各有所长。频率主义的渐近认定枚举归纳法是统计学家确定有极限的经验事件的先验概率的方法，而且这种方法已被广泛应用于社会科学的研究。逻辑主义用构造人工语言来解决命题确认度的方法为概率归纳逻辑的形式化发展奠定了必要的基础。主观主义概率解释理论被广泛地用于决策理论，而且由于它恰当地揭示了概率概念的本质特征，因而被一些科学哲学家看做是一条最有希望的概率归纳逻辑路径。

关于归纳推理合理性的辩护问题，如前所述，这个问题

最终已归结为确定先验概率值的方法合理性的辩护问题。依我看，逻辑主义诉诸于归纳直觉的辩护是没有说服力的，因为直觉是非常不确定的，它往往会直接导致互不相容的观点。而且直觉常常会欺骗我们。而主观主义干脆回到了休谟的立场，诉求于思维习惯，而且无论什么思维习惯都是合理的，那么，似乎不为归纳推理作辩护也是合理的，那么，什么是不合理的呢？答案是：不得而知。相比之下，频率主义对渐近认定枚举归纳法的实用主义辩护方法具有一定启发意义，这种辩护方法的实质是把合理性问题与科学实践活动联系起来。尽管囿于概率的主观本性，我们不可能为确定先验概率值的方法的合理性作完全的辩护，但这并不能表明，我们使用这种归纳推理是不合理的，不合理的倒是要求对主观性和不确定性的性质给予客观性和确定性的辩护。

总之，休谟的归纳问题不可能有最终的哲学解，但是由解决这个问题所发展起来概率归纳逻辑却为科学的进步，以及对归纳法的本性的认识作出了极大的贡献。正因为如此，德国哲学家施太格缪勒（Wolfgang Stegmüller）才不无遗憾地说："每一新的科学发现，每进一步从哲学上对归纳法的探讨，似乎都越来越证实哲学家 C. D. Broad 的这一论断：归纳法是自然科学的胜利，却是哲学的耻辱。"①

① Stegmüller W.：《归纳问题：休谟提出的挑战和当前的回答》，洪谦主编：《逻辑经验主义》，上卷，第 257 页。

三、亨佩尔的确认悖论

亨佩尔在《确认逻辑研究》[①]一文中，通过考察了确认概念，在对尼柯德确认判据的批判中提出了“确认悖论”。

1. 尼柯德标准与等值条件

一个特殊命题，或者说，一个事实如何能够影响一个定律或者一个全称命题的概率呢？尼柯德回答：假定我们要检验的定律是“A必然伴有B”，如果这个事实是在A出现时也有B，那么它就对这个定律有利；相反，如果这个事实是在A出现时没有B，那么它就不利于这个定律。假定只有这两种使一个事实能够直接影响一个定律的概率方式，那么我们把这两种关系称为确认和否认。这就是尼柯德确认标准。不过，亨佩尔指出这个判据的应用范围只限于“A导致B”这种形式的假说，即形式为“所有P都是Q”的全称命题，可以形式地表述为：

$$(x)(P(x)\rightarrow Q(x))$$

这就是“对于任何对象x，如x是一个P，则x是Q”，也可以说，“性质P的出现导致性质Q的出现”。

亨佩尔把尼柯德标准重新表述为：对于形式为$(x)(P(x)\rightarrow Q(x))$的假说，

---

① Hempel C. G.: “Study in the Logic of Confirmation”, in *Aspects of Scientific Explanation*, The Free Press, New York, 1965, pp. 3-51. 中译文见《科学哲学名著选读》，第453—537页。

标准（1）：一个是 P 又是 Q 的对象，确认这个全称条件假说；

标准（2）：一个是 P 而不是 Q 的对象，否认该假说；

标准（3）：一个不是 P 的对象与该假说无关，即一个不是 P 而是 Q，或者一个不是 P 也不是 Q 的对象与该假说无关。

同一内容的命题常常可以通过逻辑等值关系用不同的命题结构来表述，比如，

S_1："所有乌鸦都是黑色的"$((x)(P(x)\rightarrow Q(x)))$等值于

S_2："所有非黑色的东西都是非乌鸦"$((x)(\neg Q(x)\rightarrow\neg P(x)))$

所以，亨佩尔指出，一个恰当的确认概念应该满足等值条件，即：对于两个等值的命题，凡能确认其中一个命题的对象，也必然能确认另一个命题。比如，a 是乌鸦而且是黑色的，a 能确认 S_1，那么根据等值条件，a 就能确认 S_2。

2. 确认悖论

对尼柯德标准做了这样更为明确的表述后，亨佩尔发现了其中的问题。现在设 a、b、c、d 为四个这样的对象：

a：是乌鸦而且是黑色的。

b：是乌鸦但是非黑色的。

c：是非乌鸦但是黑色的。

d：是非乌鸦而且是非黑色的。

根据尼柯德标准，a 将确认 S_1，但与 S_2 无关；b 将否认 S_1 和 S_2；c 与 S_1 和 S_2 都无关；d 将确认 S_2，但却与 S_1

无关。但是 S_1 和 S_2 是逻辑上等值的，根据等值原则，能确认或否认 S_1 的对象，也必然能确认或否认 S_2。然而，对象 a 和对象 d 分别确认其中一个命题，而与另一个命题无关。

a 能确认 S_1 而不能确认 S_2，b 能确认 S_2 而不能确认 S_1，这表明尼柯德标准不是确认证据的必要条件，也就是说，事例 a 不满足尼柯德标准，未必不确认 S_2；同样，事例 b 不满足尼柯德标准，未必不确认 S_1。那么尼柯德标准是否仍然可以看做确认的充分条件呢？所谓充分条件就是仅仅简单的规定：a：是乌鸦而且是黑色的肯定确认了 S_1："所有乌鸦都是黑色的"；d：是非乌鸦而且是非黑色的肯定确认了 S_2："所有非黑色的东西都是非乌鸦"。

让我们把这一简单的规定与等值条件结合起来：由于 S_2 和 S_1 是等值的，d 确认了 S_2 也就确认了 S_1。这样我们便不得不承认，任何只要既不是黑色又不是乌鸦的对象都确认 S_1，其结果是一支红铅笔、一片绿树叶、一头黄牛等，都能确认"所有乌鸦都是黑色的"假说。这岂不有悖于常理？

进一步地推论，S_1 还逻辑等值于另一个命题：

S_3："任何是乌鸦或是非乌鸦的东西都是非乌鸦或是黑色的" $(x)[(P(x) \vee \neg P(x)) \rightarrow (\neg P(x) \vee Q(x))]$

现在我们来考虑能确认 S_3 的对象。因为"是乌鸦或是非乌鸦"是个重言式，即可为任何对象确认，所以确认 S_3 的对象就归结为：

e：是非乌鸦或者是黑色的东西。

根据等值条件，我们必须把任何非乌鸦或是黑色的东西看做对 S_1 的确认。但是根据尼柯德标准（3），任何非乌鸦

的东西看做与 S_1 无关。

再进一步地推论，S_1 还逻辑等值于另一个命题：

S_4："任何是乌鸦而非黑色的东西都是乌鸦并且是非乌鸦" $(x)[(P(x)\wedge\neg Q(x))\rightarrow(P(x)\wedge\neg P(x))]$

由于"是乌鸦并且是非乌鸦"是个矛盾式，没有任何对象能确认它，根据尼柯德判据 S_4 是不可确认的。根据等值条件，S_1 也就不可确认了。但是如前所述，根据尼柯德标准（1），S_1 是有确认事例的。

亨佩尔把由尼柯德标准和等值条件得出的这些推论称之为确认悖论。又由于他所举的"乌鸦"假说的例子而得名为乌鸦悖论。

3. 确认悖论的解决方案

如何解决这些悖论呢？这些悖论产生于尼柯德标准与等值条件的不协调，那么是否可以取消等值条件呢？亨佩尔不接受这种解决办法，因为取消等值条件就意味着个别事例确认假说不取决于假说的内容，而是取决于假说的表达方式。

人们通常考虑的一种解决方案是，修正全称条件句的表达方式，使 S_1 和 S_2 不等值，以消除悖论。按照亚里士多德逻辑和日常语言的习惯用法，语句"所有 P 都是 Q"是预设了存在含义的，但在现代逻辑中一个全称条件语句 $(x)(P(x)\rightarrow Q(x))$ 则没有存在的含义。而科学中的一般定律和假说原本就表达具有存在含义的，所以可以在全称条件句后面补充一个存在句，这样 S_1 和 S_2 就可以表示为：

S_1："所有乌鸦都是黑色的，乌鸦是存在的" $(x)[(P(x)\rightarrow Q(x))\wedge(\exists x)P(x)]$

S_2："所有非黑色的东西都是非乌鸦，非黑色的东西是存在的" $(x)[(\neg Q(x)\rightarrow\neg P(x))\wedge(\exists x)\neg Q(x)]$

这两个语句显然不等值。而且在前面设定的 a、b、c、d 四个对象中，只有 a 合理地确认了 S_1，只有 d 合理地确认了 S_2。

但是，亨佩尔指出，经验科学中一般用于表达假说的全称条件句并不含有存在的含义，它们常常是理想状态或将会实现状况的猜测。如果要求全称条件句中都要加上一个存在分句，那么大量的科学假说将无法表达。而且这个要求将会使许多通常容许的根据等值条件的逻辑推理变得无效。所以，这个解决方案是不可取的。

另一种解决的方案是，在使用全称条件句时，给它所表示的假说规定"论域"。我们可以给假说"所有乌鸦都是黑色的"规定论域为"乌鸦类"，并要求所有确认实例都是这个论域中的对象。这一程序便可将以上对象 c 和 d 从组成确认证据的实例中排除了，悖论也就消除了。

亨佩尔虽然承认这种解决方法优于前一种方案，但他最终还是否定了这个方案。他指出了这个方案的两个问题：其一，科学中使用假说的方式从不用规定论域的方式来指明，对于"所有 P 都是 Q"那样的科学假说，其应用域不能简单地规定为 P 类，它在¬ P 的检验中也有很重要的作用。比如，"所有钠盐燃烧时都呈黄色"可以应用于某种事先既不知道其是否含有钠盐，也不知道它燃烧时是否呈黄色的物质，而如果这一物质在燃烧时不呈黄色，该假说就有助于确定钠盐的不存在。所以论域的选择也会带来很大程度的任意

性。其二，在科学理论的程序中，要求假说的表达式前后一贯地使用论域将造成逻辑上的复杂性，也就是说，每当需要转换论域时，都要为它的一致性作出论证。这也无法与实际的科学程序相对应，因为在实际的科学理论程序中，常常要对假说进行各种各样的逻辑变换和逻辑推论，而并不存在更改论域的考虑。

在亨佩尔看来，这些悖论产生于我们错误的直觉，所以解决悖论剩下的惟一出路就是消除我们如下的误解：

误解的第一个来源是，混淆了逻辑思考与日常思考的区别。从逻辑上看，命题“所有P都是Q”，即“对于任何对象x而言，如果x是P，则x是Q”等值于“对于任何对象x而言，x是非P或者x是Q”。这就是说，“所有P都是Q”把所有对象限制为：既有性质P又有性质Q，或者没有性质P的类，而并不仅限于对P类的应用。这种形式的假说禁止出现的对象是有性质P而没有性质Q。可见，逻辑上考虑的是一般科学假说在确认过程中语句之间的逻辑关系。但在日常思考中却常常把“所有P都是Q”所断定的东西仅仅限于P类。比如，从逻辑上看，我们在检验假说“所有钠盐在燃烧时都呈黄色”时，每一个不是钠盐的东西，或者每一个燃烧时呈黄色的东西都不违背假说的含义，因而都可以看做给予假说以一定的支持。而从日常思考来看，这个假说的确认实例仅限于“钠盐”类的对象。

误解的第二个来源是，由于在确认事例中引入了背景知识，而改变了证据对假说的确认关系。假设我们不知道一块纯净的冰的化学成分，我们试图通过把它置于火焰上，看火焰是否呈黄色，来确认假说“所有钠盐在燃烧时都呈黄色”。结果是，火焰并不呈黄色。经过进一步地化验表明，这块冰不含钠盐。这一实例是对“燃烧时不呈黄色的东西不是钠盐”的确认，而这个化验的结果也正是假说“所有钠盐在燃烧是都呈黄色”所期待的。对这一确认过程的分析似乎并未感到有与常识相悖之处。但是为什么用一支红铅笔来确认“所有乌鸦都是黑色的”就感觉产生了悖论呢？这是因为背景知识已经告知我们（1）铅笔不是乌鸦类的东西；（2）红铅笔不是黑色的东西。这些背景知识使得我们在检验这个假说前就已经把这支红铅笔排除在假说的确证实例之外，而相反，如果把黑色的乌鸦之外的东西看做假说的确认实例则感觉有悖于常理。如果不附加这些背景知识，悖论就消失了。

总之，亨佩尔认为那些看似荒谬的结果是直觉的误导，它们是心理学意义上的误解而不是逻辑学意义上的悖论。

我认为，亨佩尔的解决方案是通过区分对假说表达形式的逻辑语言思考与日常语言的思考，消除直觉的误解，以消除悖论。从亨佩尔的分析来看，他的解决方案实际上在不违反等值条件的前提下，保留了尼柯德标准（1）和（2），而放弃了标准（3）：一个不是P的对象与该假说无关，即一个不是P而是Q，或者一个不是P也不是Q的对象与该假说无关。

4. 对亨佩尔解决方案的评价

依我看，亨佩尔的确认悖论解决方案的优点是：其一，他找到了确认悖论产生的真正原因——直觉误解，而且对直觉误解的根源的分析是令人信服的。据他自己说，这个问题

的澄清，尤其是误解的第二个来源的澄清是与古德曼多次讨论的结果。[①] 所以，尽管此后许多科学哲学家从不同的角度对确认悖论提出了不同的解决方案，但对他关于这个问题的分析似乎没有提出异议。

其二，放弃尼柯德标准（3）是合理的。尼柯德标准的缺陷在于，在对形式为“所有 P 都是 Q”的假说做确证时，预设了人们在检验之前就已经知道 P 类和非 P 的所有对象。而事实上，一个实例是否为 P 类的对象本身是包含在检验的过程中的。如上所述，当用一块纯净的冰作为实例来检验“所有钠盐在燃烧时都呈黄色”的假说时，它是否属于“钠盐”类的化验本身就是检验的内容，尽管化验的结果它属于“非钠盐”类，但它仍然提高了这一假说的概率。这说明一个不是 P 的对象或不是 P 也不是 Q 的对象并非与该假说无关。所以放弃尼柯德标准（3）更符合科学假说确认的实际程序。

科学哲学家们对确认悖论提出了各种不同的解决方案，其中有代表性的一类是，用贝耶斯逻辑中的概念和逻辑方法来解决事件对于假说的确认关系。如波兰方法论学家和逻辑学家 Janina Hosiasson-Lindenbaum 提出了用确认度的概念来解决悖论的方法。[②] 她认为，这些悖论的产生是因为没有区分不同证据的确认度。对于乌鸦假说而言，当发现一个非

---

① 参见 Hempel C. G.：“Study in the Logic of Confirmation”，in *Aspects of Scientific Explanation*，第 5 节注解。

② Janina Hosiasson-Lindenbaum：“On Confirmation”，*The Journal of Symbolic Logic*，5（1940）.

黑色的对象不是乌鸦时，尽管这一发现构成了该假说的确认证据，但是，比起找到一只黑色乌鸦的发现来，前一发现对于假说的确认度只增加了一个较小的量，因为乌鸦类的对象的数量要少于非黑类对象的数量，因而发现一只乌鸦比发现一个非黑色非乌鸦的对象给予假说的确认度要大。事实上，从她的理论的基本假定中导出这样一个定理：如果P类对象的数量比非Q类对象的数量少，那么一个P类对象对假说的确认度比一个Q类对象的确认度大。

但是，亨佩尔表示怀疑：关于数量的假定对于乌鸦类和非黑类是否真的成立呢？数量的假定是否在所有其他“悖论性”事例中也类似地成立呢？对此问题的回答部分地取决于假说所使用的科学语言的结构，取决于所涉及类是否为有限的个体对象。“即使在这样的基础上，对于每一个具有‘所有P都是Q’的形式的假说。究竟实际上非Q类的对象是否在数量上远远大于P类，这仍然是一个经验上的问题。而在很多场合下这一问题是十分难于判定的。”①

古德（Good I. J.）从整体论立场提出，观察陈述与假说的相关性并不仅仅是两个陈述的内容问题，还要取决于其他的假定。观察到一只白鞋或一只黑乌鸦也许能确认“所有乌鸦都是黑色的”假说，也许不能确认，这要取决于其他的因素。假设我们知道（1）所有乌鸦都是黑色的，并且乌鸦非常罕见，或者知道（2）大部分乌鸦是黑色的，少数乌鸦

① Hempel C. G.：“Study in the Logic of Confirmation”，in *Aspects of Scientific Explanation*，pp. 20-21.

是白色的，并且乌鸦很常见。根据（2），我们作出假说“并非所有乌鸦都是黑色”，那么我们偶然观察到的一只黑乌鸦便支持这个假说。根据（1），我们作出假说“所有乌鸦都是黑色”，但我们根本不能观察所有的乌鸦。观察到的一只白鞋也许支持这个假说，也许不支持，这需要取决于其他的知识。①

实际上，没有任何一种解决方案是科学哲学家共同接受的，也没有任何一种方案能宣布最终解决了确认悖论。但重要的是，不同的解决方案用不同的方法揭示了证据对于假说的确认关系。

四、古德曼的新归纳之谜

1. 新问题的由来

古德曼（Goodman Nelson）② 在他的《事实、虚构与预测》③ 一书中提出了著名的“新归纳之谜”（New Riddle of Induction）。新归纳之谜产生于古德曼对休谟归纳问题和亨

---

① Good，I. J.：“The White Shoe Is a Red Herring”，*British Journal for the Phiosophy of Science*，17（1967）.

② 古德曼（Goodman Nelson，1906－1998）出生于美国马塞诸塞州。1928年在哈佛大学获理学学士，1941年获哲学博士。第二次世界大战期间（1942—1945）曾参加美国军队。之后在宾夕法尼亚大学、布兰德斯大学任教，1968年后一直在哈佛大学执教。他的学术研究主要涉及语言哲学、逻辑哲学等领域。

③ Goodman N.：*Fact*，*Fiction*，*and Forecast*，University of London，the Athlone Press，1954.

佩尔确认悖论的分析。

古德曼认为，休谟归纳问题的中心之点在于，根据过去事例推出将来事例的预测为什么是此预测而不是另一种预测？休谟的回答是，被选定的预测与过去的某一常规性一致，这种常规性已建立起一种习惯。他是通过考察归纳推理的有效性提出这个问题的，因而他实际上是把归纳预测的有效性归结为习惯。在古德曼看来，休谟的回答虽然是合理中肯的，但不太全面或不够正确。休谟忽视了一个问题：为什么依据有些常规性的预测是有效的，而依据另一些常规性的预测则是无效的？古德曼认为，归纳问题不是一个证明预测有效性的问题，而是解决有效预测与无效预测的区别问题。这样，所要做的工作就是制定区分有效归纳推理与无效归纳推理的规则。

制定区分有效与无效归纳推理规则就是定义有效归纳推理的问题，亨佩尔在这方面做了某些开拓性的工作。他按照演绎推理的方法，把归纳推理中个别事例对全称陈述的确认关系看做陈述句之间的关系，而与语句的真假无关，依赖于句法形式解决归纳确认问题。这实际上是把归纳辩护的问题转换为定义确认的问题了。可是这样处理的结果立即陷入了新的困难，出现了“恶名昭彰”的乌鸦悖论。问题在于，形式定义无法顾及具体假说的特征，因此，新的归纳问题开始出现了。

2. 新归纳之谜

先让我们考察以下两类陈述。“铜块 a 导电”这一陈述增加了其他铜块导电的断定的可靠性，因而确认了

假说 H_1："所有铜导电"，

这种情况的假说被称作"类律假说"（lawlike hypothese）。然而，"我书桌上某些东西是导电的"陈述并不被认为增加了在我书桌上其他东西为导电的断定的可靠性，因而并未确认

假说 H_2："在我书桌上的所有物体都导电"，

这类情况的假说被称为"偶然概括"假说（accidental generalization）。一般认为只有类律陈述才能通过它的事例直接得到确认，而偶然陈述则不能得到这样直接的确认。因而我们显然需要寻找一种途径将类律陈述与偶然陈述区别开。一般的方法是找到一个更为一般的特征区分这两类假说。

相对于更为广泛的知识背景而言，假说 H_1 属于更为广泛的假说。

假说 H："同一材料的每一种物体在导电性方面是一致的"，

假说 H_2 属于更为广泛的假说，

假说 K："或者同一材料的所有物体或者在我书桌上的全部物体在导电性方面都是一致的"可以看出，重要的区别在于，为假说 H 所包含的每一证据都增加的假说 H_1 的可靠性，而假说 K 与假说 H_2 的关系绝非如此。这说明假说 H 是类律性的，而假说 K 不是。这样一来，每当我们要确定一个假说的确认情况，就必须重新解决类律假说和偶然假说的区分标准问题。

然而，最为严重的困难是，没有一个标准能保证我们的定义卓有成效地排除不必要的情况。古德曼通过他的著名的绿蓝翡翠的例子阐述了这个问题。

假设在t时刻之前被检验的翡翠是绿色。我们观察到翡翠a是绿色，翡翠b是绿色，等等。因而在t时刻我们的观察支持假说“所有翡翠都是绿色”。

现在我们引进一个新概念“绿蓝”（grue），它被定义为：

某物是绿蓝的，当且仅当，某物是绿的并且在t时刻前已被检验；或者某物是蓝的并且在t时刻前已被检验。

根据这一定义，t时刻前发现的绿色的翡翠也是绿蓝的，因此t时刻，对于每一特定翡翠为绿色的证据都有一平行的证据断言翡翠是绿蓝的：翡翠a是绿蓝色，翡翠b是绿蓝色。这样根据定义，“所有翡翠都是绿的”和“所有翡翠都是绿蓝的”两个互不相容的假说被同一组证据确认。虽然我们完全可以意识到这两个预测中哪一个真正得到确认，然而按照定义，它们都得到同样好的确认。

这就是古德曼的新归纳之谜。由于绿蓝翡翠这一著名的例子，而被称为“绿蓝悖论”（Grue Paradox）。

3. 解决方案及其评价

古德曼通过“类律假说”和“偶然假说”的概念提出了什么是可确认假说与不可确认假说区别的标准问题，为解决这个问题，科学哲学家们提出了不同的方案。

从类律假说和偶然假说语言表达的特征上人们得到这样的启示：偶然假说似乎受到时间或空间上的某种限制，或者与某个特定的人或物有关。如以上偶然假说就涉及某个特定

人的桌上的物体。而类律假说的典型特征就是完全概括，如以上类律假说例子中与所有铜有关。所以完全概括被认为是类律假说的充分条件。那么能否这样来定义类律假说：要求这类假说不包含指定一个特定物体的时间和空间的语词，不包含称谓的语词呢？比如“所有翡翠都是绿蓝的”。但是这样来定义类律假说还不够充分，还必须排除所有那些含有相同谓词的与这个假说等价的假说。然而，这样一来，将会不合理地排除一切，因为，“所有草都是绿色的”与“所有伦敦或外地的草都是绿色的”是等价的假说，按照条件，就必须把后一假说排除在类律假说之外。而这显然不合适。因此这样的要求难以被广泛接受。

于是，卡尔纳普试图通过区分谓词来解决类律假说与偶然假说的区分问题。[①] 他把谓词区分为“纯定性谓词”（purely qualititative predicate）和“定位谓词”（positional predicate）。定位谓词就是其定义不包含时间、空间和与特定个体有关的词语，符合于习惯用法的谓词；而纯定性谓词则没有这些限制。从绿蓝翡翠例子看，“绿”就是一个纯定性谓词，因为它是合于习惯的用法，其定义无须借助以上加以被限制的词语。而谓词“绿蓝”则需要借助于时间词“t时刻”来说明，因而是定位谓词。而只有仅含有纯定性谓词的假设才能得到相应证据的确认，如“所有翡翠是绿的”；而含有定位谓词假说则不能得到确认，如“t时刻前发现的

① Carnap R.：“On the Application of Inductive Logic”，*Philosophy and Phenomenological Research*，8（1947），pp. 133-147.

翡翠是绿蓝的”。

古德曼指出，这样的处理不会有结果，只会又一次陷于绿蓝悖论。为了证明这一点，他引入“蓝绿”（bleen）谓词。蓝绿可被定义为：

“某物是蓝绿的，当且仅当，某物是蓝的并且在 t 时刻前已被检验，或者某物是绿的并且在 t 时刻前已被检验。”

这个定义是以“蓝”、“绿”加上时间词“在 t 时刻”为定义项，因而根据卡尔纳普的区分，“蓝绿”是个定位谓词。但同样地，我们可以“绿蓝”和“蓝绿”加上“在 t 时刻”为定义项来定义“绿”：

“某物是绿的，当且仅当，某物是绿蓝的而且在 t 时刻前已被检验，或者某物是蓝绿的而且在 t 时刻前已被检验。”

这样一来，“绿”便成为定位谓词了。因此，定性谓词与定位谓词的区分完全是相对的，符合于习惯用法的标准并不成为把谓词分为两类的理由。

卡尔纳普的解决方案较有代表性，古德曼的反驳说明了“绿”、“蓝”和“绿蓝”、“蓝绿”这两对谓词是否为定位谓词的问题完全是对称的，他的这个观点引起了颇多的争论，其他一些处理方案主要集中于对这个观点的质疑。有的人注意到不可确认假说与可确认假说的区别在于时间性谓词，认为非时间性谓词比时间性谓词有更为合法的可投射性，因此“绿”比“绿蓝”更可投射。[①] 而实际上时间性谓词就是卡

① Barker & Achinstein："On the New Riddle of Induction"，*Philosophical Review*，69（1960）.

尔纳普的定位谓词的一种，显然这个结论包含在卡尔纳普结论中。有的科学哲学家认为“绿”、“蓝”与“绿蓝”、“蓝绿”是互相独立的，它们的含义及其定位性取决于不同背景的用法，因此是不能互相定义的。所以，即使这两对谓词都被从已检查的事例投射到未检查的事例上，也不会由此得到矛盾的结果。这样，也就否认了“绿蓝悖论”的存在。①

我认为，古德曼提出“新归纳之谜”的目的在于表明，不可能存在一种关于确认的“纯形式的”理论，而并不是认为归纳真是个谜，假说的确认是不可能的。“绿蓝悖论”阐明方式表明，用形式化方法解决理论的确认问题，只能说明有效预测就是那些依据于过去的常规性的预测，却不能指出依据的是哪些具体的常规性，所以逻辑经验主义者解决理论确认问题的方法是有缺陷的。古德曼始终强调，假说的确认不能仅仅依赖于句法形式或者具有普遍意义的定义，而是取决于具体假说的特征及其相关的背景知识，取决于具体的归纳实践活动。所以，当反驳者试图以类似于“乌鸦悖论”的句法形式和普遍定义作为理由时，古德曼总能以无穷倒退的方式，用不断加以限制的投射问题（即从过去事例推出将来事例的预测问题）的说法提出进一步的反驳。所以在古德曼看来，对于新归纳之谜，任何寻找形式化方法的解决方案，任何寻找一般性定义的解决方案纯属徒劳。就指出形式化方法对于解决理论确认问题的局限，试图寻找多元的方法而

① Small:“Professir Goodman’s Puzzle”, *Philosophical Review*, 70 (1961), pp. 544-552.

论，古德曼的观点是有启发意义的。但是他过低地评价形式化方法的作用是有失公允的。科学理论不仅仅是描述的，更重要的是规范的，因此寻找规范的科学方法，按照规范的科学方法发展，是科学活动的本质，也是理论确认活动的本质。

第八章 科学知识的增长

科学知识的增长是指科学知识的发展或进步。新的科学知识产生的动力是什么？新旧知识之间的关系是怎样的？科学知识是沿着什么途径增长的？评价知识进步的合理性标准是什么？20 世纪后半叶，这些问题引起了科学哲学家的强烈的兴趣和激烈的争论，波普的猜测—反驳模式、库恩的范式论模式、拉卡托斯的科学纲领方法论模式和劳丹的解题模式是这个争论的成果，它们极大地影响着科学观的发展。

一、渐进累积式增长模式

科学理论是从基于观察和实验而得的经验事实中严格地推导出来的，这是自 17 世纪以来广泛被接受的素朴的归纳主义科学观。按照归纳主义者的观点，科学始于观察。感官正常的科学观察者应该而且能够记录下他们的所见和所闻的东西，形成不带任何偏见的观察陈述。以下就是一组这样的陈述：

(1) 2005年7月31日晚12点金星位于天空的某个位置；

(2) 半截浸入水中的那根木棒，看上去是弯的；

(3) 张三打李四；

(4) 这张石蕊试纸浸在液体中变成红色。

这类陈述的特点是，都是涉及特定地点、时间的特定事件和事态的单称观察陈述，而且这些单称观察陈述可以被具有同样正常感官的观察者不带偏见地直接地证明为正确的陈述。

以这些陈述为基础，能推导出科学知识的定律和理论。以下的四种知识就是分别从以上四个观察命题推导而来：

(1)′行星以椭圆轨道绕太阳运行；(天文学)

(2)′当光线从一种介质浸入另一种介质时，它以一种方式改变方向，入射角的正弦除以折射角的正弦就是这一对介质的常数；(物理学)

(3)′动物一般具有某种发泄攻击性行为的先天需要；(心理学)

(4)′酸使石蕊试纸变红。(化学)

这类陈述都是涉及任何地点、时间的特定类的所有事物或事态的全称陈述，它们构成了科学知识的一般性断言。

从作为观察结果的单称陈述概括出作为普遍定律的全称陈述的过程，使用的是归纳推理。归纳推理的合理性从归纳原则得到辩护。归纳原则可以表述为：

“如果大量的A在各种各样的条件下被观察到，而且如

果所有这些被观察到的 A 都无例外地具有 B 性质，那么，所有 A 都有 B 性质。”①

这个原则意味着，从单称陈述到普遍定律的合理概括必须满足的条件是，观察陈述的数量必须足够大；观察陈述必须在各种条件下具有可重复性；没有任何公认的观察陈述与推导出的普遍定律不一致。

随着被观察和实验确认的事实数量的增加，而且随着实验技术的改进，观察的事实将更加精确，更加广泛，科学知识便逐渐得到增长。另一方面，科学定律的重要作用是，应用演绎推理说明更多经验事实的因果关系，预测一些意想不到的未知事件，科学理论随着说明力和预测力的提高而进步。

总之，根据归纳主义者的观点，科学知识是建立在不偏不倚的观察的基础上，通过受到归纳原则辩护的归纳推理，从大量观察陈述概括出科学定律。随着观察事实数量的增加、范围的扩大、观察质量的精确，科学知识连续地、渐进地向前和向上增长；随着说明力和预测力的提高，科学知识日益向纵深发展。英国的科学哲学家查尔默斯用如下图式概括了科学知识增长的全部内容：②

---

① 参见 Chlmers A. F.：《科学究竟是什么?》，查汝强、江枫、邱仁宗译，商务印书馆 1982 年版（下同），第 14 页。

② Chlmers A. F.：《科学究竟是什么?》，第 14 页。

我们把这个模式称作“累积式增长模式”，这个模式最初吸引人的特点是：第一，具有可靠的客观基础。这种模式强调，科学知识建立在观察事实的基础上，17世纪以来实验科学的成功使人们对观察陈述产生了特别的信任：观察陈述是客观、中立的，不受任何个人因素干扰的。第二，从观察陈述推导出科学定律是有效的。科学知识得以从观察陈述推导出来是诉诸于归纳推理，而归纳推理的有效性得到了归纳原则的辩护。而且推导中所使用的一个归纳推理是否满足归纳原则，不取决于任何主观意见，而由归纳原则所规定的条件来判定。第三，科学知识的进步是真知识的渐进积累。建立于观察基础上，通过归纳法推得的科学知识是不会有错的，科学知识的大厦是由这样的真知识累积而成，所以，科学知识的增长就是正确知识的递增。逻辑实证主义者的这种科学观也被称作证实主义的科学观。

逻辑实证主义承袭了这种累积式增长模式，所不同的是，由于休谟提出的归纳问题，使得归纳原则的合理性受到质疑，逻辑实证主义不再坚持古典的归纳原则，而是正如我们在第五章所论述的那样诉诸于数学概率论以及实用主义的辩护。然而，逻辑实证主义者所信奉的归纳法、观察的中立性和知识无误论的观点受到波普证伪主义的激烈抨击。

二、证伪主义模式

波普在批判证实主义累积性增长模式的基础上，提出了著名的证伪主义模式，这个模式的核心思想是：猜测与反驳。

1. 科学始于问题

波普明确指出，“科学是从观察到理论”这个广泛而坚定的信念是荒唐的，其荒唐之处就在于，其认为我们能够从完全独立于理论的纯观察出发。他用了两个生动的小故事否定了这个观点。故事一：一个人把一生献给了自然科学，他把所能观察到的东西都记录下来，并把观察所得的无比宝贵的收获献给皇家学会作归纳证据之用。这个故事表明，虽然可以有选择地把甲壳虫之类的东西有成效地收集起来，但毫无选择的观察是收集不起来的。故事二：波普在一次给学物理的学生上课时，首先指示他们：“拿出笔和纸来；仔细观察，写下你们观察到的东西!”结果学生们都问：“你要我们观察什么?”这个故事表明，观察是需要有选定的对象、确定的任务的。[①]

我们再看科学家过去所面临的几个问题：(1) 尽管蝙蝠的眼睛很小而且视力很差，但是它们在夜间如何能飞得如此灵活?(2) 为什么行星会沿一定轨道绕太阳运行?(3) 为什

---

① Popper Karl R.：《猜想与反驳》，上海译文出版社 1986 年版（下同），第 66 页。

么物体运动时，没有产生“以太风”？（4）为什么水星的近日点会移动？这些问题或多或少可以说是来源于直接观察，这是否能说明科学始于观察与科学始于问题的观点一样正确呢？在波普看来并非如此。这些构成问题的观察仅仅根据某个理论才成其为问题。问题（1）根据生物用眼睛“看”的理论而成为问题；问题（2）对于万有引力的支持者才成为问题，因为如果万有引力是正确的，就必须能说明这个观察事实；问题（3）对于光的波动说的支持者才成为问题，因为这个观察事实与波动说关于“以太”是电磁波的介质，是不随物体一起运动的理论相悖；问题（4）之所以成为问题，是因为这个观察事实与牛顿理论不相容。所以，科学不始于纯观察。

观察不仅需要有选择的对象和确定的任务，而它的描述必须有专门的语言，还需要以相似和分类为前提，而分类又以兴趣、观点尤其是问题为前提。因此，波普断言，科学不是从观察开始，而是从问题开始。他把问题大致分为两类：一类是实际问题，即需要通过理论来说明的问题，如以上的问题（1）和（2）；另一类问题是使理论陷入困境的问题，即用现有的理论解决不了的问题，如以上的问题（3）和（4）。只有问题产生了，我们才会有意识地坚持一种理论，才会激励我们去学习，去发展我们的知识，去实验，去观察。所以，一旦遇到问题，科学理论就开始产生了。

2. 科学知识增长的图式

科学问题产生后，波普指出：“我们可以按照两种尝试来做，按照第一种尝试，我们可以猜想或推测问题的答案；

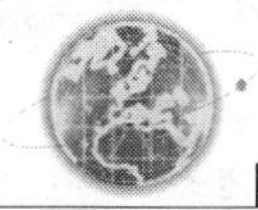

然后我们就可以试图去批判通常有点模糊的猜想。有时一个猜想或推测可以暂时经受住我们的批判和实验检验。但一般说来，我们不久会发现，我们的推测能被驳倒，或者它们并不解决我们的问题，或者它们只部分地解决问题；并且我们还会发现，就连最好的解答——它们能够经受住最精彩、最巧妙的意见的最严格批判——不久就会引起新的困难，引起新的问题。”① 波普把他所描述的科学发展的这个过程理性重建为图式（Ⅰ）：

$$P \rightarrow TS \rightarrow EE \rightarrow P$$

其中“P”表示问题，“TS”表示试探性解决办法，“EE”表示排除错误。但是这个序列不是循环的，后一个问题不同于前一个问题，一般地说，前一个问题已经通过试探性解决办法排除了，后一个问题是新产生的问题。为了说明这一点，图式（Ⅰ）便要改写为下列的图式（Ⅱ）：

$$P_1 \rightarrow TS \rightarrow EE \rightarrow P_2$$

但是，图式（Ⅱ）仍然丢失了一个重要的因素：试探性的解决办法是多样性的。因此这个图式最终变成了图式（Ⅲ）：

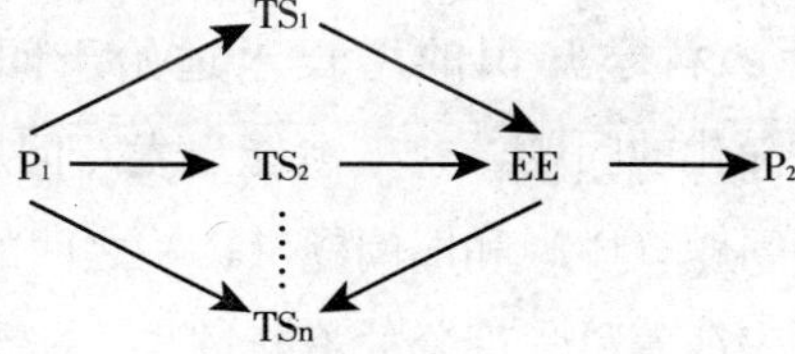

① Popper Karl R.：《客观知识——一个进化论的研究》，舒炜光译，上海译文出版社 2001 年版（下同），第 270 页。

这个公式表示，为解决问题常常要提出多种试探性解决办法。①他有时也用“TT”——试探性理论来替换试探性解决办法“TS”，使图式（Ⅱ）变成图式（Ⅳ）：

$P_1 \rightarrow TT \rightarrow EE \rightarrow P_2$

意即，科学从问题（P_1）开始，为了解决问题提出理论（TT），而所有理论都是尝试性的，猜测的；通过批判性讨论或排除错误（EE）；其结果通常会使新的问题显现出来（P_2）。

这个四段图式的第二段和第三段体现了波普科学增长模式的核心思想——猜想与反驳。在波普看来，所有的理论都是假说，所有的理论都可以推翻，因为任何科学理论都是对自然规律的猜测，是把它的规律强加给自然，而自然常常成功地拒绝我们，迫使我们放弃那些遭到证伪的规律。反驳就是检验的过程，重复的观察和实验的作用就在于检验猜测或假说，亦即试探性的反驳。这个图式开始于问题（P_1），终止于问题（P_2），“可以说，一种理论对科学知识增长所能作出的最持久的贡献，就是它所提出的新问题，这使我们又回到了这一观点：科学知识的增长永远始于问题，终于问题——愈来愈深化的问题，愈来愈能启发新问题的问题。”②也就是说，新问题（P_2）和旧问题（P_1）之间的深度差和预测度差适当地表征着科学理论的不断进步。这个过程是如此无限继续下去的，永远不能说一个理论是真的，但可以有希

① 以上三种图式参见 Popper Karl R.：《客观知识》，第 255 页。

② Popper Karl R.：《猜想与反驳》，第 318 页。

望地说，现行理论比它的先行理论优越，因为它经受住了证明先行理论为假的检验。

波普提出了理论的“潜在的”进步标准：第一，凡是包含更大量经验信息或经验内容的理论，更为可取。包含经验内容越多的理论，被证伪的概率就越高，即可反驳度或可检验度就越高。第二，凡是具有更大说明力和预测力的理论，尤其是经受了更严格检验的理论，即最深刻、最意想不到的预测经受住了专门的检验，更为可取。第三，凡是逼真度更高的理论，更为可取。追求真理虽然是科学的目标之一，但是真理就像在山顶的尖端，只可接近不可达到。所以波普用“逼真度”概念代替了“真理”概念，以表示理论与事实符合的程度，理论逼近真理的程度。逼真度的量度被定义为：从理论推出的真命题类减去理论推出的假内容类。用公式表示为：

$$V_s(a) = C_{tT}(a) - C_{tF}(a)$$

其中 V_0（a）表示理论 a 的逼真度，C_{tT}（a）表示 a 的真理内容，C_{tF}（a）表示 a 的虚假内容。“总之，我们宁可取一种有趣、大胆、信息丰富的理论，而不取一种平庸的理论。”①

3. 科学增长的机制——自然选择

波普认为知识的增长十分类似于达尔文的进化论，他用达尔文理论说明了科学增长的机制，并称自己的知识理论是

① Popper Karl R.：《猜想与反驳》，第 311 页。

“关于知识增长的达尔文理论”。①

首先，无论是低级动物还是高级动物都免不了要犯错误，不仅爱因斯坦，而且变形虫阿米巴解决错误的方法都是试错法，如果说两者有差别，那么差别就在于，科学家能采取批判的、建设性的态度，而阿米巴则不能，科学家有意识地、审慎地试图发现错误，以收集证据驳倒其理论，包括他们用他们的理论和才智精心设计的严格的实验检验。他们努力消除自己的虚妄理论，让理论代替自己去死亡，使自己经受适者生存的竞争。根据波普的观点，试错法与科学方法是一致的，他把猜想与反驳也看做是知识增长所依据的方法，而这个方法与试错法是一致的，通过理论系统的理性批判来排除错误，发展知识。

其次，按照达尔文主义的观点，自然选择是生物进化的主要原因。波普认为知识的增长是一个类似于达尔文自然选择过程的结果。我们的知识时时刻刻由假说组成，那些在生存斗争中迄今仍然幸存的假说，显示了它们的适应性；在竞争的斗争中，那些不适应的假说被淘汰了。从阿米巴到爱因斯坦，知识的增长过程总是相同的，都是试探着解决问题，并通过淘汰过程，获取我们的试探性解答中某些更接近真理的理论。

总之，我们可能而且容易犯错误，但我们能够从错误中学到东西。我们不能证实任何理论，因为没有在科学上取得成功的科学方法，但我们能理性地批判它们，并尝试性地采

① Popper Karl R.：《客观知识》，第 274 页。

纳那些最经得起批判并且有最大说明力的理论。这就是波普知识增长的达尔文理论给我们描述的知识增长的图景。

4. 证伪主义模式的评价

对波普影响最大的科学家和哲学家分别是爱因斯坦和康德，他吸取了爱因斯坦的批判精神和康德的理性主义，形成了自己的“批判理性主义”。他的批判理性主义立场集中地表现为，科学的精神是批判，所以科学需要不断推翻旧理论，不断建立新理论。科学开始于理性思辨的猜测，无须做观察资料的归纳，观察事实只能证伪假说，不能证实理论。

从批判理性主义立场出发，波普批判了归纳法和逻辑实证主义把科学知识看做渐进地累积而加以语言的逻辑分析的科学观，突破了静态积累的增长模式，描绘了一个证伪主义的科学增长的动态图式。其中具有启发意义的观点是：

（1）科学始于问题这个观点是基于当代科学哲学对观察与理论关系的新认识——观察的理论负荷论点（更确切地说，是观察陈述的理论负荷），改变了长期以来被广泛接受的科学始于观察的传统观点。把科学看做是从问题到更加深刻的问题的不断进步，恰当地揭示了科学发展的动力之一。因此这个观点被广泛地接受。

（2）证伪主义模式揭示了科学知识猜测性的特点，使我们注意到知识无误论的片面性，注意到知识的证伪在科学的发展中的重要作用。

（3）波普所涉及的关于科学知识增长的内在机制的问题引起了科学哲学家们的激烈争论，尽管他并未详细地阐明这个问题。

然而，波普知识增长模式的片面性受到各种挑战。

(1) 波普的模式强调对现有理论的批判和证伪，把科学革命、非连续性看做科学发展的主要特征，忽略了大多数时候处于的常规阶段的科学活动的特征。实际上正如库恩恰当地指出的那样："科学研究不像许多其他创造性领域，并不视新奇本身为迫切需要而去刻意追求。"① 所以科学活动的目的主要是追求问题解决的数量和问题解答的重要性，而不是主要追求"证伪"或"反驳"。而且从科学史上看，一个科学理论从来不会因为一次被观察事实"证伪"立刻就被淘汰，如前面第五章所述，观察陈述自身也是可误的，证伪的结果很可能是观察陈述为假；而且科学家们常常通过调整理论系统的其他部分使理论免遭证伪（在下面拉卡托斯的模式中我们将详述）。

(2) 在波普四段图式的第二段"TT"则清楚地表明：试探性理论是从柏格森的"创造性的直觉"中产生的，与科学实验无关，完全有赖于思辨性的假设和其他非理性因素。这实际上意味着，观察依赖于理论，而理论则无客观基础，完全由主观因素决定。

(3) 波普在《猜想与反驳》一书中用了很大篇幅分析休谟的归纳问题，并否定归纳法对于科学发现和检验的作用，甚至认为用概率运算的"可几性"也不能为归纳法辩护。但是具有讽刺意味的是，他的可证伪度和逼真度都是用概率来计算的，并且强调科学的目标是追求信息量大、低概率的理

① Kuhn T. S.: *The Structure of Scientific Revolutions*, p. 170.

论。这实质上是在实用主义意义上为归纳法作了辩护，而这个辩护实际上损坏了波普自己建构的反归纳主义－证伪主义的科学图式。

（4）波普以类比的方法，用达尔文进化论说明了科学增长的机制。但是从说明力和预测力上看，达尔文进化论是否能算作典型的科学理论是有争议的，从如第五章所论述的科学说明的特点来看，科学说明是需要依据一定的理论定律来说明观察事实的原因的，科学理论预测力要求根据科学定律推测未知事件，达尔文进化论未能满足这两个典型科学理论的特征，波普自己也承认这一点。而理论的说明力和预测力是波普模式和其他模式判定科学进步的必要标准，所以囿于达尔文理论的特点，波普未能真正理性地重建科学知识增长的内在机制，至多只是描述了四段图式的表征。

三、范式论模式

库恩以一个科学史家的目光审视科学增长的问题，认识到，不论是归纳主义还是证伪主义的传统科学观，都经不住以科学史为证据的批判，应该使科学理论与科学历史更加一致。他提出了一个科学知识增长的开放图式，这个图式强调科学进步的革命性质，并且强调科学共同体的社会学特征。

1. 科学革命的图式

库恩关于一门科学是如何进步的图景可以概括为下列图式：

前科学——常规科学——危机——科学革命——新的常

规科学——新的危机……

前科学是科学形成以前的时期，这个时期的特点是：(1) 某一领域的科学家信奉不同的形而上学理论。比如，从远古到17世纪末物理学领域一直没有普遍接受的、单一的关于光的本质的观点。物理学家们信奉伊壁鸠鲁、亚里士多德或柏拉图理论的这种或那种变形，他们从自己信奉的某种特定到形而上学的关系中吸取力量，有的认为光是一种物体与眼睛之间的媒质的变化状态，有的人则认为光媒质与从眼睛发射出来的物质的相互作用，还有其他各种组合和变形的解释。因而互相竞争的学派林立。由于没有共同的信念，所以，(2) 每一位科学家都被迫重新建立这个领域的基础。每一学派都给出"光"的概念富有创造性的定义，做了一些具有创造性技巧的光学实验，它们都为一致公认的光学范式的产生作出了贡献。(3) 由于不存在必须被迫使用的标准方法或解释的标准现象，所以，这一领域的科学家们可以相对自由地选择支持其理论的观察和实验。这一时期收集事实的活动是随机的，通常局限于那些信手可得的资料，而且所有与某一门科学相关的事实都似乎同样重要。这样得到的事实中除了偶然的观察和实验的结果，还包含某些神秘莫测的资料，它们是从诸如医学、制定历法和炼金术之类的技艺中得来的。

当某一科学共同体的假设、定理和技术等得到坚持时，它们便形成范式。当这一范式的初步成果吸引了大多数下一代的实践者时，较旧的学派就逐渐消失了。一致公认的新范式的形成意味着这个领域的概念有了新的、更严格的定义。

在一种公认的范式下工作的人们就是从事着常规科学。常规科学时期，科学家们的活动主要是通过解决疑难问题扩大范式的应用范围，并且使范式更精确。

这个时期在范式的指导下，关于观察事实的科学研究通常有三个焦点：(1) 用范式说明更多的已知事实，并且力求通过仪器的发明增进被说明事实的准确性。天文学中关于星球位置和大小，双星的蚀周期和行星周期，物理学中关于物质的比重和可压缩性、波长和光谱强度等的精确说明。(2) 通过实验证明范式理论所预测的事实与理论的一致性。如傅科设计的仪器证明了光速在空气中比在水中大的预测。(3) 解决范式理论中某些残存的含糊性，以及先前只是注意到但尚未解决的问题。如牛顿力学表明，单位距离的两个质量之间的力，对于宇宙间任何位置上的物质都是一样的，这是万有引力常数，为了设计出确定这个常数的仪器，在牛顿的《自然哲学的数学原理》问世后一百年内一直为许多杰出的实验家所反复努力。

常规科学时期在范式指导下理论问题的研究可分为三类：(1) 确定常规理论的运用范围。牛顿定律在提出之初，尽管能导出开普勒行星运动定律，但还不能恰当地运用于地球上物体的运动问题，因此并未达到其假定的普遍性，很多物理学家为证明这个问题付出了长期的努力。(2) 使理论的预测与实验更精确地一致。为了使牛顿范式与其预测的天体观测之间的一致程度，欧拉、拉格朗日、拉普拉斯和高斯这些杰出的数学家做了许多最辉煌的工作。(3) 重新表述范式的理论问题。当科学发展主要处在定性时期时，重要的是需要阐明范式的理论问题，当研究工作进入到更加定性和更加定量的阶段时，其目的只在于通过重新表述而得到进一步澄清。比如，对牛顿范式的进一步研究，欧洲的杰出的数学物理学家们用一套数学技巧使牛顿力学更有效地应用于很多地球问题，并且致力于以一种等效的、但逻辑上和美学上更加满意的形式重新表述了牛顿力学理论，希望用逻辑上更连贯一致的形式将牛顿《自然哲学的数学原理》中明显的和暗含的意义展现出来。

在常规范式下工作的科学家不可避免地会遇到反常，但当反常如此长久和深刻地发生着，以致按常规范式的解决疑难问题持续地失败时，而且当这些反常为更普遍的专业人员所承认，也为该领域越来越多的杰出人物注意时，危机状态就日益增长。危机的意义在于，要求大规模地破坏原有范式，要求常规科学的问题和技巧有重大转变。

危机的解决于新范式产生之时。新范式不是一个经由旧范式的修改或扩展所能达到的过程，而是一个在新的基础上重建该研究领域的过程。这种重建改变了研究领域中某些最基本的理论概括，也改变了该领域中许多范式的方法和应用。并且吸引了越来越多科学家效忠新范式，直到原先那个破绽百出的范式最终被抛弃。这个不连续的变化就构成了一次科学革命。

新范式能解决旧范式不能解决的问题，在新范式指导下开始工作，于是进入了新的常规科学时期。直到它陷入解题的严重困难，一场新的危机又开始了。每一次科学革命产生的新范式都比原来的范式解题能力更强，因而每一次科学革

命都是一次科学的进步。

2. 科学始于反常

在库恩的这个科学进步图式中，反常（anormaly）是十分重要的环节，从常规科学到科学革命的发展，其中最重要的因素是在解题活动中反常问题的出现。库恩认为，科学始于反常。

“科学发现始于意识到反常，即始于认识到自然界总是以某种方法违反支配常规科学的范式所做的预测。”① 当一类新的事实与常规科学范式的预测不符时，就要求人们对常规范式理论做扩展性的探索，这种探索会直到理论与反常相符为止。因此，意识到反常的出现是科学发现的起源，而只有消化反常的研究才使新的事实成为科学事实。反常是相对于整个常规科学的范式而言，因此，在库恩的维度中科学发现不仅仅指新理论的发现，而是指包含新理论在内的新范式的发现；而且发现绝非孤立的事件，而是很长的历史过程。库恩对此作了极具说服力的论证。

其一，观察与概念的同化，事实与理论的同化在发现中不可分割地连接在一起。人们常把“看见”一个事实等同于“发现”一个事实，这是误导。1774 年英国科学家普利斯特列，把收集到的加热红色氧化汞时释放的气体认作“笑气”；1775 年他有把这种气体认作“脱燃素空气”。1775 年拉瓦锡把在同样实验中得到的气体认作“完全是空气本身”；1777 年他不仅看到了这种气体，而且知道了这种气体是什么，他

① Thmas S. Kuhn：*The Structure of Scientific Revolutions*，p. 52.

又把这种气体认作“酸素”。直到1777年以后，有了一套新词汇和新概念分析这类事件的发现，才能宣布“氧气被发现了”。有了氧化理论，才能重新表述化学的基石，才能把氧的发现称之为化学革命。所以，如果说观察与概念的同化、事实与理论的同化在科学发现中是不可分割地连接在一起的话，那么发现就是一个历史过程。正因为如此，人们想确定氧气发现的日期的尝试只能是随意的。

其二，科学发现中观察与概念、事实与理论的同化常常需要有范式的改变。根据燃素说范式，是禁止拉瓦锡对普利斯特列发现的气体所作的氧气的诠释的。而相反，物理学家伦琴发现X射线的情况就不同了，因为伦琴的发现是寻找新元素以填补周期表中的空位，在当时是常规科学的一项标准工作，他的发现似乎值得祝贺，但不应令人惊奇。“一种新现象及其发现者所具有的价值，与这种现象违反范式所预测的程度成正比。”[①] 但是，为什么X射线的发现不仅令人惊奇，而且使人震动呢？因为

其三，实验程序和仪器的预期对新范式的产生即科学的发展起着决定的作用。尽管已有的理论不禁止X射线，但X射线的出现却否定了被已有范式确立的先前的实验程序的设计和使用的仪器，因为其他的实验家在常规的实验中并未发现X射线。实验程序和仪器的应用与范式中的重大定律和理论一样，都是科学所必需的，所以，X射线的发现使科学共同体的特定部分的范式发生了变化。这就是为什么许多

---

① Thmas S. Kuhn：*The Structure of Scientific Revolutions*，p. 56.

科学家把 X 射线的发现看做有效地参与到导致 20 世纪物理学危机之中的缘故。

总之，科学发现不是由那些在前科学和危机时期思辨性的和试探性的假设所预见的，“只有当实验和试探性理论相互连接在一起达成一致时，发现才会突现出来，理论才成为范式。”①

3. 范式的不可通约性

新旧范式之间的不可通约性（incommensurability）论点是库恩模式中最具新颖性也是最有争议性的观点。我们把这个观点的基本内容概括如下：

（1）新范式的产生类似于视觉的格式塔转换。有时，在危机时期出现的反常为打破旧框架，并提供范式的根本转变所必需的积累资料，非常规的研究已经为解决反常预示了新范式的形式。如爱因斯坦所言，还在他有了替代古典力学的方案之前，他就已经看出黑体辐射、光电效应和比热这三个著名反常之间的相互关系了。但是库恩认为，更常见的情况是，这样的结构预先未被自觉地看出来。相反，新范式的暗示是突然出现的，有时是在午夜里，有时是在一个深为危机所困扰的人的头脑里。类似于视觉格式塔改变，新范式使科学家改变了对世界的看法，他们用新的工具去注意革命以前注意过的地方，会看到新的完全不同的东西。

新范式之所以一蹴而就，是因为发明新范式的人几乎总是新进入一个研究范式的年轻人，他们很少在以前的实践中

① Thmas S. Kuhn：*The Structure of Scientific Revolutions*，p. 61.

受常规科学传统规则的束缚，很容易看出旧规则不再适用，而设计出一套全新的规则代替它们。当新旧范式的转换完成时，专业的视野、方法和目标都将改变。因此，

（2）新旧范式内容是不可通约的。首先，彼此竞争范式的支持者所应解决的问题的清单是不同的。他们的科学标准或定义是不同的。为什么金属这么相像？这一问题是燃素说化学提出并且解答过的问题，但当化学转变为拉瓦锡范式时，不仅失去了提这个问题的意义，而且也失去了已得到的这个问题的解答。可是在 20 世纪，有关化学物质的性质问题及其某些解答又重新进入科学。其次，尽管从旧范式产生出来的新范式，收编了许多传统范式使用过的词汇和仪器，既有概念上的，又有操作上的，但是在新范式中这些借用的老词汇、概念和实验彼此之间产生了新的关系。相互竞争的学派对这些词汇和概念十分恰当的用法不可避免地会存在误解。在牛顿物理学范式中，空间必须是平直的、均匀的、各向同性的，而且不受物质存在的影响。但是为了转变成爱因斯坦的范式，空间必须是弯曲的，并且以空间、时间、物质、力等为绳线编织的概念网络都必须变换才能用以重新说明爱因斯坦的宇宙。所以，当一个科学共同休抛弃了过去的范式时，同时就抛弃了体现这一范式的大部分书籍和论文，即不再把它们作为专业论证的依据了。再次，彼此竞争的范式的支持者在不同的世界中从事他们的事业。一个世界包含了缓慢下降的受制约的石头，而另一个则包含了重复自身运动的单摆。一个世界镶嵌于平直的空间模型中，另一个世界则在弯曲空间的模型中。他们所共同注视的东西没有改变，

但是在有些领域，他们却看到了不同的东西，而且他们所看到的东西彼此间的关系也不同。以致一组科学家根本无法证明的定律，另一组科学家却认为直觉上很明显。因此在他们希望彼此的观点苟同之前，必须有一方要经过范式转换。否则便无法沟通。

（3）范式的选择是不相容生活方式的选择。在彼此竞争范式之间作出选择，就如在彼此竞争的政治制度之间作出选择一样，是互不相容团体的不同生活方式的选择，而不是、也不能依据常规科学所特有的评价程序。对一特定的范式的辩护所依据的是这一范式自身的评价程序。范式的选择问题绝不能单凭逻辑论证和实验结果来明确地解决，科学家选择一个范式的理由是各种各样的，个别科学家的决定将取决于他给予不同因素的优先地位。其中有些是非学术的理由，例如，一个科学家是某个学派的信徒，还有与科学家个人特定的经历和个性有关，有时创新者的国籍、声望及其导师也能对选择者起重要作用；其中当然不乏学术上的理由，例如，新范式在定量分析上比旧范式更精确，或解题能力比旧范式更强，有时还诉诸于个人美学上的理由，如新范式比旧范式更灵巧、更简洁。

因此，在不同的理论之间不存在用于选择的中性规则系统，不同共同体成员之间也不存在用于互相理解、作出同样决定的系统决策程序，因而不同共同体之间、新旧范式之间是不可通约的。

4. 科学的进步

科学在常规科学中的进步是不言而喻的。常规科学是解决疑难的活动，它是“非常精确地符合最通常的关于科学工作的形象”，其进步是既明显又确定的，因为一旦接受了一个共同的范式，科学共同体的成员全神贯注于解决他们所关心的问题。取得了一个范式就得到了一套被视为理所当然的选择问题的标准，按照一种范式规则解决疑难，解题的失败被视作个别科学家的能力有问题，而不是规则有缺陷。这就大大增加了整个团体解决新问题的效力。因此有效地稳定地扩展了科学知识的广度和精度，这无疑是科学进步的积累。

科学能否通过非常规科学即科学革命获得进步呢？如上所述，依照新旧范式不可通约的观点，在彼此竞争的范式之间作出选择是互不相容团体的不同生活方式的选择，没有科学家必须用以评价范式价值和进步的同一的标准。因此从总体上说，不存在一种范式比它所取代的范式更好、更进步。但库恩不愿因最终否定科学的进步，而被指责为相对主义者。他考虑到科学家接受新范式的条件，“首先，新范式必须能解决一些用其他方式难以解决的著名的和广为人知的问题。其次，新范式必须保留大部分科学通过旧范式所获得的具体的解题能力。”在这个意义上，库恩坦率地表明：“后期的科学理论在一个常常十分不相同的应用环境中，较之先前的理论表现出更好的解决难题的能力。这不是一个相对主义的立场，这足以表明我对科学进步的坚信不疑。”① 这样看来，库恩似乎应该承认爱因斯坦范式是比牛顿范式更好的难题解答者，因为任何能够在牛顿范式中得到解决的问题，

① Kuhn T. S.: *The Structure of Scientific Revolutions*, p. 206.

也可以在爱因斯坦的范式内得到同样适当的甚至更好的解决。

然而，库恩否定科学的进步是朝着越来越接近真理的方向前进的说法，因为“真理”并不是一个理论对难题的解答，而是指这个理论的本体论，即指理论与自然界中的实在东西的符合程度。他认为，没有一种重建“实在”的独立于理论的方式，一个理论的本体与它在自然界中的对应物之间的符合的观念，是虚幻的。“真理”一词在库恩的范式中，只是作为科学家这样一个信念的来源：在科学革命时期，当在科学研究中彼此冲突的规则不能共存时，这一领域的主要任务是罢黜百家，定于一尊。①

5. 范式论模式的评价

库恩在《是发现的逻辑还是研究的心理学?》一文中，把他的科学进步模式和波普模式的共同点概括为：都关注科学知识增长的动态过程，而有意忽略科学研究产品的逻辑结构，因此，都强调从实际科学发展中寻找真正的资料；他们都反对科学通过积累而进步的观点，强调理论被一个与之不相容的新理论所抛弃、所取代的革命过程；他们都强调观察的理论负荷的观点，以反对逻辑实证主义者用中立的观察语言证实理论的证实主义观点。②

---

① Kuhn T. S.: *The Structure of Scientific Revolutions*, pp. 170, 206.

② Kuhn T. S.: “Logic of Discovery or Psychology of Research”, in *Criticism and the Growth of Knowledge*, ed. by Lakatos I. &Musgrave A., Cambridge University Press, London, GreatBritain, 1970.

然而，在许多具体问题上，库恩与波普的分歧是十分明显的。在科学的起源问题上，波普的“科学始于问题”的观点与库恩的“科学始于反常”的观点，都强调了观察的理论负荷，看似区别不大，其实不然。波普“问题”的产生更强调是科学的目的、科学理论和语言对于观察事实的作用，观察事实在问题的产生中完全扮演着被动的角色。一旦问题产生，科学家就会提出思辨性、试探性假设。也就是说，波普的科学发现仅仅是指科学理论的发现。库恩的“反常”虽然是指新的事实与常规科学范式的预测不符，但是他强调，科学发现不仅仅指新理论的发现，而是指包含新理论在内的新范式的发现；而且发现绝非孤立的事件，而是很长的历史过程。科学发现不仅仅以思辨性的和试探性的假设的出现为标志，而是只有当实验和试探性理论相互连接在一起达成一致时，发现才会突现出来，理论才成为范式。可见，库恩并不把科学发现仅仅视为理论的发现，而是观察实验与理论紧密纠缠在一起的结果，即范式的发现。

波普的试探性假设或理论体系的检验程序是：构造假说或理论体系，然后用观察和实验来检验以经验为背景的这些假说或理论体系。[①] 在这个程序中，波普关注的是检验的严格性标准。检验的目的追求的是理论的证伪，即科学革命。因此理论的可证伪性也是他把科学与伪科学区分开的标准，而且理论的高度的可证伪性是科学进步的标准。库恩的检验程序不诉诸于一种确定的规则，而关注于常规科学解决疑难

① Popper Karl R.：*The Logic of Scientific Discovery*，p. 27.

的活动，在他看来，常规科学既规定了检验的要点，又规定了检验的方法。检验的目的是为了发展常规科学，而不是为了刻意追求新奇本身、去出色地更换常规科学的理论。因此，他更重视常规科学的地位，视常规科学为精确地符合一般科学工作的形象，认为解决疑难活动最能把科学与其他事业区分开来。他明确表示反对波普的一次性证伪，指出，科学家对危机的反应，首先是绝不会轻易放弃导致他们陷入危机的范式，尽管他们可能开始失去信心；然后，他们将会设计大量的特设性假设对他们的理论做修改，以消除理论与反常的冲突。① 在科学检验的问题上体现出，库恩更强调科学实践活动，而不是某种严格的检验标准，他认为波普的检验程序所遗漏的正是“科学实践”这一最能把科学和其他的创造性活动区分开的特征。②

波普把理论的逼真性作为科学进步的标准之一，以表示科学理论与事实的符合程度。而在库恩看来，这种“真理”概念的要求是不可能满足的。因为要满足这个要求，必须把理论与自然界发生联系的那些用语定义得足以确定适用于每一种可能的情况，而实际上，没有一个理论能满足这些要求。库恩认为，他引入的“范式”术语既强调了科学研究对具体事例的依赖，又可以跨越科学理论的应用和对科学理论内容的说明之间的鸿沟。这说明，就真理的认识论观点而

---

① Kuhn T. S.: *The Structure of Scientific Revolutions*, pp. 77-79.

② Kuhn T. S.: “Logic of Discovery or Psychology of Research”, in *Criticism and the Growth of Knowledge*, ed. by Lakatos I. & Musgrave A., p. 4.

言，波普仍然是一位传统的符合论者，而库恩则是一位反符合论者，或者说，是认识论的反实在论者。

从以上所概括的库恩与波普的主要分歧中，我们可以看出库恩的科学进步的模式的哲学特点及其局限性。库恩把科学看做一个有主体的实践过程，“范式”就是这个实践过程的产物，因此范式既包含客观性的因素，又包含主观性的因素。科学家接受一种范式的学术理由是范式应用的广泛性、预测的精确性和解决疑难的能力。常规理论在科学实践的解题活动中得到检验。范式与反常事件冲突的积累导致范式的转换，即科学革命。这些无疑体现了范式中的客观性因素。然而，科学家接受一种范式的心理和社会（诸如科学家个人的信仰、个人经历和个性、创新者的国籍和声望之类）的理由是更为重要的。新范式的诞生是突然出现的，是视觉的格式塔转换。这些显然是范式的主观性方面。库恩试图在范式的客观性与主观性之间保持一种张力，但是，由于他并未阐明这些客观性因素与主观性因素之间的关系，而又由于他把格式塔似的范式的转换看做科学革命过程的中心，而最终似乎使范式的客观性淹没在主观性之中。

在科学进步的图式中，库恩给予常规科学以重要地位，科学的本质是通过常规科学活动体现的，在常规科学时期，科学家们在理论的基本原理上不存在分歧，范式提供了一套解决疑难的理论、方法、实验程序等，使得共同体成员能专心地高效地解决新问题。常规时期范式的结构是僵化的，不能随时间的推移为应付自身产生的弱点有丝毫的改变。这些是库恩模式中确定性或绝对性的因素。然而，范式不能也无

须归结为一套明晰的规则，一个科学共同体的成员是在从总体上接受了一个范式后，通过教科书的学习和实验中的应用，才逐渐熟悉这一共同体的范式。而且在某一领域内工作的竞争学派对于问题的选择，没有普遍接受的标准，共同体内的标准是最高标准。科学革命前后的新旧范式之间是不可通约的。这些明显体现了库恩模式中的相对主义因素。他的模式的这个特点致使他不能说明：不同的科学家为什么常常使用相同的定律或范例，但却持有根本不同的本体论和方法论假定；科学革命时期，为什么一个科学家常常可以在两个不同的范式中交替工作。库恩也多少努力在绝对性与相对性之间保持一种张力。但是，他因范式的不可通约性观点而被指责为相对主义，尽管他十分不愿意把自己归到相对主义者的阵营，并极力为自己的观点作辩护，但仍然不能令人信服地将他的理论与相对主义划清界限，致使他的理论中的相对主义因素成为后现代相对主义科学观发展的契机。

费耶阿本德把“观察的理论负荷”和“范式的不可通约性”观点发展到极端，提出他的极端相对主义的观点：任何方法都有局限性，也都有成功的希望，不按规则往往也能成功。剩下的惟一“规则”是“怎么都行”，或各行其是。任何学科，甚至巫术和伏都教（被看做邪教），都有权利与科学取得同等地位。这是反科学的非理性主义科学观。

库恩科学进步的理论重视科学发展的外部历史的研究，并且把社会学概念（共同体概念）和因素引入对科学结构的研究，为 20 世纪 60 年代以后科学社会学的复兴提供了重要的契机。而且他在《科学革命的结构》中阐明的思想为科学社会学的发展指引了两条方向：一条是以默顿为代表的科学社会学，这个学派对科学共同体进行微观社会学研究，他们把科学作为一种职业、一种社会体制，研究了科学内部的社会结构和社会关系所提出的种种问题，其中有些问题在库恩著作中已经涉及到，如科学发现的优先权问题、科学的社会控制等问题。另一条研究方向是科学知识社会学，它用经验的方法研究科学知识的成因，甚至试图说明科学知识内容也是由社会因素决定的。

四、科学研究纲领方法论模式

伊姆雷·拉卡托斯（Imre Lakatos）① 视波普的证伪主义为朴素证伪主义，而他自己是从朴素证伪主义发展而来的精致证伪主义。朴素证伪主义与精致证伪主义的最基本的区别是，前者把注意力放在单个理论与观察陈述之间的简单关系，由此而设计的猜想一反驳的模式，不能为实际上十分复杂的科学理论的产生和增长的特征提供恰当的描述；而后者

---

① 伊姆雷·拉卡托斯（Imre Lakatos，1922—1974），1922 年出生于一个犹太商人家庭。第二次世界大战期间，拉卡托斯是反纳粹抵抗运动的成员，是匈牙利共产党党员。匈牙利解放后，曾去莫斯科大学学习，1947 年成为匈牙利教育部的一名高级官员。在 20 世纪 50 年代的清党运动中被捕，在狱中度过了三年，这一遭遇使他开始放弃马克思主义。1956 年逃到维也纳，最后到英国剑桥，从此开始了学术生涯。在剑桥大学获得博士学位后，从 20 世纪 60 年代初开始一直在伦敦经济学院任教。当时伦敦经济学院是波普的大本营，拉卡托斯接受了波普学说，并成为波普学说最有影响的宣传者、批判者和发展者。70 年代退休后，接任伦敦经济学院哲学、逻辑、科学方法系主任。并担任《英国科学哲学杂志》的主编。

则把科学理论作为具有复杂的、内在结构的整体来考虑。拉卡托斯认为，朴素证伪主义把“科学”一词用于单个理论是犯了范畴错误，比较恰当的科学的基本单元应该是一系列理论，他把作为科学基本单元的理论系列称作“科学研究纲领”。只有把科学当做具有结构整体来描述的科学进步的模式才符合科学史的实际发展情况，精致证伪主义的模式就是试图用科学研究纲领方法论来合理地重建科学史。

1. 科学研究纲领的结构

科学研究纲领的内在结构必须具备三个特征：有一个纲领的硬核；有一个硬核的保护带；以及作为方法论指导纲领未来研究工作的启发法。实际上，“科学研究纲领”类似于库恩的“范式”，是一种广泛的理论模型，如哥白尼理论、牛顿理论、爱因斯坦理论等都是一个科学研究纲领。

硬核是构成纲领的公理或公设，是纲领发展的基础。牛顿纲领的硬核是运动的三定律和万有引力定律，它们体现了牛顿纲领的实质，放弃了这个硬核就是放弃了整个纲领。纲领的硬核由于是创立者决定的，是纲领中的约定因素，而成为不可证伪的，所以当一个研究纲领和观察所得到的资料之间的任何不匹配，都不能归咎于构成硬核的那些假定，而应归咎于理论结构的其他部分。这些结构的其他部分就是保护带。当天王星观测轨道与牛顿理论发生冲突时，科学家们就是通过修改初始条件，考虑到另一颗位置行星的摄动，不仅使牛顿理论免遭证伪，而且使这个反常成为使牛顿理论获得巨大成功的一次大胆的预测。

保护带是由补充硬核的辅助性假设、初始条件和观察陈述组成。牛顿力学除了表示其硬核的定律外，还要有设定的由太阳和行星构成的太阳系的模型，行星质点和太阳与行星之间距离的数学计算，行星的观察资料作补充。如果观察到行星的情况不同于牛顿纲领的预见，为了保护硬核，可以修改假设的太阳系的模型，也可以修改某个计算的错误，还可以由于新观察到的行星而修改初始条件。启发法是研究纲领中的方法论规则，它由反面启发法和正面启发法两种规则构成。

反面启发法告诉我们要避免哪些研究道路。有两种研究的道路是反面启发法所禁止的，第一，禁止把摒弃或修改的矛头对准纲领所依据的基本假定即纲领的硬核。硬核应由保护带加以保护而不被证伪，牛顿万有引力理论就是科学史上这方面的成功的例子。牛顿纲领产生之初就被淹没在反常的海洋中，但是牛顿理论的支持者们顽固地坚持理论的硬核，他们把反常归咎于辅助性假设和初始条件。他们的这种处理获得了惊人的成功，给科学家和哲学家以深刻的印象。第二，禁止做特设性假设。为了保护理论的硬核，完善和发展保护带，通常的做法是调整保护带，产生可独立检验的辅助性假设，如对于天王星的摄动现象提出有一颗未知行星——海王星存在的假设，以保护牛顿力学免遭证伪。这种调整增加了理论的经验内容，从而增加了理论的可检验性，因而被看做合理的调整。另一类调整是产生“特设性假设”，即不能独立被检验的假设。比如，根据亚里士多德的理论，天体是完美无瑕的晶球体，但是伽利略通过望远镜发现，月球上有凸凹不平的山谷，为了消除这一反常，亚里士多德派提出

一种假设：月球上存在一种不可测知的物质充填着低洼处，所以，月球实际上还是完美的球形。这个假设是特设性假设，它因无法独立得到检验，而减少了理论的经验内容，是科学所不能容许的。波普称这类不能容许的辅助性假设为特设的假说、不过是语言把戏、约定主义的策略。

然而，反常总是不断出现的，如果只是消极地应付反常，纲领就不能很好地进步，因此除了知道面对反常要避免的原则，还应该关注纲领应该寻找的道路。正面启发法就是告诉我们要寻找哪些道路，它包括一组明确表示的建议或暗示，以说明如何更改、完善保护带，发展研究纲领。正面启发法使科学家不被大量的反常所迷惑，而是不顾及实际的反例，按照其纲领的规定来建立模型。因为理论的发展有一定的秩序，这种秩序与那些实际的反常现象无关。牛顿最初制定了一个固定的点状太阳和一个点状行星构成的行星系的模型，正是在这一模型中，他为开普勒的椭圆求出了反平方定律。但牛顿自己的力学第三定律是禁止这一模型的，因此，必须用一个太阳和行星都绕它们共同的引力中心旋转的模型来取代这一模型。作出这一修改的原因不是任何反常的观测，而是在发展这一纲领中出现的理论困难。然后他制定了多行星的模型，似乎只存在着日心力，而没有行星间的力。然后又按行星不是质点，而是球点的情况制定了一种模型。在解决了由此而产生的数学困难后，牛顿开始研究行星的自转及其摆动；然后他承认行星间存在着力，并开始研究摄动，直到这时，他才开始关注事实。这说明，牛顿面对一个确定的纲领，可以完全不顾及反常现象的“反驳”，受正面启发法的指导而取得了重大的进展。拉卡托斯认为，在健全的研究纲领内进行研究的科学家合理地选择研究的问题，是由正面启发法决定的，而不是由反常事例决定的，科学研究纲领方法论的这一特征说明了理论科学的相对自主性。朴素证伪主义者关于理论一遇反常就被反驳的观点是不能说明这一点的。

2. 进步纲领与退化纲领

拉卡托斯认为，成熟的科学是由研究纲领构成的，科学的连续增长就是进步的研究纲领战胜并取代退化的研究纲领的过程。如何评价一个研究纲领是进步的还是退化的呢？他指出，进步的研究纲领必须满足三个条件：

（1）必须是理论上进步的。假定有一系列理论。如果每一后继理论都是为消除先行理论的反例而附以辅助条件而产生的，每一后继理论的内容都包含了其先行理论未被证伪的内容，并且超过了先行理论的经验内容，也就是说，新理论能说明旧理论所不能说明的反常，并且预测了新颖的、未曾料到的事实，那么，这个理论系列就是理论上进步的。

（2）必须是经验上进步的。这个理论系列中，如果新理论的超量的经验内容中有些得到了确认，也就是说，如果新理论所预测的新事实被发现了，那么这个理论系列就是经验上进步的。

（3）必须具有启发力。一个进步的纲领必须有一套详细的启发法，在启发法的指引下，为纲领选择问题，建立辅助性假说，预见新事实。这种启发力产生了理论科学的自主。[①]

如果一个研究纲领在理论上和经验上都是进步的，并且具有启发力，那么我们便称它是进步的纲领；否则便称它是退化的纲领。

按照这些条件来判定，拉卡托斯认为，马克思主义和弗洛伊德主义这类纲领虽然大范围地说明了反常现象，满足了第一个条件，但却不能预见其他事实，即不能满足第二个条件。现代社会心理学虽然借助于统计学技术可能作出新颖的预测，但是建立理论的方法没有统一的观点，没有启发力，也没有连续性。因而这些纲领都算不上进步的纲领。

拉卡托斯进一步认为，只有满足这些条件的进步纲领我们才“接受”它们为“科学的”，否则，我们便“拒斥”它们为“伪科学的”。如果理论系列中的一个理论被另一个确证度更高的理论所取代，我们便认为它“被证伪了”。然而，拉卡托斯的“证伪”含义与波普的“证伪”的区别有着明显的不同。

3. 判决性实验与证伪

拉卡托斯不仅探究了作为科学进步的基本单元的研究纲领的评价问题，而且考虑了研究纲领中彼此竞争的理论的评价问题。波普模式中的一个理论被证伪，库恩模式中的旧范式被新范式替代，其主要理由都是原有理论遇到反常，尤其是遭遇一个否定性的判决性实验。而拉卡托斯精致证伪主义

① Lakatos I.：《科学研究纲领方法论》，第 33，121—122 页。

的“证伪”最根本的特点是：证伪是对于相互竞争的理论之间的关系，而不是经验陈述与理论之间的冲突；瞬间的(instant)判决性实验是不存在的。

拉卡托斯认为，对于互相竞争的理论 T 和 T′，理论 T 被已经提出的理论 T′证伪，当且仅当，(1) 与 T 相比，T′具有超量的经验内容，也就是说，T′预测了新颖的事实，这个事实根据 T 来看是不可能的、甚至是禁止的；(2) T′能够说明 T 成功地说明的事实，也就是说，T 的一切未被反驳的内容都包括在 T′内容之中；而且 (3) T′的超量内容有一些得到了确证，也就是说，T′的一部分新颖的预测被证实了。[①]

这是精致证伪主义关于“证伪”的界定，这一界定体现了不同于朴素证伪主义“证伪”的两个特点：第一个特点是，证伪依赖于更好的理论的出现，依赖于发明能够预见新事实的理论，拉卡托斯把这个特点比喻为“智慧女神的猫头鹰在黄昏时才出来”。[②] 所以证伪不仅仅是理论与经验事实之间的关系，而且是相互竞争的理论、原先的经验事实，以及由竞争产生的经验增长之间的多边关系。因而使证伪具有了“历史的”特点。拉卡托斯以爱丁堡的物理学家普劳特(Prout)的理论作为他这一观点的成功的例子。1815 年普劳特在一篇匿名论文中断定，所有纯化学元素的原子量都是整数。但是这一理论遭到当时大量实验证据的反驳。另一位

① Lakatos I.：《科学研究纲领方法论》，第 45 页。

② Lakatos I.：《科学研究纲领方法论》，第 120 页。

科学家斯塔斯（Stas）经过精确地测量提出，氯是一种纯化学元素，它的原子量是 35.5。但是普劳特的拥护者认为，这个实验不足以成为反驳普劳特的理论的理由，而有可能是实验证据不精确。因此他们对斯塔斯的实验证据提出上诉，发现分析观察的理论中隐藏着一个错误的假设：如果经过 17 道净化程序，那么剩下的便是纯氯；氯 X 经过了 17 道程序；所以氯 X 是纯氯。但实践证明这种分馏理论是错误的。一个世纪以后，普劳特的理论成为近代原子结构理论的基石。

拉卡托斯还认为，一个刚步入竞争的新纲领，是从以新颖的方式说明“旧事实”开始的，但是可能需要相当长的时间才能证实它所预测的新颖的事实。牛顿纲领、爱因斯坦纲领提出之初都是如此。我们不应该仅仅由于一个年轻的研究纲领还没有超过其已经发展了很久的强大的竞争对手而抛弃它，一个进步的纲领需要有一个成熟的过程，因而对于年轻的纲领要强调方法论的宽容性。①

正因为如此，其瞬间的判决性实验是不存在的，这是拉卡托斯“证伪”的第二个特点。

所谓判决性实验意指，为两个竞争的假设 T_1 和 T_2 所导出的互相排斥的预测事实而设计的实验，实验的结果将是其中一个假设的确认证据，而是另一个假设的反证据。判决性实验是朴素证伪主义者一次性证伪的决定性证据。但是，在拉卡托斯看来，瞬间的判决性实验是不存在的，因为：其

① Lakatos I.：《科学研究纲领方法论》，第 97 页。

一，一个曾被判决性实验淘汰的理论，将会在新发现的理论中得到复活。1850年法国科学家傅科的实验曾被广泛地看做是光的微粒说纲领与波动说纲领之间的判决性实验，把光在空气中和在水中的传播速度加以比较。按照波动说，光在水中的传播速度比在空气中要慢，微粒说的推测则相反。实验的结果接受了波动说，而使微粒说遭到淘汰。但是在20世纪发现的量子理论中，曾被淘汰的微粒说得到了复活。这个例子说明，一个理论的评价不仅仅只在相互竞争的两个理论之间进行，它们与其高层理论的支持息息相关。在新的历史时期高层理论的出现，会使低层理论获得不同的评价。

其二，一个判决性实验几十年以后才会被视为判决性实验。水星近日点的反常现象是牛顿纲领中许多未解决的困难之一，人们指导这个问题已经有几十年了，直到爱因斯坦的理论出现后，才把这个阴森的反常变成了对牛顿纲领的一个光辉的判决性反驳。一直被视为推翻以太理论的判决性实验——迈克尔逊－莫雷实验，拉卡托斯认为我们仍然没有充分的理由认为它已经证伪了以太的存在，在一个重大的创造性纲领中，以太理论可能会卷土重来。而且，1907年迈克尔逊因这个实验而获得诺贝尔奖，并不是因为这个实验反驳了以太理论，而是因为他的精密光学仪器和分光仪，以及在这些仪器帮助下进行的方法论研究。迈克尔逊在他的“诺贝尔演讲”中闭口未谈迈克尔逊－莫雷实验是为检验特定的以太理论而设计的。[①]

---

① Lakatos I.：《科学研究纲领方法论》，第106－107页。

4. 科学纲领方法论模式评价

拉卡托斯的科学研究纲领方法论模式吸取了几种不同的研究传统的合理特点，并力图避免它们的不合理之处。科学研究纲领方法论学习证实主义者向经验学习的决心，要求只接受已经被经验证实的理论，拒斥一切未被证实的理论。而且把经验事实证实的累积看做是纲领进步的标志，因此科学的进步并不一定要用反驳给予说明。没有反驳引路，科学也能增长。但是拉卡托斯并不像实证主义一样只关注证实事例量的累积、科学知识的静态的增长，而是在纲领的进步中给予新颖的、预想不到预测事实的证实以更大的权重，更关注科学知识的动态成长。

然而作为精致证伪主义者，拉卡托斯继承了波普证伪主义的传统，相信任何知识都是历史性的，都是可误的，因此纲领的保护带必须不断地接受批判，并且在批判中不断得到修改。随着历史的发展，进步的纲领终究会淘汰退化的纲领。但是，拉卡托斯否认理论一遇反常就被证伪的朴素证伪主义观点，认为理论是具有韧性的，任何实验结果都不能淘汰一个理论，通过不断调整辅助性假设或适当地对该理论的术语的重新解释，总可以从反例中挽救该理论。避免了波普一次性证伪的独断性。

拉卡托斯学习库恩重视科学史与科学哲学的结合，借用康德的名言以警示："没有科学史的科学哲学是空洞的；没有科学哲学的科学史是盲目的。"并把自己的研究纲领定位于"合理重建科学史"。拉卡托斯还把库恩"常规科学"的思想融入了科学纲领方法论模型，它的反面启发法强调，一个科学研究纲领遇到反常时，其上诉的矛头不能指向纲领的体现纲领实质的硬核。正面启发法的作用也旨在通过调整或修改保护带，消除反常，使硬核免遭证伪。观察对接受检验的假说的影响，在一个研究纲领内相对来说是不成问题的，因为硬核和正面启发法有助于确定一种相当稳定的观察语言的意义。但是，由于拉卡托斯承认进步纲领包含了被淘汰的退化纲领未被证伪的内容，所以避免了库恩“范式不可通约性”的相对主义。

精致证伪主义把科学理论作为具有复杂的、内在结构的整体来考虑，把科学研究纲领作为科学基本单元的观点，显然是基于迪昂－奎因整体性论点。根据这一论点，“如果我们在系统的其他部分作出足够剧烈的调整，那么在任何情况下任何陈述都可以认为是真的，即使一个很靠近外围的陈述面对这顽强不屈的经验，也可以借口发生幻觉或者修改被称为逻辑规律的那类陈述而被认为是真的。反之，由于同样的原因，没有任何陈述是免受修改的。”而且“系统”绝不大于“整个科学”，“通过对整个系统的各个可供选择的部分作各种不同的修改，就可以适应顽强的经验”。[①] 这个论点有强弱不同的两种解释。按照弱解释，它坚持实验结果的反常不可能直接反驳理论陈述，为了使一个理论陈述不被证伪，可以对这个陈述的背景知识中的任何部分作出修改，甚至可以修改逻辑规则。按照强解释，选择修改理论系统中的哪一部分，是没有任何合理性标准可遵循的。拉卡托斯赞同这一

① Quine W. V. O.: *From a Logical Point of View*, pp. 43-44.

论点的弱解释，因为它只是打击了独断的证伪主义，只是否认反常必然证伪理论系统中的某一个单独的成分，而不打击精致证伪主义。但是他不接受强解释，因为它不仅否认了独断证伪主义，而且否认了选择规则的合理性，放弃了理性主义立场，与精致证伪主义的方法论原则是相矛盾的。

从总体上看，拉卡托斯的科学研究方法论模式是在科学的静态增长和动态增长之间、在证实主义和证伪主义之间保持了一定的平衡，既吸取了库恩模式的合理之处，又吸取了整体论的合理之处。然而具体分析这个模式仍然是有困难的。

依据拉卡托斯的观点，在理论的证伪过程中，理论家总是希望对实验家的否定性判决性提出上诉，上诉程序的延长不过是推迟了对理论做最后判决的时间。即使是暂时地、偶然地对理论的真值作出决定，公正的裁判仍然是经验事实。然而，作为可误论者，拉卡托斯相信经验陈述的可误性，因此他不能建立一种可靠的证伪的经验基础，他不得不像他所批判的独断的证伪主义者一样，在给定的时间，为判断理论的真值约定一条界限。

另外，与库恩的范式一样，纲领论的硬核是一种僵硬的结构，在一个研究纲领被淘汰之前，不允许有任何改变。而且，尽管他分别考虑了研究纲领和理论的评价问题，但由于一个研究纲领之包含前后相继的理论，而不包含彼此竞争的理论，因而研究纲领的评价与理论的评价没有关系，这是不符合科学史实际的。

这个模式最主要的困难还在于，拉卡托斯坚持一个纲领的接受或拒斥是一个历史的过程，一个年轻纲领的进步是需要很长时间才能看出来的，一个退化的纲领不能导致新事实的发现则需要更长的时间才能作出判断。那么必须经过多少时间才能决定一个纲领的接受或拒斥呢？拉卡托斯的方法论标准未能告诉我们，他只是无奈地说："要断定一个研究纲领什么时候无可挽救地退化，或什么时候两个竞争纲领中一个对另一个取得了决定性的优势，是非常困难的，这尤其是因为不应该要求纲领每一步都是进步的。在这一方法论中……不能有瞬间的理论……人只能事后'聪明'。"① 看来"进步纲领"与"退化纲领"的判定条件只是纸上谈兵，并无实用价值。正如库恩所敦促的：拉卡托斯必须规定在特定的时间可用来区别退化的研究纲领和进步的研究纲领的标准，等等。否则，他就是对我们空谈。②

五、科学进步的解题模式

波普的"证伪论"把问题看做科学活动的起点，他的进步模式就是一个解题的逻辑模式；库恩的"范式论"不仅视解题能力为科学与非科学的划界标准，而且视其为范式选择的重要根据；拉卡托斯的"纲领论"关注的中心问题就是解决反常问题，解决反常的能力是"纲领论"识别进步纲领的

① Lakatos I.："Falsification and the Methodology of Scientific Research Programmes", in *Criticism and the Growth of Knowledge*, ed. by Lakatos I. & Musgrave A., p. 113.

② Kuhn T. S.："Reflections on my Critics", in *Criticism and the Growth of Knowledge*, ed. by Lakatos I. &Musgrave A., p. 239.

首要条件。这三种模式都正确地说明了，科学本质上是一种解题活动。美国科学哲学家拉瑞·劳丹（Larry Laudan）①在他的《进步及其问题》一书中，批判地吸取了以上三种模式的思想，集中论述了科学的解题活动与科学进步的关系，把自己的科学进步的模型直接称作“解题模型”。

1. 经验问题与概念问题

劳丹把解决问题提到科学的主旨的高度，而且问题的解决是科学进步的基本单元，所以，如何确定问题解答的合适性就成为一个重要的问题。要确定这个问题就必须对问题进行分类研究，以确定它们在科学发展中的重要性。劳丹把问题分为经验问题和概念问题两类。

（1）经验问题及其重要性度量

为什么重物会下落到地面？为什么种瓜得瓜，种豆得豆？对自然现象或自然规律的这些疑问或需要说明的问题构成了经验问题。经验问题并不等同于经验事实。重物下落到地面这个经验事实只有当需要用理论说明时，才成为一个经验问题。种瓜得瓜，种豆得豆这个古人都知道的平凡的经验事实，只有在近代的遗传学中才成为需要解决的经验问题。许多未知的事实也不构成经验问题，太阳的气体成分这个经验事实在发现之前并未成为一个经验问题。可见，一个事实

① 拉瑞·劳丹（Larry Laudan，1926— ）出生于美国得克萨斯州。1962年毕业于堪萨斯大学物理系，1965年在普林斯顿大学获哲学博士学位。先后在伦敦大学、匹兹堡大学、弗吉尼亚工学院、夏威夷大学任教，现任墨西哥国家独立大学资深研究员。曾担任《科学哲学》、《科学史与科学哲学研究》杂志的编委。

只有被当做问题对待时才成为经验问题。而且什么现象或规律可以被看做是经验问题，有赖于一定的理论，只有当一个学科领域以这种现象或规律作为研究对象，这个现象或规律才成为经验问题。

劳丹根据经验问题在理论评价中的作用，将其分为三类：未解决问题、已解决问题和反常问题。

未解决问题是指任何理论都没有确切表明并未能解决的经验问题。这类问题在为某个领域的理论解决之前，一般只是潜在的问题，只在得到解决之后才成为真正的问题。这是因为由于实验或测量仪器等客观条件所限，我们不能知道某一经验事实的断定是否为真，例如，同时抛出的一个重物和一个轻物同时着地这一事实的断定是否为真，是需要通过真空条件下的实验来确定的，在条件不能满足的情况下，我们不能把它视为一个经验问题。另一方面，即使某现象的真已经确定了，但它属于哪个科学领域，因而应该用什么方法来解决，在最初是不清楚的。月亮为什么在地平线附近显得最大？这是天文学问题、光学问题、心理学问题还是化学问题，在很长一段时间内是极不清楚的，用什么方法解决就更不得而知了。这种不确定性使得这类问题在理论的评价中不占重要的地位，因此，一个理论不能解决这类未解决的问题是无损于这个理论的地位的。

已解决问题是指有一个理论充分解决的经验问题。一个问题是否得到了解决，在劳丹看来，其标准仅仅只要求一个理论对一个问题作出了近似的陈述，不要求理论的结果与实验结果精确一致。牛顿理论并未能精确说明行星的运动，爱

因斯坦理论也没有精确说明爱丁顿用望远镜所做的观察。一个理论是否解决了一个问题，与这个理论的真假或几率无关，“一般地说，任何理论 T，只要 T 在其结论是关于某个经验问题的陈述的推理中起到（重大）作用，就可以被看做是解决了这个经验问题。”[①] 而且，问题得到解答的概念是一个相对的概念，什么是问题得到真正解答的标准是随时间而变化的。重物为什么会下落到地面？在牛顿看来，亚里士多德的解答根本就不能算作对自由落体的解答，因为他不能说明落体的“均匀加速”性。

在劳丹的模式中，反常问题指某一理论虽然未能解决，但却已经为此领域的一个或多个彼此竞争理论解决的经验问题。与传统观点不同的是：第一，劳丹认为，对一理论的反常问题虽然构成怀疑该理论的理由，但并不非得放弃此理论。第二，反常未必与产生反常的理论不一致，只是它没有说明或解决这些结果，而它的竞争理论已经解决了。伽利略对摆的运动所做的经典研究中，说明了摆运动的数量关系，但他的前辈的运动学说虽然对摆动重物的轨迹作出了正确的预测，但却没能说明摆的运动的数量关系，因为它们根本没有致力于解决这个问题，因此这个问题构成了伽利略之前运动理论的反常。实际上，劳丹一方面扩大了反常概念的范围，从而将一理论未给予说明而不是不能说明、其竞争理论已经解决的问题也包含在反常问题之中；另一方面，他又弱

① Laudan L.：《进步及其问题》，刘新民译，华夏出版社 1998 年版（下同），第 27 页。

化了反常问题在认识上的威力，不视其为对一理论的最终的、判决性的论据。

所有经验问题并不处于同等重要的地位，某些已解决问题比其他已解决问题更重要，某些反常问题比其他反常问题对理论的威胁更大。于是劳丹给出了经验问题重要性的量度方法。

以下三类情况会使经验问题的重要性提升：其一，如果一个问题为某一领域的一个已有理论所解决，那么它就成为要求该领域相竞争的理论应该给予解决的重要问题。其二，任何将一个理论的反常问题成功地转变为已解决问题的理论将获得有利于自己的有力证据，因此，反常问题因得到解决而使其重要性提升。其三，理论从该领域的一系列问题中挑选某些决定其他问题的问题作为基本问题，其他问题的解决都可以归结为这个问题的解决。因此，这些问题因成为基本问题而使其重要性提升。

反常问题对于理论在认识上的威胁程度的评定，必须放在该领域的诸多竞争理论之间进行，如果一个理论是某领域中惟一的已知理论，那么几十个反常也不具有决定性作用。只有当某一理论不能解决的经验问题，其他竞争理论能解决，这一反常问题才对该理论构成威胁。决定反常问题重要性的重要因素有两个：第一个因素是，被观察到的实验结果与理论预测之间的差异度。任何理论都要不断面对理论预测与实验数据之间的微小差异，当差异大到科学家不能容忍时，反常对于理论的威胁就严重了。第二个因素是，反常长期得不到解决。理论经过若干次调整，仍不能说明反常，当

反常对理论表现出顽强的抵抗力时，反常对理论的威胁就严重了。

(2) 概念问题及其重要性度量

概念问题是非经验问题，是某种理论所显示的问题，它们不能独立于理论而存在，它们甚至不具有经验问题所具有的那种有限的自主性。根据发生情况，概念问题可分为两类：内部概念问题，即某理论或是出现内部逻辑不一致，或是基本范畴含糊不清；外部概念问题，即一理论与另一已经由理性牢固确立的理论发生冲突。

概念问题产生的原因主要有三类：第一类，科学内部的不一致。某一领域的一个新理论作出的理论假定与我们已充分接受的、已牢固确立的另一个科学理论的假定不一致，甚至相悖。新建立时的哥白尼天文学体系对物体运动作出的假定就因与当时被普遍公认的亚里士多德力学的假定不一致而不被接受。这类问题看似容易，消除却很难。因为不一致是对称性关系，两个理论不一致，使我们有理由对两个理论都产生怀疑，而没有理由立刻放弃其中一个。

第二类，方法论方面的困难。方法论规则为理性的科学活动提供了一种规范，所以科学哲学家总是试图为可接受的科学推理模式立法。17 世纪初，科学推理模式的主导看法是数学的和论证的模式。而 18 世纪和 19 世纪初，大多数科学家所坚信的科学方法是归纳和实验方法。科学家的方法论的信念深刻地影响到他们的研究工作和对科学理论的评价，一个有充分理由接受某种方法论的科学家对违反这一方法论的科学理论表示极大的怀疑，被认为是完全合理的，方法论因在科学合理性评价中起到决定性的作用，而被看做是最尖锐的概念问题。

第三类，世界观的困难。外部概念问题常常产生于科学信仰与非科学信仰体系（如形而上学信仰、神学信仰、道德意识形态信仰等）的对立。18世纪牛顿力学的信奉者就遇到与当时占统治地位的非活动力的本体论（即把“力”看做是像质量和惯性那样的被动力，这种被动力是物理世界运动的基础）的矛盾，因而超距作用问题的不可理解性（如，一个物体如何把力施加于远离该物体的一点上?）便成为牛顿力学需要解决的尖锐的概念问题。苏联李森科的科学研究因与马克思主义关于人的本性取决于环境的观点一致而盛行一时，与此同时，达尔文和孟德尔学说却因与马克思主义这一观点相悖而遭冷遇。这类问题的解决取决于非科学信仰的顽固程度，更主要地取决于科学理论的解题能力，因为科学理论对于世界观是独立自主的。

劳丹也给出了概念问题重要性度量的原则。他区分了使概念问题最初的重要性提升的四种情况。第一种，在概念问题上不一致的两个理论之间的冲突越大，引起它们冲突的概念问题之重要性也就越大。第二种，引起两个理论 T_1 和 T_2 相冲突的概念问题对于 T_1 的严重性程度，取决于我们在多大程度上接受 T_2。如果 T_2 解决经验问题的能力强到不能放弃，那么这一概念问题对于 T_1 就是严重的。反之，引起 T_1 和 T_2 冲突的概念问题就不是重大的概念问题。第三种，两个相互竞争的理论 T_1 和 T_2，如果都显示了同样的概念问题，那么这一概念问题对于理论的比较评价无足轻重。但是，如果 T_1 所产生的概念问题对 T_2 并不构成问题，那么这个问题对于评价 T_1 和 T_2 的优劣便十分重要。第四种，一个长期不能被某个理论解决的概念问题，对该理论的威胁会增大；而由一个新理论产生的某一概念问题常有理由希望通过理论内部的调整予以消除。

劳丹这样概括概念问题在科学发展中的重大作用："任何没能看出概念问题作用的关于科学本性的理论，都没有资格成为描述科学实际上是如何发展的理论。"①

（3）解题能力与理论评价

从科学本质上是一种解题活动的观点出发，劳丹指出："科学的目的是不断扩大其解决经验问题的范围，不断缩小反常问题和概念问题的范围。"② 也就是说，科学理论的发展一方面有赖于已解决问题的积累，另一方面有赖于通过消除反常问题和概念问题提高解题能力。这两方面是劳丹模型的核心假设。

已解决问题（包括经验问题和概念问题）是科学进步的基本单元。如果一个理论 T_1 能充分解决的经验问题比它的竞争理论更多、更重要，那么，理论 T_1 就比其竞争理论更受欢迎。但是，这并没有最终导致"进步"，如果理论 T_1 在越来越多地解决那些经验问题的同时，也产生了反常问题和概念问题，有些产生的问题甚至比解决的问题还严重，那么对于理论 T_1 的发展是不利的。所以，一个理论的解题有

---

① Laudan L.：《进步及其问题》，第 68 页。

② Laudan L.：《进步及其问题》，第 68 页。

效性并不仅仅取决于它已解决问题的数量和重要性，而是取决于它已解决问题和未解决问题的差额。由此，劳丹总结出理论评价的方法："一个理论的总解题有效性可由对该理论所解决的经验问题的数目和重要性以及由该理论产生的反常问题和概念问题的数目和重要性的估算来确定。"①

从科学理论的发展来看，为了改造理论 T_1，科学家提出一个新理论 T_2。如果新理论 T_2 能够说明 T_1 所能说明的经验问题而不产生 T_1 那么多的反常问题和概念问题，那么接受 T_2 比接受 T_1 更合理。但若继续坚持 T_1 不放，则是退化。根据这个分析，在特定情况下对于科学的目的而言，科学进步的概念可定义为：如果科学的目的是解决问题，那么科学是进步的，当且仅当，任何领域中前后相继的科学理论表现出不断增长的解题有效性时。对某一理论的修改或由另一理论取而代之是进步的，当且仅当，后继理论比之先行理论是一个更有效的解题者。

以上是从具体的理论的维度来理解和评价科学进步。劳丹进一步认为，更一般的理论单元才是理解和评价科学进步的主要工具，这个更一般的理论单元就是劳丹所说的"研究传统"。

2. 研究传统与科学进步

(1) 研究传统的界定

"研究传统"是劳丹用以理解和评价科学进步的更一般的理论单元。任何一门学科，不论是科学还是非科学，都有

① Laudan L.：《进步及其问题》，第 69 页。

历史性的研究传统，牛顿理论、爱因斯坦理论、量子论、达尔文主义、哲学中的经验论与唯名论、经济学中的马克思主义和资本主义、心理学中的行为主义和弗洛伊德学说等。所有研究传统有一些共同特征：第一，每一研究传统都由若干同时存在或前后相继的具体理论构成；第二，每一研究传统都以特定的本体论和方法论原则作指导；第三，每一研究传统都经历了若干不同阶段的历史发展。根据这些特点劳丹给“研究传统”以界定：“一个研究传统是关于一个研究领域中的实体和过程，以及关于该领域中用于问题和构造理论的合适方法的一组总的假定。”[①] 具体地说，一个研究传统包括如下几个部分：

第一，一组本体论和方法论规则，规定在这个研究传统内“能做什么”和“不能做什么”。违反了这个传统的规定，也就突破或离开这一传统。

第二，若干具体理论，它们根据研究传统的本体论来说明该领域的所有经验问题。

第三，规定某些该领域研究者所能使用的研究方法，包括实验技术、理论检验、评价方式等。

(2) 理论与研究传统的关系

每一研究传统都与一系列具体理论相联系，具体理论能够推出该领域经验事实的经验预测，因而是经验上可检验的。而研究传统由于其普遍性和规范性而无法对具体的自然过程作出说明，一般只在极抽象的水平上阐明世界的本原和

---

① Laudan L.：《进步及其问题》，第 83 页。

研究方法，不能为具体问题提供详细答案。因此，研究传统既不能用于说明，也不能用于预测，因而不是经验上可检验的。而且，研究传统和具体理论不是推导的关系，因为同一研究传统中可以有多个不一致的理论，而对于任何特定理论，原则上可以有许多不同的研究传统为其提供本体论方法论基础。这些都是研究传统与理论的差别，对于科学的进步来说，重要的是要探讨理论与研究传统的相互作用方式。

研究传统对理论的影响形式是更重要的。其一，研究传统对属于其中的理论所必须解决的经验问题和理论问题的范围和重要性有着决定性的影响。17 世纪笛卡尔的机械论研究传统的兴起，从根本上改变了光学理论所可接受的问题，这一传统假定，知觉和视觉（这些原被认为是任何光学理论必须解决的经验问题）应归于心理学和生理学研究，不属于光学的研究范围。

其二，研究传统的首要功能是为解决给定领域的所有问题提供总的本体论和方法论，因此它排除与自己不一致的理论进入该传统的范围。笛卡尔主义者视牛顿天体力学理论为完全无效；爱因斯坦的质能相等理论拒绝任何假定了质量绝对守恒的理论。

其三，由于研究传统对所属理论必须解决的问题的范围起到决定性的影响作用，所以，它对理论的构造起到关键性的助发现作用。

其四，理论一般都要作出许多假设，但理论本身是不能为这些假设作辩护的。研究传统的重要功能之一就是为理论的假设提供辩护，使在它之下从事工作的科学家不必考虑假

设的辩护，而能专心于问题的解答。

研究传统是历史的产物，也会随历史的发展而变化，理论对研究传统的变化起到了重要的作用，其变化形式主要有两种：其一，为了提高研究传统内理论的解题能力，当科学家发现了一个比先行理论有重大改进的理论时他们会立刻放弃原先的理论。由于理论变动如此迅速，以至于任何经久不衰的研究传统的历史都表现为一系列前后相继的理论的变化。

其二，当理论发现原来为它提供辩护的研究传统束缚了它解题的有效性时，它会突破该研究传统，转而接受另一个更成功的研究传统。伽利略的落体理论就已经脱离了当时伽利略的研究传统——亚里士多德研究传统。

总之，一个成功的研究传统能够为其组成理论导致越来越多的问题的合适解答提供条件。一个特定理论的成败与它所属的研究传统的成功密切相关，这表现为，一个理论若属于一个不成功的研究传统，即使该理论的解题能力很强，也会受到很大怀疑；一个解题能力较弱的理论若与一个高度成功的研究传统相连，则也会受到强大的支持。正因为研究传统与理论如此相互作用，所以，研究传统的进步性评价也与理论息息相关。

（3）研究传统的进步性评价

既然研究传统不能推出可观察的实验结果，那么我们就不能用评价一个理论可接受性的标准来评价研究传统。劳丹认为有两种最常见、最有决定性的评价方式：一种是，评价研究传统的瞬时合适性。就是确定当前构成研究传统的那些理论（不考虑先行理论）的解题的有效性。另一种是，评价研究传统的进步性。就是把研究传统的瞬时合适性放在该研究传统的历史中进行比较，以确定该研究传统的合适性随着历史的发展是进步了还是退化了。这种进步性有两种测度：研究传统的总进步测度，即将一个研究传统中的最久远的理论的解题有效性与最新理论作比较；研究传统的进步率测度，即在给定时期中研究传统的瞬时合适性的变化。

对研究传统的评价还与给定社会文化的更大的信仰体系相关。当一个研究传统，特别是一个新诞生的研究传统，与社会占统治地位的旧世界观不一致时，它就陷入严重的困境，并将导致它所属的理论的可接受性遭到严重挑战。但是，一个获得极大成功的研究传统会导致与之不一致的世界观被放弃，而与其一致的新世界观则得到详尽的阐明。当然，也不排除传统的世界观对某些极成功的研究传统并未作出多少让步的情况。

劳丹进一步考虑了理论和研究传统的评价在两种不同背景中的情况。第一种是接受的背景。科学家常常在一组彼此竞争的理论或研究传统中选择一个作为他们接受的理论或研究传统。基于解题进步性的观点，这种选择的决定性条件是，选择具有最大解题能力的理论或研究传统。

第二种是寻求的背景。以上“接受的背景”可以看做是在理想背景下，对理论或研究传统可接受性的合理评价，但是在科学实际中，科学家所寻求到的理论或研究传统常常比与之竞争的理论或研究传统的可接受性更低、更不值得信赖。事实上，新的理论或研究传统在产生以后很长时间内，

其解题能力会低于其先行者。但是它们常常表现出更高的进步率，即它们产生出的新概念和新分析手段很可能在短期内解决其领域中的最重要的难题。这样的理论和研究传统已萌发出进步的前景。因此，一般来说，寻求较之竞争对手有更高进步率的研究传统是合理的，即使它的解题能力当下还较低。

这就是劳丹编织的以解决问题为主线的科学知识增长模式的简要概述。

3. 解题模式的评价

劳丹的解题模式是批判地吸取波普的证伪论、库恩范式论和拉卡托斯纲领论发展而来，因此我们很容易发现它们共同之处。劳丹既非常强调科学进步模式必须与科学发展的实际过程一致，又十分重视科学方法论在科学进步中的作用，他的解题模式的目的与拉卡托斯的纲领论一样，是合理重建科学史。劳丹吸取了他的先行者的模式给予解题活动重要地位的合理观点，把解题作为科学的目的和他的模式的主线予以突出。与范式论和纲领论一样，劳丹的解题论也试图将理论评价置于更广大的背景之中加以考察，因而其科学进步的基本单元——“研究传统”几乎可以在库恩的“范式”和拉卡托斯的“研究纲领”的同等意义上理解。

然而，劳丹的科学增长模式有许多不同于其先行模式的特点，用他自己的话说，他是力图从头开始导出他的“研究传统”的概念。

(1) 为科学进步编织了一张足够宽广和足够精细的评价之网。

劳丹的模式编织了一张足够宽广的科学进步的评价之网，以尽可能详细地包括科学实际活动中与认识有关的重要因素。劳丹不像其他科学哲学家那样，把经验事实或实验证据看做评价理论和研究传统惟一重要的合理性因素，而是把理论和研究传统置于一个更广大的社会文化信念体系之中，考察了包括形而上学信仰、神学信仰、道德意识形态信仰等在内的世界观对科学问题的产生和科学评价的影响。库恩的范式中虽然包含共同体成员的世界观因素，但并未给分析世界观对于范式的评价作用留下余地。

在理论评价和选择的标准上，劳丹恰当地处理了规范的合理性和文化或时代的合理性之间的关系。把接受有效地解决问题的理论或研究传统看做是合理性的，这是超时代、超文化的规范合理性标准。同时又考虑了具体的合理性因素是随时代和文化而变化的情况，为“非科学的”因素在其中起作用的科学事件的合理性评价提出了指导性原则。[①]

劳丹的模式编织了一张足够精细的科学进步的评价之网，以尽可能周到地包含与科学认识相关的那些重要环节。他根据在理论评价中的不同作用，对问题进行分类研究，这是他的先行者们所忽略的工作。不仅静态地分析了不同类问题在理论评价中的作用，而且动态地提出了问题在科学发展中重要性的提升和下降的度量情况。他除了从方法上概括一般情况下理论进步的方式、研究传统的特点等问题，只要可能，他从不遗忘对特殊情况的提示。比如，他曾强调理论的

① 参见 Laudan L.：《进步及其问题》，第 133 页。

两种特殊进步的情况：第一，在已解决的经验问题数目不变甚至减少的情况下，理论也可能发生进步；第二，即使在已解决的经验问题的数目增加的情况下，如果同时却产生了更尖锐的反常问题或概念问题，那么理论也可能是退化的。

研究传统的结构较之范式和研究纲领更为复杂、合理。在库恩的模式中，一个常规时期只有一种占统治地位的范式，一个范式中也只有一种占主导地位的理论，一个共同体成员是绝对排斥其他范式或理论的浸入的。拉卡托斯的模式有所改进，一个研究纲领可以包含前后相继的理论，但是研究纲领的评价与彼此竞争理论的评价没有关系。劳丹的一个研究传统则不仅包含前后相继的理论，而且包含相互竞争的理论，研究传统的评价与理论的评价相互息息相关。相比之下，劳丹的“研究传统”给我们展示了一个更符合科学史实际的结构。

（2）强调科学发展的连续性和研究传统之间的继承性。

劳丹否认科学的发展有革命阶段和常规阶段的区分，他认为，“科学革命并不像库恩所说的那样革命，常规科学也不像库恩所说的那样常规。我们已经看到，对任何范式或研究传统的概念基础之争论在历史上都是一个连续的过程。”①所以，劳丹通过弱化反常问题的认识威力，否定一个理论的反常问题对该理论的决定性证伪作用，以模糊科学革命与常规科学的界限。在他的模式中看不到科学革命的硝烟，科学革命只是平静地发生在科学家认真地对待一个他们曾忽视的

① Laudan L.：《进步及其问题》，第134页。

研究传统之时。科学革命与科学合理性和科学进步之间没有必然的逻辑关系。

不仅前后相继的研究传统之间在经验内容和理论内容上具有继承性，即使是相互竞争的研究传统也常常会以不同的方式（如一个研究传统移植到另一个之中；两个研究传统通过抛弃部分核心要素，合并为一个研究传统）整合为一种研究传统。而且不像库恩常规范式和拉卡托斯的研究纲领的硬核那样硬不可变，对于劳丹而言，一个研究传统的变化表现为其中的一系列前后相继的理论的迅速变动，更为新奇的是，还表现为它的某些最基本的核心要素（诸如核心的理论观点、基本假定等）也是变化的。但又不能认为这就产生了新的研究传统，演化的过程是相对连续的。所以，劳丹不是在科学革命和常规科学背景之中来考察研究传统的进步性，而是通过区分接受背景与寻求背景，恰当地说明科学家为什么常常可以在两个不同甚至不一致的研究传统中交替工作的问题。

（3）科学合理性依赖于科学进步性。

在科学的合理性与科学的进步性的关系问题上，以往的科学哲学家都把进步性建立于合理性之上，因为他们认为，合理性是指坚持一种合理的信念，与时间无关，而进步则是一个时间概念，进步性是在某一时期中所作出的一系列合理的选择。因而合理性比进步性更重要。而劳丹则把这种通常的观点颠倒过来，他认为，科学的合理性在于选择了最进步的理论，而科学的进步性则在于前后相继的理论表现出不断增长的解题的有效性。而理论的解题能力与理论的真假无

关，这样，科学合理性和进步性的评价就不会因涉及理论的真理性问题而遭到质疑（例如波普所遇到的“逼真度”的质疑；逻辑实证主义者所遭受的真命题的可几性的质疑）。劳丹认为，他突破了经典的认识论的实在论观点，对合理性与进步性关系的新发现，是解题模型的重要优点。

显然，解题模型的这些特点是为了消除其先行的那些模型的“反常”而应运而生的，因此使得这个模型颇具吸引力，也增强了它的可接受性。但是，我对它仍然存在几点疑问：

其一，强调科学发展的连续性，固然是正确的，但是把连续性过程与间断性过程看做是对立的，并用连续性否定间断性的做法是错误的，这丝毫不比波普过分夸大科学发展间断性的错误更轻。其实，“科学革命”一词并非库恩的创新，科学史家早就用它来指谓科学发展中具有重大的、显著的突破的阶段。从科学的实际历史来看，科学革命与常规科学的区别是客观存在的，甚至不谈论科学革命，就无法呈现科学进步。再则，劳丹明确表示反对渐进增长模型，但他又否认有明显的科学革命阶段，而如果没有科学革命阶段，那么科学的进步也就只能是“渐进的”自然演化了。这显然与劳丹所坚持的观点不一致。

其二，强调研究传统的历史性没错，但若否定了研究传统的稳定性，也就离我们所反对的相对主义不远了。一个研究传统经历了“某些最基本的核心要素”的改变还是原来的研究传统吗？如何区分研究传统核心要素的修改的情况与一个研究传统被另一个研究传统取代的情况？如果说研究传统中的某些更基本、更重要的要素是不能放弃的，放弃了就意味着放弃这个研究传统，那么如何确定不能放弃的是哪些要素呢？劳丹的模式不能给出令人满意的回答。

总而言之，从逻辑实证主义的累积式增长模式、波普的证伪主义模式、库恩的范式论模式、拉卡托斯的纲领论模式到劳丹的解题模式，其中每一种模式都为科学知识增长问题的研究作出了不可磨灭的贡献。每一个后继模式对先行模式的发展都是站在巨人肩上努力的结果，所以我们没有理由，事实上也不可能，因某一模式的某些缺陷而全盘抛弃它。爱因斯坦用于评价牛顿功绩的那段在科学史上闪烁着永恒光辉的肺腑之言，现在同样适合于我们对每一增长模式的评价："牛顿啊，请原谅我；你所发现的道路，在你那个时代，是一个具有最高思维能力和创造力的人所能发现的惟一的道路。你所创造的概念，甚至今天仍然指导着我们物理学思想，虽然我们现在知道，如果要更加深入地理解各种联系，那就必须用另外离直接经验领域较远的概念来代替这个概念。"

第九章　科学知识社会学的相对主义科学观

20世纪后期，科学哲学中整体主义论点、观察的理论负荷等论点极大地冲击了早期逻辑实证主义简单地诉求于逻辑方法和经验可靠性的科学观，使每一个争论问题的解决方案形成了多元化的局面。库恩的范式的不可通约性观点、费耶阿本德的无政府主义方法论观点被看做是对科学哲学内部的相对主义对正统科学观的挑战，他们的观点还影响到某些哲学的交叉领域。

科学社会学从一开始就是一门与哲学联系密切的理论性社会学学科，它的不同发展形态都具有它那个时代的哲学色彩。以杜克海姆（Durkheim E.）和曼海姆（Manheim K.）为代表的早期的知识社会学，受德国古典哲学的影响，把知识作为一种精神现象和认识成果来研究，主要用思辨的方法从本体论和认识论的视角研究知识与社会存在的关系，实际上并未脱离哲学的框架。在作为一种哲学运动的逻辑实证主义哲学的背景下，以默顿（Merton，Robert K.）[①] 为代表的科学社会学把科学知识作为专门的研究对象，有了独立的研究课题，形成了独特的经验研究方法。使科学社会学真正成为一门独立于哲学的经验学科。而以爱丁堡学派的巴恩斯（Barnes B.）和布鲁尔（Bloor D.）为代表的科学知识社会学，深受现代科学哲学中相对主义思潮的影响，把科学知识看做是由社会建构的，把他们的纲领定位为"相对主义知识观"，并有着代替科学哲学的博大的哲学抱负。因此，他们对当代科学哲学科学观提出了挑战。科学知识社会学的研究纲领是在批判默顿传统和正统科学哲学传统的基础上形成的，所以我们先简要地谈谈以默顿为代表的科学社会学的特点。

一、默顿的科学的精神特质

1. 默顿与科学社会学

早期的知识社会学在研究科学知识与社会存在的关系时未脱离哲学框架，其原因就在于，缺乏思考科学本身的社会文化结构所需要的概念框架。默顿认识到，无论是考虑周围的环境如何影响科学知识的发展，还是考虑科学知识最终如何影响文化和社会，都要以科学本身变化着的制度结构和组

① 罗伯特·金·默顿（Robert King Merton，1901—2003）出生于美国宾夕法尼亚州的费城。1931 年毕业于坦普尔大学，并获学士学位，在哈佛大学获硕士学位（1932 年）和博士学位（1936 年）。从 1941 年开始直到退休一直在美国哥伦比亚大学任社会学教授。被誉为美国"科学社会学家之父"。

织结构为中介。在 20 世纪 30 年代中叶之前，以知识作为研究对象的社会学因没有独立的概念框架而未能形成为一门独立的学科。

默顿 1938 年出版了他的博士论文《17 世纪英格兰的科学、技术与社会》，在这篇论文中，他研究了当时英国科学兴起的文化背景和价值观念，分析了作为一种社会制度的科学与其他制度之间的互动方式，分析了近代早期的科学与技术在发展中的直接和间接的联系方式，追溯了那个时期的经济和军事利益对科学研究问题的选择的直接和间接的影响。他的这篇论文几乎酝酿了此后发展起来的科学社会学的主要的研究主题，如科学的精神特质、科学界的优先权、科学的奖励制度、科学中的多重独立发现、科学中的问题选择等问题。默顿在这篇论文中创立的“内容分析法”、“集体的经历分析法”和“科学引证分析法”成为科学社会学的独特的经验方法。这篇论文被认为开创了科学社会学这门独立的社会学专业，正如默顿的导师科恩教授评价的，默顿著作引人注目的标题表明了它的新颖性。在此之前从未看到这么明确地把“科学、技术与社会”（简称为 STS）这三个词组合在一起的用法，他是第一个使用这三个词组的学者。现在这三个词的组合已广为人知，在过去的十几年时间里，相当多的大学设立了“科学、技术与社会”的研究项目、研究中心和研究机构。“科学、技术与社会”这个词组也许已经成为迅速发展的科学社会科学的一个主要的语义标志。

此后，默顿的一系列重要著作（如《社会理论与社会结构》等）和论文（如《科学与社会秩序》、《科学的规范结构》、《站在巨人肩上》、《科学的马太效应》、《科学发现的优先权》等）为这一学科提供了主要的范式，明确地把科学体制内部的社会结构作为研究课题，确立了作为一种社会制度的科学的规范结构。默顿被公认为“科学社会学之父”。默顿的理论中与科学哲学密切相关的是他关于科学的精神特质的观念，他的有关论述在当今处于变迁中的科学观念中独树一帜。

2. 作为科学的精神特质的四种制度上的规范

默顿认为，科学不仅是一种独特的、不断进化的知识体系，而且是一种“社会制度”，这种制度有着独特的规范框架，其中有些是与其他社会制度共享的，有些则与其他制度有剧烈的冲突。由于集权主义国家用政治制度对科学的自主性施加压力，所以为了分析科学所抵制的社会文化基础，默顿提出了“科学的精神特质”的概念，“科学的精神特质是指约束科学家的有感情色彩的一套规则、规定、惯例、信念、价值观和基本假定的综合体”。[①] 尽管科学的精神特质没有明文规定，但可以从科学家的道德共识中找到，这些共识体现在科学家的习惯、讨论科学精神的著述、意即他们对违反精神特质的义愤态度中。这些规范是借助于制度性的价值得以合法化，通过戒律或赞许得以加强为必不可少的规范，从而在不同程度上被科学家内化，形成他们的科学良知。

---

① Merton R. K.: “Science and the Socia Order”, *Philosophy of Science*, 5 (1938), p. 326.

科学的制度性目标是扩展被证实了的知识，实现这种目标的方法是经验上的检验和逻辑上的证明，这就提出了关于知识的恰当定义，即知识是经验上被证实的和逻辑上一致的对规律的陈述。默顿指出，科学的制度性的规则就来源于这个定义，有经验证据的学术规范是适当的和可靠的，它是被证实为正确的预言的一个先决条件，逻辑上一致这一学术规范也是作出系统和有效的预测的一个先决条件。方法论上的有效性是科学惯例的依据。

默顿在《论科学与民主》① 一文中提出了四种制度上必需的规范——普遍主义（universalism）、公有性（communism）、无私利性（disinterestedness）和有组织的怀疑（organized skpticism）构成了现代科学的精神特质。

普遍主义体现为这样的准则：关于真理的断言必须服从于非个人性的标准，即要与观察和先前被证实的知识一致。这表明科学的价值是客观的，与个人和社会的属性（如科学家的种族、国籍、宗教、阶级和个人品质等）无关。因此普遍主义张扬的是科学的国际性、非个人性实际上的匿名性特征，正如巴斯德的名言“科学家有祖国，科学家无国界”。普遍主义规范的另一种表现是，要求在各种职业上对有才能的人开放。制度性的目标为有能力的人自由从事科学研究提供了保证。这说明普遍主义付诸实践是需要民主精神作指导原则的，民主化意味着逐步消除科学家发挥能力的限制，而

① Merton R. K.：“A Note on Science and Democracy”, *Journal of Legal and Political Sociology*, 1 (1942) pp. 115-126.

对成就评价的非个人性标准和地位的非固定化则是开放的民主社会的特征。

公有性是指科学成果的社会所有性。这一方面体现在，科学的重大发现都是社会协作的产物，因此理应属于社会所有。发现者个人对这类遗产的权利是极其有限的。科学家对他自己知识产权的要求，仅限于要求对这种产权的承认和尊重。而以名字命名的定律和理论只是一种记忆性和纪念性的方式，并不表明它们为发现者及其后代所独占。科学伦理的基本原理把科学中的产权削减到了最小限度。另一方面公有性还体现在，科学家承认他们的发现受惠于前人的公共遗产。正如牛顿所言："如果我看得更远的话，那就是因为我站在巨人们的肩膀上。"

无私利性意指科学家从事科学事业的动机纯粹是对科学的求知热情和好奇心，以及对人类利益的无私关怀。遵从这个规范是符合科学家利益的，违者则要受到科学家良心（即内化的规范）的惩罚。在科学史上，欺骗行为比起其他活动领域的记载要罕见得多，其原因是质疑应归于科学家群体无私利的品质，当然，这是假定了"科学家是从那些具有不寻常的完美道德的人中招募的"。

有组织的怀疑体现了科学研究者这样一种态度，他们既不会把事物划分为神圣的与世俗的，又不会把事物划分为需要不加批判地尊崇的与可以做客观分析的。所以科学将对涉及自然与社会各方面的事实问题发问，即使其中有些事实已被其他社会制度承认或仪式化了。这种怀疑并非表示个人的怀疑态度，而是指由一定的社会组织共同认可的一种受约束

的制度，体现了科学家群体威武不能屈的精神气质。

在各种社会制度的相互作用中，科学规范的作用在于维护科学制度的自主性。从默顿的论述可以看出，科学规范是真正的科学家公认的内在化的科学制度，但是它们作为更大的社会结构的一部分，并不总是与社会结构相整合。科学的精神特质常常面对与更大的社会文化规范的冲突。普遍主义与种族中心主义是不可调和的，在种族中心主义的规范下，从事科学工作的人可能被转变为战争狂人，而在民族主义的偏见中他们会被当做爱国主义者。公有性规范与资本主义经济中把技术当做“私人财产”的观念是不相容的，因而本质上也与由此而产生的科学成果的优先权和专利权要求是不相容的。无私利性规范与集权主义的规范是不协调的，集权主义机构为了满足私有利益会滥用科学权威，甚至炮制伪科学的现象也会应运而生。有组织的怀疑规范也常与集权主义制度相冲突，当科学制度被认为侵入到其他制度领域时，科学活动的范围会遭到集权制度的限制。正因为如此，科学规范提高纯科学的地位是为了维持科学研究制度的自主性，就像“试图保持专业诚实的科学家反对‘纳粹科学’等等之类的要求”那样。①

另一方面，科学规范是科学制度得以实施的保证。科学领域里存在着竞争，这种竞争会因为强调优先发现权是成就的标志而加剧，而且为了在竞争中获胜，会导致人们以不正

① Merton R. K.: *Science, Technology and Society in Seventeenth Century England*, New York: Howard Fertig, Inc., 1970, p. 231.

当的手段压倒对手，甚至会出现欺诈的事件。随着优先权奖励制度的建立，科学中不可避免地出现了多重独立发现的争论，如牛顿与莱布尼兹关于发明微积分优先权的争论，胡克与惠更斯关于制造出有螺旋弹簧摆的船用天文钟的优先权的争论。普遍主义规范为科学成果的评价提供了客观的可检验性基础；对于同行承认的优先权的奖励，公有性规范则起到使成果进行迅速而公开的科学交流的作用；无私利性规范的要求则有助于科学家的正直，使得虚假的主张和欺诈行为在科学中成为微不足道且无效。有组织地怀疑规范保证了对科学成果评价的公正性。这四种科学规范在一个功能整体中彼此相互作用，提供了对科学制度的动力学的理解。

3. 科学理性的社会本质

默顿的科学社会学产生于“大科学”，即科学成为大规模的国家范围的事业之前，随着科学技术的迅速发展而成熟。因此，它体现了大科学时期科学体系的特点：科学家作为一种重要的社会角色，科学作为一种重要的社会制度，使得科学内部的社会关系与社会结构日益复杂。科学家自己也不得不开始第一次卓有成效地考察他们所做的工作与自己周围的社会和经济现象有何种关系。默顿的科学的精神特质的概念揭示了贯穿于科学制度之中并保证科学制度有效实施的科学规范和伦理规范。

作为组成科学的精神特质的普遍主义规范、公共性规范和无私利性规范体现了科学的客观价值、公众开放性和对人类利益的公正性，有组织的怀疑规范体现了科学制度对于其他社会制度的独立性和自主性。这四种科学规范是科学知识定义（即知识是经验上被证实的和逻辑上一致的对规律的陈述）在社会学上的扩展，它们展现了科学理性的社会学本质。尽管科学的奖励制度成为许多人从事科学事业的动力，尽管其他社会制度的控制扩展到科学领域，使非理性的因素渗透了科学成果的评价，冲击着科学民主，但是，科学规范有助于约束科学家的非理性的价值观，有助于限制权利主义和反理性主义对科学制度的冲击，从而有助于科学共同体在理论上趋于一致。可以说，内化为科学家良心的这四种科学规范已经成为评价科学活动的社会学标准。

默顿的科学社会学试图建立的是与规范科学方法论一致的规范的科学制度，规范化的科学制度是为了抵制政治制度对科学事业的侵入，约束科学家非理性的价值观对科学评价的渗透，以保证科学按照内在的客观规律自主地发展。默顿坚持的是理性主义、非相对主义传统。由此可见，关于科学知识的社会学研究并不必然导致反理性主义和相对主义。

二、强纲领的相对主义科学观

20世纪70年代中叶，新科学社会学——科学知识社会学（Sociology of Scientific Knowledge，简称SSK）诞生于英国爱丁堡大学。新科学社会学与默顿的科学社会学的根本区别在于，默顿的科学社会学以逻辑实证主义的哲学理论为基础，试图从总体上描述科学的社会结构和社会状态，以保持科学理论内部的可检验性。而新科学社会学进路不满于默顿仅把科学社会学限于科学的外史研究，而是基于观察的理论负荷、范式不可通约、整体主义等后经验主义哲学论点，力图用社会学术语说明特定的科学信念。“强纲领”是这个学派提出的研究知识的社会成因的社会学形而上学理论。巴恩斯（Barry Barnes）① 和布鲁尔（David Bloor）② 是这个学派的理论家。巴恩斯的《科学知识与社会学理论》（1974）、布鲁尔的《知识的社会映象》（1976）是这个学派的经典之作，他们两人合写的论文“相对主义、理性主义和知识社会学”（1982）是这个学派的重要文献。他们把自己的纲领定位在“相对主义知识观”上，其批判的矛头直指科学哲学研究中的理性主义。

1. 知识的社会建构论

哲学家向来把社会与自然的分野视为截然分明，知识也被分为两个领域：关于对象、事实或具体事件的世界知识；关于价值、习俗和制度范畴体系的知识。前一领域的知识是由理性确立起来的，而不是社会决定的，只有后一领域不属于理性确立起来的知识才是社会学所要说明的。自然知识又被分为“真实的”和“虚假的”范畴。前者是

---

① 巴里·巴恩斯（Barry Barnes，1943— ）于1964年在英国剑桥大学获自然科学学士学位，1965年在英国莱斯特大学获化学硕士学位，1967年在英国埃克塞特大学获社会学硕士学位。1967年至1982年执教于爱丁堡大学，任科学研究部讲师。1989年至1992年任爱丁堡大学科学研究部主任，1990年至1992年任爱丁堡大学社会学系教授。1992年迄今一直任埃克塞特大学社会学系教授。

② 大卫·布鲁尔（David Bloor，1942— ）出生于英国的德比。1964年在基勒大学获数学和哲学方面的学位。1967年迄今一直在爱丁堡大学社会研究部执教。

直接从对实在的认识中获得的，或是在给定情况下由逻辑或理性确立起来的，是没问题的，而后者则由一些偏见和曲解的因素所致，必须援引心理学和社会学的理由给予说明。

科学知识社会学批判了哲学家把社会学定位为对非理性的错误知识作因果说明的观点，提出了"强纲领"的基本立场：所有知识都包含着某种社会维度，而且这种维度是永远无法消除或超越的。因此，所有知识都被当做社会学研究的材料。所谓"强"意味着要对包括科学知识在内的一切知识的成因给予社会学说明的理论趋向。强纲领的基本内容就是布鲁尔概括的四条原则（tenets）①：

（1）因果关系（causal）原则。对知识的社会学研究应当涉及那些导致各种信念或者知识状态的因果性条件。当然，除了社会原因外，还有其他导致信念或知识的原因。这条原则确定了科学知识社会学以研究知识的社会成因为取向。

（2）公正性（impartial）原则。对所有的信念，无论是合理的还是不合理的，成功的还是失败的，都要保持公正的态度，给予社会成因的说明。

（3）对称性（symmetrical）原则。由于合理的或不合理的，成功的或失败的知识信念的社会成因是相同的，所以，同一类原因应当既能说明真信念，又能说明假信念。

---

① Bloor D.: *Knowledge and Social Imagery*, the University of Chicago Press, 1991, p. 7.

(4) 反身性 (reflexive) 原则。从原则上说，强纲领的各种说明模式必须能运用于社会学本身。也就是说，社会学理论本身也要接受社会成因的说明。

这四条原则中对称性原则体现了强纲领的中心观点。根据这条原则，对于我们认为是真的信念和假的信念从总体上不应该给予不同种类的原因的说明。进一步说，甚至对某一观点是真或是假的评价不应该影响对这个观点的社会成因的说明。在科学研究中，对称性原则告诉我们，科学信念与其他的信念有着同类的产生原因，都是由社会建构的。强纲领以被视为最纯粹的科学——数学为例来说明这一观点。他们认为，数学的必然性不过是通常附着于某种更重要的社会约定的道德必然性的一个种类。数学的严格性只是一种社会需要的严格性，社会需要我们使用 2+2=4 这种技艺，而不需要我们使用 2+2+2=4 那种技艺。如果我们愿意，甚至可以有 2+2=5 的算术。科学史的案例表明，科学概念在内容上的界线，与其说是被发现的，不如说是我们的地域界线 (the boundariesof our countries)，或我们的制度所决定，它们都是通过协商 (negotiation) 被创造出来的。所以，信念没有绝对的真或假，所有信念都是相对的，由社会决定的；信念 (包括自然信念和社会信念) 的真随部落、社会群体或时代的不同而不同。因而，知识社会学只研究信念的可信性，信

念的真实性不可能有什么实质的意义。[①]

从发生学的意义说，经验主义哲学家无疑都承认所有知识都来源于人们的社会实践，但是经验论者一般认为，知识内容的真或假与社会因素无关。而强纲领的知识建构论恰恰是强调，社会因素对科学知识内容的决定性作用，从而导致科学知识的真或假的完全相对性，其极端相对主义的实质是显而易见的。然而，不显为人见的却是这种社会建构论中所包含的含混不清的观念。如果我们把表达信念的命题表述为："某人S相信某事物情况P"，那么知识的社会建构论观点混淆了如下三个问题：(1) S为什么相信P？即S相信P的原因是什么？(2) P是否为真？(3) 命题"S相信P"的真值取决于什么？

(1) 在科学知识中，P是个对自然现象的性质或关系的断定，S相信P的原因之一，可能是因为当时社会经济发展、技术发展和工业发展的状况使S达到了某种认识水平，决定S形成了此信念。原因之二，S的形而上学、政治、意识形态立场极大地影响对P的信念。原因之三，科学训练所要求的背景知识直接影响到S相信P。

例如，托勒密相信"地球是静止不动的"，是因为他相

① 参见 (1) Bloor D.：*Knowledge and Social Imagery*，pp. 146-156. (2) Barnes B.，Bloor D.，Henry J.：*Scientific Knowledge*：*A Sociology Analysis*，London，Atholone，1996，pp. 182-187. (3) Barnes B. &Bloor D.："Relativism，Rationalism and the Sciology of Knowledge"，Chapter 3，in *Rationality and Relativitism*，eds. by Hollis M. &Lukes S.，Cambridge，Mass：MIT Press，1982.

信人所直觉到的经验，有一组经验事实支持它的信念：太阳每日东升西落；自由落体运动总是垂直下落；飞鸟不沿同一方向自西向东飞翔；等等。他所具有的亚里士多德物理学知识中，没有引力概念，所以只能直观地认为，如果地球不处于宇宙的中心，下落的物体就会落到别的地方，等等。地心说能在天文学界流行15个世纪，确实与教会中的权威有关，教会中的权威发现地心说有利于维持其统治地位，故从起初反对转而支持托勒密体系，使之得到推广。伽利略之所以不迷信亚里士多德的物理学，相信哥白尼的日心说，是因为他深受文艺复兴解放思想运动的影响，并且继承了阿基米德的实验传统。这说明，自然信念产生的原因与社会因素有某种直接联系。

（2）P这一自然现象的断定是否为真，仅仅取决于P的断定是否直接或间接地与经验证据一致，与产生这一断定的社会原因无关。我们现在的观察手段已能直接证明“地球是静止不动的”断定是假的，而“太阳是太阳系的中心”的断定是真的。

（3）不管P是否真，由于某种原因，S都会认为P可信或不可信。如果P是真的，那么S就相信了一个真断定，S的信念就是真的。如果P是假的，那么S就相信了一个假断定，S的信念就是假的。可见，命题“S相信P”的真值取决于P的真值。

总之，知识信念的真值仅仅与信念的内容是否与事实一致相关，而与社会因素和某人是否相信无关。P是一个事实判断，如果P的含义是确定的，并且真值确定，那么它对

于部落 T_1 和部落 T_2 就是同真或同假，无论 T_1 和 T_2 的文化有多么大的差异。如果说 P 对 T_1 为真，对 T_2 为假，那就是说 P 既是真的又是假的，岂不自相矛盾？

而强纲领坚持知识对于认识主体的依赖性和历史的依赖性的观点与历史上的极端的相对主义哲学观点一样，必然导致否定客观真理的唯心主义结论。如果说知识信念的真随部落、社会群体或时代的不同而不同，那么就是承认知识没有客观的和普遍性的内容，只有人们的“相信”、“认为”的心理断定了。尽管强纲领的倡导者们一再肯定作为经验主义知识论基础的唯物主义，并声称相对主义针对的是绝对主义而不是唯物主义，但是不无遗憾的是，他们仍然拥抱了唯心主义。

2. 知识的文化合理性

大多数科学哲学家和正统的科学社会学家都把经验上的可检验性和逻辑上的一贯性看做是科学合理性的普遍标准。强纲领则认为这种普遍性标准是不存在的。

他们把“观察的理论负荷”的观点膨胀为：不存在独立的观察语言，因为事实是被集体界定的，任何知识体系，由于其制度特征，必然只包含集体认可的陈述。“与经验一致”的合理性标准并没有把科学与其他任何制度化的信念区别开。[①] 布鲁尔用曾以食人著称的，分散居住于中非的民族——阿赞德人（Azande）的神谕制度为案例，说明神谕

① 参见 Barnes B.：*Scientific Knowledge and Sociological Theory*，Routledge&Kegan Paul，London，Boston and Henley，1974，Chapter 1-2.

的预言也与经验一致。阿赞德人制度的一个特征是，只要不请教神谕，他们所做的任何事情就无意义。他们在作抉择时，根据一只服了少量毒药的小鸡是死还是活这个“经验事实”，来断定神谕给他们传达了否定还是肯定的回答。布鲁尔认为，神谕的回答与预言的检验是“与经验一致”的。[①]可见，如果经验上的可检验性是科学合理性的普遍标准，那么，巫术和其他一切信念体系便可与科学获得同样合理的地位。

这显然荒谬。神谕的“与经验一致”与科学预言与经验一致何以能同日而语？科学预言的检验，是通过严格的试验程序确定的，而小鸡服毒药的死活与神谕预言的关系的确定可以如此之随意，以至于不需要任何程序上的保证。科学预言基于经验事实和理论的推导，不允许借助人（或是把人的干预因素缩小到最低限度）或超人的力量，其推导出的结论只能是与人无关的可检验的经验事实，而不可能推出人的生死命运。而阿赞德人则是借助于超人的力量——神谕推导谁是可恶的巫师，谁在施魔法等神秘莫测的、与“实验”（小鸡服毒药）的结果毫不相干的结论。科学中“与经验一致”的判定过程和预言的推导过程是严格遵守逻辑规则的，而神谕是人的主观臆想，常常产生自相矛盾的结论（下面将详细分析一个自相矛盾的案例）。

强纲领的倡导者们否定逻辑合理性标准的理由，如果不是为了有意设置的陷阱，那么就只能是他们对逻辑知识的欠

① 参见 Bloor D.：*Knowledge and Social Imagery*，pp. 138-142。

缺。在此不得不略费笔墨使用强纲领所涉及的两个例子谈点“逻辑合理性”的 ABC。

科学理论在逻辑上的合理性是指逻辑方法的合理性。逻辑方法的合理性有两类问题：一类是逻辑机制的合理性，即某类逻辑推理从真前提能否必然推出真结论。对这一类问题的辩护是对推理形式有效性的逻辑辩护。科学哲学家和逻辑学家一般认为，演绎推理的有效性已经得到了辩护，现代归纳逻辑——概率归纳逻辑的有效性，如前所述，也部分地得到了辩护，因为当初始概率确定后，其计算过程是严格按照概率统计学规则演绎地进行的。另一类是逻辑基础的合逻辑性，即逻辑公设是否合理，推理的有效性的基础是否合理，等等。对这一类问题的辩护是对逻辑基础的哲学辩护，哲学家和逻辑学家对这类问题所持的观点常常受到他们本体论观点的制约。

强纲领认为，就其合理性的证明而言，我们的两个基本的推理模式同样处于无希望的境地。演绎证明本身是以演绎为前提的。它们属于循环论证，因为它们所诉诸的是有问题的推理原则。他们引用了颇具迷惑性的刘易斯·卡罗尔（Lewis Carroll）关于“乌龟对阿基里斯说了什么”（What the Tortoise said to Achilles）的叙述（称卡罗尔之谜），以及逻辑学家普赖尔（Prior A. N.）关于新逻辑词“tonk”的证明（称 tonk 证明）来说明逻辑推理的无效性。① 他们

① Barnes B. &Bloor D.：“Relativism，Rationalism and the Sciology of Knowledge”，Chapter8.

还以阿赞德人的思维为例说明，逻辑不是惟一的一种，存在着“阿赞德人的逻辑和西方人的逻辑”。[①] 由此他们得出结论：我们没有用以普遍地约束人类理性活动的合理性标准。如果一个范式的支持者说服了他们的反对者，或者在公正的辩论中赢得了大部分追随者，那么所借助的评价合理性标准一定是以大部分科学家所共享的文化基础。当然，这样的标准像那些只在深奥的专业领域才能发现的标准一样，具有同样的偶然性、易于变化性。[②]

首先，让我们通过澄清两位社会学家对卡罗尔之谜和tonk证明的误解，来说明演绎逻辑的可靠性问题。按照演绎逻辑的原则，若命题Z是从命题A和命题B逻辑地推导出来的，则如果A和B为真，那么Z必然为真。但乌龟不明白当A和B为真时，为什么Z必然为真。阿基里斯回答的形式是：

A：凡人终有一死

B：柏拉图是人

C：如果A和B是真的，那么Z必真

Z：柏拉图终有一死

在乌龟的不断追问下，阿基里斯不断地把这个隐蔽应用的“如果…那么”逻辑蕴涵式加进前提，从而陷入无穷倒

① Bloor D.：*Knowledge and Social Imagery*，pp. 138-146.

② Barnes B.：*Scientific Knowledge and Sociological Theory*，pp. 84-96.

退。[①] 为解此谜，罗素说："我们确实需要与'蕴涵'概念不同的'所以'概念，并且需要把握它们属性上的差别。……显然，如果允许我按非心理学的含义来使用'断定'一词，那么命题'p蕴涵q'就是断定了一个蕴涵，尽管它没有断定p或q，这个命题中的p和q至少不与单独的两个命题p或q完全相同，虽然它们是真的。"而"当我们谈'所以'时，我们是陈述了一个只能在已断定的命题之间成立的、因而与蕴涵不同的关系。在'所以'出现的地方，假设（逻辑蕴涵式）也就停止讨论了，结论也就自动被断定了。"[②]

罗素对"蕴涵"和"所以"含义的区分完全是基于这两个词在日常语言中公认的含义，这毫无疑问是正确的。这段引文的最后一句说明，形式逻辑的推理的有效性是个形式问题。演绎逻辑中，每一条按纯语法方式表述的公理和推理规则都给出了一个模式。有效的推理模式只要前提真，结论必然真。识别一个具体推理是否为一公理或推理规则模式的一个特例，只要有少儿看图搭积木的智力水平就足够了，看看符号的形状是否合乎模式即可。这样，检查推理是否合乎规则的工作便可化为机械活动了。当然形式逻辑从一开始就立足于以上所提到公设：推理的有效性是个形式问题。既是公设，就有待继续检验。公设的合理性属于第二类合理性问

① Lewis Carroll: "What Achilles said to the Tortoise", Mind, 60 (1951), pp. 241-246.

② Russell B.: *The Principles of Mathematics*, London, George Allen&Unwin LTD, 1964, p. 35.

题，是不需要在系统内证明的，因而不导致循环论证。而且，任何一个理论系统都必须立足于一定的公设，强纲领不也有强纲领公设——“四条原则”吗？他们显然把推理的有效性和推理基础的合理性这两个不同层次的问题混为一谈了。

再看 tonk 证明。普赖尔在《循环推理标记》① 一文中为了反对逻辑约定论（是反实在论逻辑观的一种形式，认为逻辑真理的必然性不是来自实在，而是来自我们所接受的语义约定和我们所遵守的规则，并且最终可划归为这些规则），他引入了一个新连接词 tonk，它没有日常语言中公认的含义，而是通过以下推理规则给出其含义：

T_1：从 A 推出“A tonk B”（tonk——引入）

T_2：从“A tonk B”推出 A（tonk——消去）

用这些规则可证明，对于任意命题 B，可从任意命题 A 推出：

（1）A　　假设

（2）Atonk B（1），tonk 引入

（3）B　　（2），tonk 消去

这就证明了任意两个命题可互推。可以推出任何命题的系统，是必然可以推出矛盾命题的系统，因此，含有 tonk 上述规则 T_1 和 T_2 的系统是不一致的。这个证明的过程是按演绎推理的原则进行的，是必然的，问题就出在推理规则

① Prior A. N.：“The Runabout Inference Ticket”，*Analysis*，21 (1960)，pp. 38-39.

的任意约定上。普赖尔于是说：(1) 一个表达式在能够发现其包含的推理是否有效前，就必定有了独立的、确定的意义(按实在论的辩护，表达式的意义最终由其中使用的连接词的日常语言的公认的含义决定)。(2) 约定的语义规则的任意性将无法区分可接受的推理和不可接受的推理。因此，约定论终将导致相对主义。可见，普赖尔的证明旨在批判的正是强纲领所坚持的相对主义立场。从实质上说，逻辑的有效性是基于实在还是基于直觉是形而上学承诺的问题，与逻辑推理的有效性无关。

其次，是否存在一种与西方人思维规律不同的阿赞德人的逻辑呢？且不谈这个以食人著称的民族的思维是否仍处于前逻辑阶段，我们仅看看他们如何根据自己的信念来行动的。在阿赞德人看来，人类的每一种灾难都是由巫术造成，而巫师的敌意和恶毒是造成灾难的原因。据说，巫师有一种遗传的生理特性，其腹部有一种称为魔力的实体。巫师的魔力都传给与他或她同性别的子女，即一个男巫师可以把他的魔力实体传给他的所有儿子，一个女巫师可以把她的魔力实体传给她的所有女儿。因为阿赞德人的部落是一族父系、通过血缘关系联系起来的人，所以，如果一个男人是巫师，那么他所在的部落中，“所有男人都是巫师”(P_1)。但实际上阿赞德人只承认那些与巫师有密切父系关系的亲属才是巫师，即如果一个男人是巫师，那么他所在的部落中，“并非所有男人都是巫师”(P_2)。对我们来说，这无疑是自相矛盾。如果按阿赞德人的信念行动，在判定一个有巫师的部落的人是否为巫师时，很可能会得出互相矛盾的结果。有证据表明，如果遇到这种情况，阿赞德人通常按这两种方法采取行动：(1) 不改变原来我们认为有矛盾的信念，只问神谕：此刻谁正在施魔法。(2) 宣称 P_1 意味着成为巫师的潜能，P_2 意味着这种潜能只能在某些人身上实现，而成为巫师。布鲁尔认为，他们通过巧妙的协商消除了逻辑对制度的威胁，用一种（阿赞德人的）逻辑总可以对抗另一种（西方人的）逻辑。此说差矣。阿赞德人的行动方案（1）是绕过矛盾的信念，或者说，把矛盾的信念搁置起来，借助于神谕制度强制性地解决问题。行动方案（2）是赋予制度所推论出的两个相矛盾的结论不同的语境，使之获得不同的含义，以避免矛盾。这两种做法恰恰是通过修改制度或重新解释制度的含义来避免或消除信念体系中的逻辑矛盾，是制度向逻辑的让步，而不是一种逻辑与另一种逻辑的对抗。这个例子恰好从反面说明，一个有思维的人类群体即使不懂矛盾律，也不能违反矛盾律，违反了就会引起思维的混乱，从而导致行为的混乱。

以上分析只能说明，约束人类理性思维的逻辑只有一种，不可能有什么阿赞德人的逻辑。因此，只有这种逻辑才有资格充当判定人类理性活动的合理性标准。

如果说逻辑基础的合理性的最终哲学辩护是不可能的，那么科学的实践活动是对逻辑合理性作出的最成功辩护。没有归纳逻辑结论对于前提的超越性，科学何以能发现如此广博的新知识，没有演绎逻辑前提对于结论的保真性，科学何以能建立如此严密的结构体系，没有逻辑方法的严格分析性，我们的思维难以通达自然世界。逻辑造就了科学，使科学不仅仅是一个确定的知识体系，而且更重要的是一种训练有素的研究方法。

三、人类学研究纲领

人类学研究纲领注重对科学实验室的活动做实地调查，以考察科学知识的建构过程，所以被看做科学知识社会学的实践派。拉图尔（Latour Bruno）和谢廷娜（Karin Knorr-Cetina）是这个学派的代表人物。拉图尔和伍尔加（Steve Woolgar）合著的《实验室的生活》（1979）一书和谢廷娜的《知识的制造》（1981）一书是这个学派的代表之作。他（她）们试图说明科学家为什么相信他们所做的工作，科学家为什么会如此行动，科学思想和科学实践是如何随着时间的推移而变化的。

1. “科学人类学”方法

法国的社会学家拉图尔用了近两年时间深入圣迭戈的Salk研究所的一个分子生物学实验室进行了田野调查（field work），他以一个人类学家的身份亲历了这个实验室科学运行的过程。在拉图尔完成田野调查之后的1977年，这个实验室的研究人员吉列明（Roger C. L. Guillemin）与沙利（Andrew V. Schally）由于确定促甲状腺释放因子（Tryrotropin Releasing Houmone，TRH）的化学结构而共同获得这一年度的诺贝尔生理与医学奖。也就是说，拉图尔“参与”了这项诺贝尔奖的“生产”过程。拉图尔把他的这种研究方法称作“科学人类学”方法。

传统的人类学方法是指人类学家对于选定地区或社区进行实地观察的研究方法，田野调查是人类学的基本方法，也是人类学家的基本功。这种方法要求人类学家积极参与当地人民的生活，对当地社会人群生活方式的各个方面：婚姻亲属关系、信仰、宗教、礼仪习俗、居住交往，以至人们的社会地位、角色扮演、整个社会的结构等进行详细的观察，并训练当地人成为自己的信息员（informant）。对观察和访谈得到的以及信息员提供的情况做详细的记载。田野调查的时间一般持续一年甚至更长。这是人类学经验研究方法的起点。

拉图尔和伍尔加把人类学方法用于研究科学知识的产生过程。拉图尔按照一个陌生人或局外人进入实地研究的进路访谈了实验室的主要的参加者，查阅了有关研究小组的档案资料。在他的原野记录中有意忽视科学应该注意的那些规范的描述，忽视那个研究领域应该选择的实验方法，忽视新发现是如何与理论的部分相适应，而是对实验室中科学家工作环境和科学研究的日常活动那些表面的甚至不需要人参与的方面做了详细的描绘。在他眼里，化学仪器、思考的动物和大量的空白纸从实验室的一端进入，小量的印好的技术论文从实验室的另一端出来。在两端之间是把大量的原材料转换为复杂的成品的“加工过程”。

他们认为，人类学方法比其他的社会学方法具有更大的优势，因为作为人类学家，不知道他所要研究的社会的性质，也不知道技术领域、科学领域、社会领域、自然领域等之间的界线何在。在实验室性质的界定上，这种特殊自由的空间比人为设定的空间具有更大的价值，这种研究进路更有利于社会学家与被研究中的科学家和工程师保持密切的协作。①

由起源于拉图尔和伍尔加的科学人类学方法，后来被其他一些社会学家使用。出生于奥地利，现任德国比勒费尔德大学科学与技术研究中心社会学教授谢廷娜，也曾长时间亲历了美国加州伯克利一家大型研究所的科研活动。她把这种对实验室“自然”场所中科学知识的生产进行研究的方法称作“实验室研究”，并总结出“实验室研究”的四个特征：②

第一个特征：“实验室研究”占领了社会与行为科学这一新领域，开启了我们理解知识与科学的一座隐蔽而具有中心位置的殿堂。她认为，在20世纪70年代末之前，社会科学与行为科学还无人涉足自然科学领域，自从开始了实验室研究方法，极大地促发了社会科学家和行为科学家对实验室研究的兴趣。

第二个特征：“实验室研究”方法基于多种经验性的分析方法的混合，其中包括观察与种族论分析方法、人种方法论以及话语分析方法。科学家对于他们自己工作方式的了解大多是隐性的，使用这些混合方法研究他们的科学活动有助于澄清他们的工作方式。谢廷娜指出，这种对知识的环境及

---

① Latour B. &Woolgar S.：*Laboratory Life—the Construction of Scientific Facts*，Princeton University Press，1986，p. 279.

② Karin D. Knorr-Cetina：*The Manufacture of Knowledge*：*An Essay on the Constructivist and Contextual Nature of Science*，Pergamon Press，1981，中译本序言。

其过程的经验研究途径，与后现代主义转向理论的研究视角，对科学进行理论的评价和批评的方法是相对立的。

第三个特征：这种方法对在实验室中发生或者似乎与实验室相关的所有实践和事件具有包容性。科学史和科学哲学家对试验的研究在很大程度上只关注试验的方法论方面，而实验室的研究者则专注于某一个试验场所的技术方面，实验室研究方法不仅包含以上两个方面，而且包含知识生产的一系列活动。

第四个特征：实验室不仅是开启科学领域的一种文化构架，而且它本身就是我们理解知识的一种理论性概念，因此，实验室不仅是实验或知识得以发生的物质环境，而且也是使科学获得成功的机制和过程得以进行的地方。

2. 科学人类学的核心观点

知识的科学人类学研究进路的一个显著特点是，用操作描述代替科学方法论研究。拉图尔和伍尔加在《实验室的生活》中用整章的篇幅①深描了“高墙”内的实验室的操作程序和科学家的“真实”生活，从而揭开科学的面纱。把实验室描绘成工厂，科学事实如同工业产品。就像工业产品是在流水作业线上生产出来那样，科学事实是实验室人员根据科学仪器的标记而构造出来的“人工事实”。在生产过程中，有些产品是合格产品，有些则成为废品；在事实生产过程中，有些科学事实被制造出来了，有些则未被制造出来。他

① Latour B. &Woolgar S.: *Laboratory Life-The Construction of Scientific Facts*, Chapter 1.

们试图由此来说明，科学事实不需要借助于科学方法论，是实验室生产的人工产品，是各种利益集团间的谈话和协商的产物。

谢廷娜在用许多实验室的真实故事描绘了科学成果通过生产过程“高度内在”地建构的情境。她指出，科学研究的认知活动是一种建构性的经验认识论，而不是描述性的经验认识论。建构的过程是由抉择（decision）和协商（negotiation）链条构成，通过抉择和协商不断转化的过程建构出科学成果。科学对象不仅被实验室技术地创造出来，而且被实验室符号化、政治化地建构出来，意即实验室在应用技术创造科学对象的同时，也创造了指称这些对象的符号，而且建构科学成果的过程还包含科学家在形成同盟与调动资源时使用的政治策略和说服文学技巧。这意味着科学成果是实验室生产出的“文化实体”，而不是科学“发现”的、纯粹由自然所赋予人们的东西，也不能简单地划归为方法论规则的应用。①

总之，科学事实或科学成果的建构的图景就是一张“行动者网络”，而网上的组结不是科学方法，而是“谈话”、“抉择”和“协商”。

强调科学程序的不确定性和实验室与境的偶然性是科学人类学研究纲领的又一特点。在谢廷娜看来，知识的建构过程没有一般确定的程序，如果要问科学家在实验中是如何作

---

① Karin D. Knorr-Cetina：*The Manufacture of Knowledge：An Essay on the Constructivist and Contextual Nature of Science*，pp. 5-6.

出选择的，那么必须参照科学家作出某一抉择时所处的实验室的与境。例如，要问某科学家做一个实验为什么要选择特定的那种仪器，他的回答很可能在很大的范围内变化："因为这个仪器很稀少，我想了解它"，"从能量的消耗来说，它更合算"，"它恰好在手边，就顺手用了它"，"按我的经验，它总是有效的"，等等。选择的这些因素取决于科学家的不同观点、不同的社会与境。而且实验室工作的方法论规则具有"地区特性"（local idiosyncrasies），其中许多规则的分析是"官方的"，所以我们不能指望把这些特定时空中的偶然因素缩减为几个预测科学家的实验室的选择的普遍合理性标准。这说明科学被嵌入在这种社会与境中，科学家的抉择成为社会与境的一部分。实验室与境的不确定性不会有损于科学的建构，相反，对日益复杂多样的系统而言是绝对必要的条件，不确定的与境能使科学家作出新的抉择。①

科学人类学纲领的另一个特点是，诉诸于非科学话语描述科学建构活动。在《实验室的生活》中，拉图尔和伍尔加用"文学标记"来表述实验室的科学家的观察报告，用不同的"文学类型"来隐喻不同类型的实验报告。他们用"信用循环"作为一章的标题，用这个经济学原理刻画科学知识的再创造活动。在他们看来，科学家投资于将有最丰厚的回报领域和项目，他们的再生产是把从过程中所获得的信用仅仅被用来进行再投资。他们感兴趣的是再生产循环的加速和扩

---

① Karin D. Knorr-Cetina: *The Manufacture of Knowledge: An Essay on the Constructivist and Contextual Nature of Science*, pp. 9-11.

张。知识生产的循环被看做资本循环的一个部分。谢廷娜把“信用”定义为“科学代理者通过强迫人们接受该领域的科学研究对象的技术定义和合法陈述而获得的符号资本。这种资本既包括科学能力，也包括社会权威，并且像货币资本一样，它也能被转换成科学生产的延续所必需的各种各样的资源。”她把通过统治和垄断策略积极追求这种信用资本看做是科学的目的，看做在自然科学中推动“理性进步”的动力，把追求资本的积累看做科学家做抉择的意义。[①] 总之，他们用非科学话语说明和评价科学活动的目的是为了有意混淆自然科学与社会科学的界线，以挑战关于自然科学和社会科学严格区分、科学与非科学严格区分的观点。

3. 科学人类学纲领与强纲领

作为科学知识社会学的一个学派，科学人类学纲领的基本观点与强纲领一样，坚持认为科学社会学不应该局限于研究科学的外史，而应该研究科学知识的内容，强调科学知识是社会建构的，并且否定科学的规范方法论和科学合理性的普遍标准。所不同的是，它们得出这些结论的方法不同。强纲领用社会学范畴来说明社会因素对科学理论形成的决定作用；而科学人类学纲领则用人类学田野调查的方法，深描实验室的科学实践活动。在哲学家和社会学家为强纲领描述的那幅科学知识的社会建构的拙劣图景感到失望之时，科学的人类学研究进路似乎让有些人感到呼吸到一丝清新的空气，

① Karin D. Knorr-Cetina：*The Manufacture of Knowledge*：*An Essay on the Constructivist and Contextual Nature of Science*，pp. 71-74.

开创了科学知识的社会学研究的“新思路”。然而，新思路未必是有价值的思路。

拉图尔和谢廷娜把人类学方法用于研究科学知识生产过程的目的是为了得出认识论结论，这种研究进路的价值本身就是值得怀疑的。在社会学家看来，社会学和人类学是非常接近的经验性学科，社会学运用人类学家的思考方式和表述方式，就要研究本土的生活，以本地的话语来表述它们，以利于走向经验研究的道路。这是社会学家公认的规范行动的原则。但是拉图尔和谢廷娜却把这种社会学研究直接与认识论理论连接起来，所以，以色列科学社会学家本戴维指责他们的进路不能算作科学社会学的系统研究，因为不能指望能在一般认识论理论和社会学经验学科之间找到必然的联系，这种把社会学的经验方法和哲学理论直接联系起来的意图是错误的有害的，这就会把社会学研究作为哲学观点的纯粹证明工具，因而阻碍了走向经验研究的道路。① 而且令人遗憾的是，他们的“田野记录”所使用的并非本土（即实验室）的话语（即科学术语），根本未涉及科学运作的实质，所以在科学家看来，他们的作品更像是一位实验室观光记者的游记。如果说科学家不需要“方法论爸爸”教他们如何进行科学研究，那么他们也不需要社会学妈妈教他们如何生产出科学知识。在哲学家，即便是唯心主义哲学家看来，科学人类学家们对他们的认识论观点的论证毫无价值，因为他们从那

① Ben-David J.: “The Sociology of Scientific Knowledge”, in *The Stste of Sociology*, ed. by Short J. T., Jr., Sage Publications, 1981, p. 55.

些实践场面的细描中毫无论证性地直接抽象出那些哲学观点的做法，没有任何方法论的启示，他们得出的科学建构论的观点本质上并不比费耶阿本德的观点更新颖。

不无遗憾的是，科学人类学家的科学知识的社会建构丝毫未涉及科学知识的内容，他们研究的基点完全是外部的社会因素是如何影响科学知识产生的，这与他们的研究纲领所宣称的目的是相悖的。而在科学的外部因素的研究方面他们根本不如默顿的科学社会学研究得更广泛、更深入。例如，他们把实验室作为一种微观的体制来研究，却并未研究实验室的内在的社会结构，似乎科学活动就是一个个孤立的实验室的活动，实验室是由一个个科学家的研究组成的生产流水线。甚至在他们笔下的科学家是权力的贪饕之徒，他们既不对追求真理感兴趣，也不对他们的研究主题感兴趣，他们感兴趣的是再生产的加速和扩张，也就是说，他们感兴趣的是科学权威的膨胀。这些科学人类学家们实际上是用“真实的”实验室的操作程序和“真实的”科学家生活来扭曲真正科学家的精神气质和科学活动的真正目的。

从总体上看，科学人类学纲领是用实验室的生活在展现和理解强纲领的基本原则，但在某些具体问题的处理上这两派存在一定分歧，这主要体现在以下两个问题上：

第一，科学人类学纲领对“社会的”一词的理解比强纲领更宽泛。关于科学的社会学研究问题，默顿的科学社会学与强纲领的理解显然是不同的，其关键就在于对“社会的”一词的理解的区别。在默顿的理论中，“社会的”意味着不考虑科学内容的科学研究领域；与此相反，在强纲领中，

“社会的”恰恰意味着对科学的技术内容做社会学说明。而拉图尔和伍尔加则不在这两种对立的意义上使用“社会的”一词，他们认为，对科学的社会研究不仅包含对科学产生的社会因素而且包含自然因素的研究。并且“社会的”一词还意味着科学的社会研究状态的特点，即分析家对当时科学活动的掌握要基于第一手经验，而不是基于对事后的回忆。因此实验室现场的观察更能直接地通达事件。为了区别科学人类学与其他纲领对“社会的”一词的不同用法，1986 年《实验室的生活》再版时，作者将第一版的附标题“科学事实的社会建构”改为“科学事实的建构”。[①]

第二，布鲁尔在《反对拉图尔》一文中，批评拉图尔混淆了自然与关于自然的信仰之间的区分，强纲领是用社会解释关于自然的信仰而不是解释自然。而且拉图尔混淆了普遍的形而上学论断与特定历史案例中的特殊问题，他试图通过分析科学实践的日常行为，来表达普遍的形而上学论题，这种做法是把蒙昧主义提高到了普遍的方法论原则高度。布鲁尔敦促拉图尔回到强纲领的原则。而拉图尔在其回应文章《超越布鲁尔：答“对拉图尔”》中，则指责：强纲领只承认社会因素在知识成因中的作用，而否认自然因素的作用，使得对称性原则不对称。[②] 显然，这一分歧不仅体现了这两个研究纲领对“社会的”不同理解，而且也体现了它们在研究

① Latour B. & Woolgar S.: *Laboratory Life-the Construction of Scientific Facts*, pp. 281-282.

② 这两篇文章都发表在 *Studies in the History and Philosophy of Science*, 30 (1999)。

进路上的区别。

这些分歧并不能表明科学人类学家纲领与强纲领在理论上的分道扬镳，它们的相对主义认识论立场是一致的。

四、相对主义的非相对主义辩护

科学是理性的事业，它的目的就是探寻事物的普遍客观规律，为此它必须故意忽略事物的直接价值；它要追求普遍的评价标准，严格拒绝个体性的价值标准；它的一切结论都要接受普遍标准的检验，无情排斥个人的私利。因此，默顿把现代科学的气质概括为：普遍主义、公有主义、无私利性、有条理的怀疑主义。尽管他详细论述了资本主义经济体制的竞争、个人主义、权利主义对科学体制和科学家价值观的渗透和冲击，但是他对科学的社会学研究的目的是，用科学规范，即科学的气质约束科学家的非理性的价值观，限制权利主义和反理性主义对科学制度的冲击。用理性主义的立场研究科学活动的规律是顺理成章的。

与此相反，科学知识社会学（以下简称 SSK）竭力把那些非理性的、相对主义的因素引入科学知识成因的说明中，并以此来否定科学规范的作用。当然，对科学活动的社会学研究是多维度的，然而最困难的莫过于极端相对主义的维度，因为当它竭力想把一个长着确定的、理性面孔的对象描述成一个不确定的、非理性的面孔时，它会发现招数不够，关键处必须诉求于确定性和理性的力量，否则，连自己的主张的存在都成了问题。SSK 的相对主义知识观就是如此。那么，SSK 科学观中的相对主义有哪些特征，它是如何为它的立场辩护的呢？

（1）强调知识内容的社会决定性和历史依赖性，否定知识的客观真理性是 SSK 科学观中相对主义的第一个特征。然而由于他们不愿放弃作为一名科学家所必须坚持的唯物主义立场，却不得不求助于知识客观性的辩护。SSK 把所有信念都看做是相对的，由社会决定的；自然信念的真随社会群体或时代的不同而不同，因而它不像罗素那样把知识看做真信念的集合，它不区分“知识”与“信念”，“对于社会学家来说，人们认为是知识的东西都是知识。”但当他面临被谴责为“唯心主义”时，不得不辩护道：“一般来说，世界上的各种对象对于对它们持真信念的人和对他们持假信念的人都会产生相同的影响。”①

（2）有意混淆事物之间的界限，否定事物之间的区别和对立是 SSK 相对主义知识观的第二个特征。SSK 认为事实与理论没有明确的界限，知识的真是相对的，所以，真信念与假信念、科学与非科学全都没有了区别，因而，要对它们保持公正的态度。但他们在用他们的公正性原则对真信念和假信念作对称性的因果分析时，首先就预设了真信念和假信念的区分：“我们必须把各种事实与对它们的语言描述区分开来”。②

（3）用文化中的非理性方法否定科学中的理性方法是

① Bloor D.：*Knowledge and Social Imagery*，p. 174.
② Bloor D.：*Knowledge and Social Imagery*，p. 174.

SSK相对主义知识观的又一特征。他们否认存在用以普遍地约束人类理性活动的合理性方法，逻辑模式是无希望的，严格的定义对科研工作来说是巨大的障碍，专业工作是受到文化中的非理性方法——隐喻的引导而构造出许多有关程序的例证模型的。但作为本身就是训练有素的科学家，他们却始终用定义界定他们所使用的“知识”、“合理性”等概念，以说明他们的用法如何与传统社会学家不同，始终都在理性地论证着非理性的社会因素的介入如何使得科学知识是社会因果决定的，非理性的隐喻方法是如何使科学评价标准建立在社会共享的文化的基础上的。颇具讽刺意味的是，他们认为逻辑中的矛盾律是不具普遍性的，但他们在为他们的“对称性”假设或“等值”假设（即所有信念，就它们可信性的原因而言，都是彼此平等的。）作辩护时，却总是以矛盾律作为标准的。①

(4) SSK的反身性原则要求社会学理论本身也要接受社会成因的说明，那么，我们可以追问：我们如何能相信社会学家对自己理论的社会成因的说明是正确的呢？你们如何不仅使科学也使你们自己的相对主义的故事相对化呢？为了这种追问不会最终导致怀疑主义，他们辩解道：一个文本或

① 他们是这样论证的：“对称”假设或“等值”假设如果“说所有信念同样是真实的，那就会遇到如何处理彼此矛盾的信念这一问题。如果一种信念否认另一种的断言，它们两者怎么可能都是真实的呢？类似地，说所有信念同样都是虚假的，那么相对主义者自己主张的地位也成了问题。他似乎要自毁基础了。我们的等值假设是：所有信念，就它们可信的原因而言，都是彼此平等的。这并不是说：所有信念同样都是真实的或同样都是虚假的，而是指：无论真假与否它们的可信性的事实都同样被看做是值得怀疑的。”

故事的地位及其价值取决于它被假定的“固有”性质，而对它所做的说明的正确性则取决于后来编制的故事，而不是这个故事本身。这就是承认，每一理论（包括科学理论）都有自身固有的确定性，而这种确定性是与对它的说明无关的。①

总之，让我们感到有一个挥之不去的理性主义的幽灵在SSK思想中徘徊，这或许是所有相对主义者在研究人类理性活动中所难以规避的一种理论困境。

① Latour B. &Woolgar S.：*Laboratory Life-The Construction of Scientific Facts*，p. 284.

第十章　科学实在论与反科学实在论

科学哲学研究的问题大体可以分为两类：一类是关于基础的问题，重在关注科学理论内容的可靠性和结构的研究；另一类是关于科学理论与世界的关系、科学理论与其应用者之间的关系问题。实在论与反实在论的争论是围绕第二类问题展开的。

科学试图描述我们生活的这个世界。我们如何相信喜马拉雅山、黄河、长江是存在于这个世界上的实在之物呢？这当然可以诉诸于目击见证。我们现在生活的世界是一个电子、X射线和基因的世界。但是电子、X射线和基因是不能用目击来见证的，是现代科学的产物。那么，在一千多年前的世界是电子、X射线和基因的世界吗？对这个问题有两种截然不同的回答。第一种回答是肯定的。持这种观点的人认为，“电子”、“X射线”和“基因”这些概念所描述的对象是始终存在于这个世界上的，世界是一回事，我们关于它的观念则是另一回事。第二种回答是否定的。持这种观点的人认为，我们的理论并不是完全描述独立于我们的感知和思想而存在的真实世界。由这个问题而引起的科学实在论与反实在论的争论在最近50年成为科学哲学的焦点问题之一。

一、早期科学实在论

科学实在论来源于亚里士多德实在论传统。传统实在论者认为，不仅具体事物是实在的，事物的抽象物、自然现象的性质和规律也是独立于人们对它们的所思和所说的客观实在，而且理念世界同样是实在的。它们的存在是有理由的，并在必然的因果说明中寻找这种理由。科学实在论者用这种哲学立场理解科学理论和科学活动。

科学实在论早期的代表人物是美国哲学家威尔弗雷德·塞拉斯（Wilfred Sellars）①。他的实在论的特点是，科学理论的所谓对象都是客观存在的实体；科学的成功不断地证明着物质世界的客观存在；真理是对客观世界的表述和解释。

塞拉斯首先区别了常识映象与科学映象。常识映象是对外部世界映象的关系的提炼和范畴的提炼，这类映象是人们把观察手段应用于那些可感知的对象，对可感知对象之间的关系作出的恰当的解释的结果，因此被称作“明显的映象”。

---

① 威尔弗雷德·塞拉斯（Wilfred Sellars，1912-1989）出生于美国密执安州的安阿伯市。1933年毕业于密执安大学，同年赴牛津大学学习，1937年到哈佛大学师从刘易斯和奎因。1938年在依阿华大学任教，1947年到明尼苏达大学任教，1958年到耶鲁大学任教，1963年直到1982年退休一直在匹兹堡大学任哲学教授。

科学映象是从假设性的理论结构中推演出来的映象，这类映象是人们在常识映象的基础上，运用复杂的逻辑思维和想像力从假设的理论中构造出来的，因而也被称作“假设的映象”。虽然科学映象建立在常识映象基础上，但是根据塞拉斯的看法，常识映象往往是不真实的，只有科学映象所假设的实体才提供了更好地理解世界构成的完善的形象。①

由常识映象与科学映象的关系引申出理论实体的存在问题。塞拉斯把理论实体的存在问题归结为科学理论命题是否具有指称对象的问题。通常我们接受一个理论的正当理由是，相信这个理论是真的，能用它恰当地说明观察现象；理论所推导的观察命题是真的，而一个观察命题的真取决于它断定了可观察的现象。因此，“有正当的理由接受一个理论，事实上就有正当的理由接受该理论假设的实体是存在的。”②

理论所假定的不可观察“实体”之“正当的理由”来自于对可观察现象的推断，理论的接受仅仅诉诸于信念的真，这就有用主观性代替科学的客观评价标准之嫌疑。于是，麦克斯韦（Grover Maxwell）发表了《理论概念的方法论地位》一文，否定理论与观察的区分，他的这篇文章被看做是为科学实在论观点作了最具权威性的辩护。③

麦克斯韦的观点是：观察和理论的区分在方法论上和本

① Sellars W.：*Science*，*Perception and Reality*，New York：Humanities Press，1963，pp. 15-19.

② Sellars W.：*Science*，*Perception and Reality*，p. 97.

③ Maxwell G.：“The Ontological Status of Theoretical Entities”，*Minnesota Studies in Philosophy of Science*，Ⅲ（1962），pp. 3-15.

体论上都没有意义。对这一论点麦克斯韦提出了两类论证：第一类论证是，观察和理论之间具有连续性。什么是“可观察的”？直接看到风景是可观察的，但透过玻璃看风景是可观察的吗？通过望远镜看到的卫星、在低倍显微镜下看到的细胞、在高倍电子显微镜下看到的晶体结构等都是可观察的吗？可观察事物与只有用间接的方法推出的事物之间的界线究竟在哪里？麦克斯韦认为，迄今为止没有一个标准使我们能在“理论”与“观察”之间作出非人为的划界。所以，观察与理论之间的区分没有方法论意义。

麦克斯韦的第二类论证是，能观察的事物和不能观察的事物之间的界线是暂时的。细胞、病毒在以前的条件下不能被观察到，但随着显微镜的发明，这些微小生物都成为能被观察的了。这是因为我们在不同情况下具有不同的感官（如果把显微镜之类的观察工具看做我们感官的延长）。感官和观察仪器的局限最终可以在物理学和生物学上得到详细说明。麦克斯韦的结论是：在任何特定的意义上，从理论上给观察和理论划定的界线都是偶然的，是我们的生理结构造成的，因此这种划分没有任何本体论的意义。也就是说，能观察到或不能观察到与这些实体是否存在的问题不相关。

实际上，正如范·弗拉森指出的，麦克斯韦没有将两个问题谨慎地区分开：一是，我们能把语言分为理论语言和非理论语言吗？二是，我们能把客体或事件分为可观察的和不可观察的吗？麦克斯韦在混淆的意义上分析这两个问题，从而笼统地对它们持否定态度。一般地说，反实在论者对理论语言和观察语言的区分也持否定态度，他们同样认为全部语言都有理论负荷，如果把“电子”、“X射线”、“基因”等遍布于科学中的术语清除于观察语言，那么科学就没有什么语言是有用的。但是，反实在论者对于可观察事件与不可观察事件的区分持肯定态度，认为可观察实体或事件是存在的，不可观察实体或事件是不存在的。而实在论者对这类区分是持否定态度的，因为他们根本否认不可观察事件的存在。

概括科学实在论者的特点，范·弗拉森把科学实在论简单精确地表述为：“科学的目的是，在其理论中给我们讲述一个关于世界是什么的字面上为真的故事；科学接受一个理论意味着相信它是真的。”① 而这个表述只在非常小的限度内得到辩护，即科学讲述了一个真实的故事，科学的目的是接受正确的陈述。

二、早期反科学实在论

斯泰克（Stace W. T.）代表了休谟经验论传统中一种极端的反实在论观点，认为世界上除了感知的现象外不存在任何东西。这种反实在论也被称作现象主义的反实在论。他在《科学与物理世界》一文中为他的观点做了如下的论证：②

① Van Fraassen Bas C.: *The Scientific Image*, p. 8.

② Stace W. T.: “Science and the Physical World”, in *Science Reason and Reality*, ed. by Rothbart D. pp. 397-402.

科学家们一直讨论着电子、质子、中子等，可我们从未直接感知这些东西。我们如何知道它们的存在呢？惟一可能的回答是：它们来自我们对直接感知的因果关系推理。这些原子实体以某种方式刺激着动物的感官，并引起感官去感知熟悉的世界。但是用以解释的这样的因果关系概念是有效的吗？我们相信因果律的惟一理由是，我们观察到了某些规律或秩序。在某些条件下我们观察到，现象B总是紧随现象A之后出现，我们称现象A是原因，现象B是结果。并且A—B成为一种因果律。由此便推出，所有被观察的因果秩序都存在于我们所熟悉的感知世界中被感觉的客体之间。而且所有已知的因果律都仅仅适用于感觉世界的东西，而不是超越于世界之外或隐藏于感觉世界背后的东西。这意味着，从来没有而且也不可能有证据使我们相信，因果律能适用于感知领域之外的事物，或者说，从来没有而且也不可能有证据使我们相信，感知领域能有不被感知的因果关系。

那么，我们能否把电子、质子和中子这些不可视的原子实体看做是可视的实体背后的原因呢？按照斯泰克的观点，是不能的。假设有一个被观察顺序：A—B，尽管我们可以根据可感知现象A和B经常相继出现，在习惯上把它们看做具有因果关系的，但是我们却没有理由认为，可感知现象A和B的原因分别是不可观察的感知世界背后的a’和b’，因为这里所依据的因果律不能通过感知世界之外的操作被观察到。那么，我们能否借助于推理从可感知的世界得到不可感知的世界的东西呢？同样不能。因为没有任何推理可以有效地从可感知的因果关系推出不可感知的因果关系。总之，

如果我们承认，除了被感知的对象及其关系、规律和顺序外，我们什么也不能观察到，那么也就承认了，我们的感知不能通达感知世界之外的东西。所以那些不可见的原子实体的存在既不能被感知，也不能用推理从感知世界得到证明。

我们没有证据相信这些原子实体的存在，并不意味着这些概念是假的、无价值的。对于科学家而言，重要的不是理论术语和科学定律假定的实体是否存在，而是它们能否预测可感知的现象。牛顿的“引力”和爱因斯坦的“弯曲的空间”虽然都是用隐喻的形式虚构的理论对象，是不可感知的，但是它们能用于预测天文现象。从它们能预测可感知的对象的意义上说，它们是“真的”。爱因斯坦的理论代替了牛顿的理论，不是因为前者比起后者来是更真实的存在，而是因为前者的预测的公式更精确。用恰当的公式表述的科学定律不是用以“说明”任何观察现象，仅仅是用缩略和概括的形式陈述所发生的事情。

总而言之，只有感知的东西和感知这些东西的头脑是存在的，不可感知的东西都是心灵的构造物或虚构物。但这并不意味那些不可感知的概念就是无价值的或不真的，它们的真和价值就在于有助于把我们的经验组织起来，并且预测可感知的东西。

斯泰克的反实在论所关注的是认识论问题，他的观点概括起来就是：只有感知世界中可观察的事物及其因果关系是真正的存在，感知世界之外的不可观察的理论实体是虚构的，它们的存在是无法证明的；理论术语和科学定律是构造出来帮助我们组织和概括感觉经验的，是表述感觉经验之间关系的一种公式；科学理论的作用不在于它们断定了对象的实在性，而在于它们可预测那些可感知的现象。尽管斯泰克承认可观察事物的实在性和客观性，但它用感知阻断了自我向外在客观世界的通达，这就仍然回旋在贝克莱“存在就是被感知”的幽灵之中。

三、建构经验主义

美国普林斯顿大学教授范·弗拉森（Van Fraassen Bas C.）[①] 1980 年出版了《科学的形象》一书，该书一经出版就在科学哲学界引起了很大反响。1985 年美国科学哲学界就此书召开了专门的讨论会，会后出版了由丘奇兰德（Paul M. Churchland）和胡克（Clifford A. Hppker）主编的、以《科学的形象》为书名的大会论文集。范·弗拉森所阐述的温和的反实在论思想为很多经验论者所接受，他称自己的反实在论为“建构经验主义”（constructive empircism）。

与以上范·弗拉森对科学实在论的表述相对应，他认为反实在论的立场是，即使科学理论没有讲述一个关于世界是什么的字面上为真的故事，科学的目的也能达到；理论的接受或许具有比理论为真的信念更少的东西，或与这个信念不

① 范·弗拉森（Van Fraassen Bas C. 1941－ ）出生于荷兰，1956 年移民加拿大。1963 年获埃尔伯塔大学哲学学士学位，后在匹兹堡大学师从塞拉斯和格伦鲍姆学习，1966 年获博士学位。此后曾在耶鲁大学、印第安纳大学、多伦多和南加州大学执教，1982 年迄今任普林斯顿大学教授。

同的东西。[①]

“字面上为真的描述”有两方面的含义：其一，语言应该在字面上得到解释；其二，正因为如此，所以描述是真的。这种含义把反实在论区分为两类：一类主张，科学以求真为目的，所以科学解释是真理性的解释，而不是字面上真的解释；另一类主张，科学语言应该在字面上得到解释，但理论不必因为是真的才是好的。前一类反实在论指的是现象主义、实证主义之类的激进的反实在论，范·弗拉森提倡的是后一类反实在论。这类反实在论的特点是，提出理论的人并不对该理论的真假作断定，只是对理论提出论证，表明理论的优点，而理论的真理性，即经验的适当性、可理解性、对于各种目的的可接受性等是要在详细研究之后才能决定的。

范·弗拉森把他提倡的反实在论表述为：“科学的目的在于给我们提供经验上适当的理论；理论的接受仅仅把理论是经验上适当的作为信念的一部分。”[②]

“经验上适当的理论”意指理论是关于可观察事物和事件的真实描述。理论是适合于现象的模型，一旦理论正确地描述了现象，把实际所观察到的现象都填充进去，理论就“拯救了现象”（save the phenomena），那么理论就是在经验上适当的。这个观点首先预设了只有可观察现象是实体。范·弗拉森用“人类行为”来区分“可观察物”与“不可观

① Van Fraassen Bas C.: *The Scientific Image*, p. 9.
② Van Fraassen Bas C.: *The Scientific Image*, p. 16.

察物”，在他看来，不借助于任何辅助工具感知到的物是可观察的，例如，我们看见太阳早升晚落，太阳是可观察物；但借助于测量计算出的质量是不可观察物，例如，在已知力场中偏离轨道的粒子的质量是计算出来的，粒子的质量不是可观察物。借助于仪器的间接观察也可以根据“人类行为”进一步区分为可观察物和不可观察物，通过望远镜观察木星的卫星，在范·弗拉森看来是可观察的，因为宇航员在接近它时能更清晰地看到同样的情况。但是在云室中观察到的微观粒子则是不可观察物，因为这是通过一个带电粒子横穿充满饱和的蒸汽的云室留下的轨迹而测量到粒子的存在，所以是不可观察的。类似地，被理论假设的、当下不能直接感知的理论实体都归于不可观察物。某物是可观察的原则：“X是可观察的，仅当存在着它是如此这般的条件，如果对于我们来说，X当下处于那个条件下，那么我们就观察到它。”

更重要的是，“经验上适当的理论”的观点体现了范·弗拉森反实在论的重要特征——建构主义和经验主义。在对自然界的研究中，他始终坚持经验主义的立场，认为经验主义自始至终都是主要的哲学向导。但是经验主义只要求经验观察真实地解释可观察现象，把科学假设的结构看做是达到这个目的的手段。可经验的观察毕竟是有限的，它受制于我们的感知能力和观察仪器的精确度，所以这种经验主义教条是有局限的。而科学活动的本质特征是建构理论模型，理论模型是理想化的图形，它期望描述所有相关现象的普遍特征，所以它描述了比观察到的现象更多的东西。在对理论模型的假设的选择上，实在论者要求的是说明规律性的方式，反实在论者则要求理论在经验上的适合性。范·弗拉森强调，科学建构模型不是纯主观性的活动，它是建构适合于可观察现象的模型，也必须要经常根据观察到的现象来修正。“只有在对物理学基础的研究中，我们才能理解这种细致描述的模型族，而且只有当悖论威胁（如像量子力学的测量问题）出现时，人们才试图使实验和理论之间的关系精确化。”① 范·弗拉森用“建构的”一词表明的观点是，“科学活动是建构，而不是发现：模型的建构必须与经验适当，而不是发现不可观察物的真理。”② 一言以蔽之，范·弗拉森的反实在论在经验主义和建构主义之间保持了一种必要的张力，试图既与实在论划清界限，又克服激进经验主义的局限。

至于“理论的接受”，不仅仅取决于理论是经验上适当的这一个条件，它包含从事研究的科学家对理论的信念，对理论承诺的接受，涉及在一定的语境中语言的使用。理论的说明力以超越其经验意义为特征，即使两种理论在经验上等价，并且接受理论的信念仅仅根据经验的适当性，但哪一个理论被接受的问题，依然有着很大差别。因为在一定的语境中语言的使用是由理论的承诺使然，而理论承诺无所谓真假，只是相信它能得到辩护。所以理论的接受从根本上有赖于语境。所以，一个理论是经验上适当的（即理论经受了经验的证实）与接受一个理论（即相信一个理论是真的）是两

① Van Fraassen Bas C.：*The Scientific Image*, p. 67.
② Van Fraassen Bas C：*The Scientific Image*, p. 5.

个不同的问题。这是范·弗拉森从实用的维度对理论的接受所作的概括。这一概括体现了范·弗拉森的反实在论在经验主义和实用主义之间保持了一种必要的张力，既坚持理论的内容是经验上适当地，又承认理论的接受取决于实用，是相对的。

范·弗拉森把语义分析方法作为拯救现象的方法。逻辑实证主义者用句法的形式分析的方法建立理论语言与观察语言之间的关系，从而使科学理论获得经验内容。他认为，句法分析只能告诉我们句子之间是否同构，其推导是否一致，这只会把真理与经验适当性之间的区别导向琐碎和毫无意义，因而句法分析方法是失败的。然而，理论必须由语言来表达，语言的分析对于判定一个理论是否经验上适当是必不可少的。范·弗拉森如是说，语义学不全然是逻辑的奴婢，它会导致语句之间比一致性更多的令人感兴趣的语义关系，它对于比较和评价理论是非常重要的。他的语义分析涉及对理论模型的语义分析，对自然语言适当模型的语义分析，以及量子概率的语义分析。同构通过语义分析，能说明特定的表征在一组模型中的语义赋值，及其由这种赋值导出的逻辑关系，而且还能说明一种模型的特定部分的可能与实在要素在经验适当性上的对应。范·弗拉森用语义分析的方法，一方面与逻辑实证主义者的纯形式化的逻辑分析方法保持了距离，另一方面又与实在论用于分析真理和理论接受的形而上学的思辨方法划清了界限。

范·弗拉森的建构经验主义不仅在反实在论者中引起了反响，也极大地冲击了它的对立面科学实在论的早期观点，

实在论者与反实在论者就他们的分歧展开了积极的对话。下面我将对他们关于不可观察物与理论接受的理由问题的争论作一简要的概述。

四、不可观察物与理论接受的理由

按照建构经验主义的观点，科学理论的接受就是相信理论在经验上是适当的，所以接受一个理论并不意味着它的断定是真的，或者它的实在性已得到说明。但是在实在论者看来，理论的接受基于断定理论为真，而理论的真要诉求于理论的说明力。这是科学实在论者与反实在论者关于理论接受的理由的问题上的基本分歧，围绕这个基本分歧，他们在一些相关的具体问题上展开了争论。

1. 最佳说明推理规则

实在论者塞拉斯和哈曼（Gilbert Harman）提出了这样的观点：接受一个理论的好理由是，依据事实说明理论假设的实体是存在的。他们称这类论证的推理规则为“最佳说明推理”（inference to the best explanation）规则。[①] 就如日常实例中所服从的推理规则那样：当听到墙壁里的沙沙声，半夜里小脚的蹋蹋声，发现桌上的奶酪不见了，那么就推论“有老鼠”，当所有可观察的现象都表明老鼠的存在，并且确实看见有老鼠存在，这就是为“有老鼠”提供了最佳说明。按照他们的说法，根据最佳说明推论规则可以评价各种说明

---

① 参见 Sellars Roy W.：*Sience，Perception and Reality.*

的假说。

然而，依建构经验主义的理论接受的原则，即使遵循推理规则思维的人，也不必然愿意相信推理的所有结论，而不相信与此结论不符的其他结论。而且，在范·弗拉森看来，"最佳说明推理"规则并非是评价各种说明性假设的精确标准，因为大量理论假设的真是成统计规律的，因此新近的研究已表明，评价它们的精确标准是概率统计学理论。而根据概率理论，关于不可观察实体的初始似真性是由主观确定的，理论假设的置信度是随初始似真性而变化的。所以，"从常识到不可观察物不存在一目了然的论证。仅仅遵循日常的科学推理模式，显然不会使我们都不知不觉地变成实在论者。"①

2. 科学说明的限度

澳大利亚哲学家斯马特(J. J. C. Smart)在《科学与哲学之间》一书中对理论接受的实在论观点提出了两个论证：②第一个论证是，必须用正确的理论来说明理论的有用性。斯马特区分了正确的理论与有用的理论，认为理论接受的理由是假定理论是正确的。假设一个16世纪的人对哥白尼学说持实在论态度，即认为它精确地描述了行星的运动，因而是真理；对托勒密学说持工具主义态度，即认为它是有用的，因为它产生了几乎与哥白尼学说一样的关于行星运动的预

① Van Fraassen Bas C.: *The Scientific Image*, p. 23.

② Smart J. J. C.: *Between Science and Philosophy*, New York: Randon House, 1968, pp. 150-151.

测。而正是哥白尼学说的真理性说明了托勒密学说的有用性。如果所有理论都被看做仅仅是工具性的，那么对特定理论的工具有用性的说明就将不可能。

那么，又是什么说明了所有可观察的行星都适合于哥白尼理论呢？按照实在论者诉求于理论说明力的做法，似乎要无限制地说明下去。而根据反实在论者的观点，基本规律是赤裸裸的事实，可观察现象就展现了这些规律，所以，这些规律适合于理论是不需要假设现象背后的不可观察事实来说明的。有些理论的说明是不需要也不可能无限制地进行的，比如量子力学对微观粒子运动的几率性描述是完备的，对几率性的原因就不需要也不可能有更深的说明。

斯马特的第二个论证是，可观察现象中的规律性必须由更深层次的结构来说明。如果某个理论是成功的，那么它就是真实的，否则，它的成功就无法说明。而理论的真实必须通过理论词汇（如电子）所指称的对象的真实存在来说明。否则，可观察现象的规律性就仅仅是“宇宙的巧合”了。对于这个问题，塞拉斯也有类似的论证。他认为，对可观察事物的描述都具有不完善性的缺点，这种不完善性要求引入现象背后的不可观察的实体来说明。科学的目的是尽力说明，因此，科学必须相信不可观察的微观结构是存在的。①

可是，在反实在论者看来，微观结构的假设产生的是可观察的结果。假设两种物质 A 和 B，它们的熔点分别为 x 和 x+y。由于金子是 A 和 B 组合而成，所以可以断定，金

---

① Sellars Roy W.：*Sience*，*Perception and Reality*，pp. 121-123.

子的熔点应为不低于 x 而不高于 x+y。但是研究的数据表明，并非每一种金子样品的熔点都是介于 x 和 x+y 之间。这样，最初假设的熔点规律实际上所产生的是可观察现象。可见，引入微观结构的假设并未产生比可观察现象更有价值的说明。我们借助于微观结构是为了提供便于理解的想象图式，以展现新的可观察的规律，修正已有的错误的表述。所以反实在论者认为，科学说明的限度在于可观察现象。

五、内在实在论

数学命题是否假设了可观察对象吗？数学命题是有真假的，它们的真值取决于什么？按照实在论的观点，真命题是与外在实体相一致，所以，成熟科学的语词是有指称的，成熟科学所承认的理论是接近于真的，是对科学所指称的对象之间的关系的适当描述。这种理论与外部世界相符合的实在观必定要求存在抽象的实体，否则，数的集合就不存在了，赋予集合的所有陈述的真值就成问题了，理论的接受也失去了理由。美国哲学家普特南（Hilary Putnam）① 在早期就持这种观点。他在《逻辑哲学》（1971）一书中，从逻辑上和数学上提出了他的科学实在论的主要观点，被称作“数学实在论”观点，他集中讨论了数学的客观性和实在性的问

① 普特南（Hilary Putnam，1926－ ）出生于美国芝加哥。1951 年在加州大学洛杉矶分校获哲学博士学位。曾先后在西北大学、普林斯顿大学执教，1961 年任麻省理工大学科学哲学教授，1965 年迄今任哈佛大学哲学教授。任美国科学院院士和英国科学通讯院士。

题。他论证了数学的实体概念对于非基础数学来说是必不可少的，理论概念对于物理学是必不可少的。数学的客观性就在于，它的抽象概念指称了抽象实体，揭示着自然界的普遍规律，就像物理学借助于“重力”、“动能”、“弯曲的空间”的抽象概念指称某些抽象实体，以刻画物理世界的本质特征一样。数学命题的实在性就在于其客观性。

反实在论者批判了这种“强”实在论观点，理由之一是，科学陈述的真值条件并非完全独立于人类活动或知识，它取决于理论语义上的解释。所以科学的目的不是使理论为真，即通过思想结构完全反映事物的结构，而是提供一个经验上适当的普遍性的理论，以“拯救现象”。理由之二是，并非所有的陈述都有确定的真值，每一陈述的真值都是有语境条件的。比如，在斯特劳森《论指称》一文中的那个著名的例子——“1905 年法国的国王是秃子”，在他的分析中就是既不真也不假的。再比如，微观粒子的测量值是瞬时的、非决定性的，要确定某一测量值对某种特定状态的真值，就必须要求补充一些新的变量或条件，这称作隐参数，而某些观察结果常常不能精确地知道其隐参数的准确值。所以，实在论要求理论与外在实体的一致是不可能的。

面对反实在论的诘难，普特南开始反思他自己的实在论立场：“第一个使我对自己的‘实在论’立场感到不安的问题是每一个哲学家都熟悉的问题：我们的语词与特定客体（在这里，客体的观念被认为有一个确定的参照，这个确定的参照物独立于概念体系）的一致性观念似乎早就成问题了，虽然我们没有发现其他可接受的选择理论。到 1967 年，当我不得不发表我作为美国哲学学会东部分主席的演讲时，这个观念已成为我不可逾越的问题，而且最终我开始探索一个可选择的观点。”① 所以，普特南的实在论观点很快就发生了戏剧性的转变，他把他转变后的观点称作“内在实在论”，相对应地，他早期的观点就称作“外在实在论”。②

如前所述，外在实在论的核心观点是，真理是理论与外在实在（即外部事物或事件）的一致性。与此大相径庭的内在实在论的核心观点是，真理是在理想化的意义上与实证的一致。这个观点的主要特征是：第一，借助于实证主义作为实在论经验辩护的方法论。普特南认识到，过去把分析哲学的缺点归于实证主义，因而从反对实证主义的立场去批判分析哲学的观点太狭隘，从方法论上说，也是不适当的。现在看来，只有实证主义的方法是最合逻辑的，不易动摇的。实证主义在处理理论的接受问题时，用经验实证的方法取代了外在一致论观念。只有把经验的方法引入实在论，才能更好地为实在论作辩护。但另一方面，普特南认为逻辑实证主义者的“实证标准”是错误的，他们追求的是一种标准性的证实标准，意即一个理论是可接受的，它必须是经验上已被证实的，这种观点之所以错误，是因为它没有给哲学的理性活动留下余地。可接受的理想化的真理并不完全独立于我们可接受的理论，而描述同一世界图景的理论是多样性的，并且

① Putnam H.: *Realism and Reason*, Cambridge University Press, 1983, Introduction: An overview of the problem, p. Ⅷ.

② 以下概括的普特南的内在实在论观点参见 Putnam H.: *Realism and Reason*。

常常是相容的。普特南要追求的是更广泛的实证，而不是逻辑实证主义者的标准性的实证标准。

第二，真理本质上不是直观地、外在地可对照的，而是理性范围内的、逻辑的内在的相互关系，因此真理不直接地涉及经验的证实，而是诉求于“理想化的证实”。根据他的论述，“理想化的证实”一方面意指理论不依赖于现有证据的证实，而有赖于根据理想条件为它作辩护，也就是把真理与辩护联系起来；另一方面意指一个理论的真理性在于对它辩护的内在的逻辑一致性，如果一个陈述及其否定在一个理论中都得到了辩护，那么即使辩护的条件是理想的，也不能赋予这个理论真值。

第三，根据内在实在论的观点，数学命题及其推理模式的意义不是本体论所赋予的，也不像逻辑经验主义者的“逻辑－语言学”规则那样空洞，数学的真陈述是使用数量关系表示任何可能的客观对象，因此在人们能够用数量测量存在物的意义上，“数”是客体，而且在每一关于它是客体的事物中，都具有特殊的性质。所以，数学的本质在于它用特有的数量关系来计算客观对象的具体的客观性，而在于假设“数学实体”的抽象的实在性。普特南用一个据说是得益于达米特的“简单而又优美的实在论公式”阐述了他的观点：“（对于给定理论或话语）实在论者主张，（1）该理论的句子是真的或是假的；并且（2）使它们为真或为假的东西是外在的，即不是我们的实际的或潜在的感觉资料，或我们心灵的结构，或我们的语言等等。”① 他进一步解释道，根据这个公式，不承认数学陈述包含“数学对象”的存在也可以成为一个实在论者。也就是说，数学实在论者旨在于承认数学命题的真值是客观的，而无须坚持数学实体的存在。

六、趋于弱化的对立

科学实在论与反科学实在论根源于不同的本体论和认识论立场，而且基于不同的科学发展背景。

科学实在论的哲学立场来源于古希腊的素朴实在论，即认为世界万物是由不可分割的、永恒的微粒子实体“原子”及其运动的场所“虚空”组成。而且坚持严格的因果决定论观点：自然界的一切现象都由必然性产生。

科学实在论的科学观来源于 19 世纪在物理学家和化学家中兴起的科学原子实在论，这种科学观秉承古代实在论的哲学基本立场，基于当时物理学和化学发展的状况，提出了更为详细的原子实在论的观点，其要点是：

（1）原子不是虚构的理论术语，而是超越于经验的实在。尽管在当时的条件下是不可观察的，但它指称的对象是存在的实体，因为一旦我们借助于结构、运动、力等词汇来描述这类基本粒子时，就能知道它意味着什么。

（2）原子的运动及其在空间中的相互关系是由因果必然

① Putnam H.: *Mathematics*, *Matter and Method*, Cambridge: Cambridge University Press, 1975, p. 69.

性决定的。门捷列夫创立的“元素周期律”和牛顿力学都是按照这种严格因果决定论模式研究的结果。反过来，元素周期律能准确地预测了基本元素的原子量，牛顿力学能成功地预测天文现象，又严格地证明了客观实在之间的因果必然性的决定关系。

(3) 在方法论上，原子实在论者虽然不否认经验方法在科学说明中的作用，但它们更强调哲学的思辨方法，认为只有越过经验，善于做哲学思辨的科学家，才能发现新理论，才能看到经验现象的本质。

这些观点是科学哲学中科学实在论者思想的直接来源。早期的科学实在论者假设不可观察的理论实体的实在性，认为科学理论的客观性就在于抽象实体的存在。坚持真理符合论，强调理论的接受有赖于理论的真理性，而理论的真理性就是理论与外在世界的一致。主张科学的目的是尽量地说明自然现象的必然因果性。在形而上学的意义上使用“实在”、“接近真理”、“与外在世界一致”等概念，因而被反实在论者批判为不精确的、模糊的、传统的形而上学概念。

从反实在论的科学观的根源来看，(1) 其哲学的基本立场植根于洛克、休谟、实证论者的经验主义传统，强调感觉经验的惟一实在性，否认不可观察的理论实体的存在。

(2) 其方法论建立于逻辑经验主义的语言分析之上，从语义学和语用学的维度思考科学理论的结构、科学说明和理论的接受问题，把科学的目的看做提供经验上适当的理论，而不是假定一个与外在世界一致的真理。

(3) 基于量子现象因果关系非决定论观点。量子力学理论表明，严格的因果决定论模式不能说明微观粒子的状态。在微观世界中，对于质量极小的粒子来说，每次观察都意味着对它们行为的重大干涉。宏观仪器对微观粒子的干扰不可忽略，同时又无法控制，这时所测量到的结果就同粒子的原来状态不完全相同，因此，既不能赋予现象也不能赋予观察仪器以一种通常物理意义下的独立实在性了。因而，因果律就不再适用了。数学公式所描述的就不再是宏观事件本身，而是某些事件出现的几率。反实在论者的成功得益于把量子力学的合理重建视为解决本体论问题的基础，从而恰当地否定了因果必然决定论的普遍有效性。

可以看出，实在论与反实在论在发展之初，其观点的对立是十分尖锐、泾渭分明的，它们的观点都在温和的对话和激烈的挑战中不断地修改和完善，其结果是，它们的某些基本观点已从最初的“强”对立趋向于“弱”对立。

后期实在论者虽然在否定“可观察物”和“不可观察物”的区别的问题上仍然没有最终放弃早期实在论的立场，但是，他们已经放弃了理论的真理符合论观点，而诉求于“理想化的证实”。量子力学所呈现的微观世界的图式使他们认识到，对“实在”的本质的探究是思辨的形而上学的方法所不能提供的，必须诉求于经验的实证和语言的分析。在重新评价了哥本哈根量子力学的非决定论观点后，后期实在论者从严格的因果关系决定论转向了非决定论，放弃了爱因斯坦关于观察与观察者相分离的观点，既坚持观察的测量结果是发现的不是创造的观点，又坚持测量的结果与观察者的操作过程和实践活动不可分割的观点。这些观点几乎与反实在

论的观点没有什么区别了，在这个意义上，后期的实在论者已经不是真正的实在论者了。正如普特南自我评价的那样，在经典逻辑或决定论的本体论意义上，他不是一个实在论者，但在量子逻辑或非决定论的本体论意义上，他仍然是一个科学实在论者。

当今贝克莱式的反实在论者已经极少见了，温和的反实在论者并不在自我与实在之间设置一道不可逾越的鸿沟，他们用经验建构了一座连接两者的桥梁。他们虽然坚持可观察现象与不可观察现象的区分，但是他们并不排除对不可观察现象的研究，而是把对本身不可观察却可以说明可观察过程、作出真实描述的理论词汇和陈述视为科学研究的目的。并且他们承认在可观察现象的问题上他们是实在论者。

总体上看，科学实在论受到的挑战是要害性的，尤其是量子理论的说明更加深了实在论理论的危机，为了回应这些问题，后期实在论者不得不放弃了最重要的认识论基本观点——真理符合论，也许它们仍然坚持否定可观察物与不可观察物区分，但既然已经取消了“理论实体”在本体论中的地位，是否区分可观察物与不可观察物的问题对于实在论理论就没有太大意义了。实在论与反实在论基本对立正趋于弱化，我们似乎已很难找到一条清晰的界线将两者截然区分开。事实上，实在论者和反实在论者本人并不认可我们给他们的定位，他们关注的焦点不是他们属于哪一派，而是如何能合理地解决理论与世界的关系问题，他们往往在某一问题上持实在论观点，在另一问题上持反实在论观点，极少有人死守住有问题的或过时的某一种哲学立场不放。被我国学者看做反实在论者的劳丹，在《进步及其问题》一书中就曾对中国读者不假思索地指责他站在反实在论或非实在论一方感到委屈。他指出，科学实在论至少有三种：第一种是本体论实在论，即认为世界具有独立于认识者的确定性；第二种实在论是语义学实在论，即断定科学理论、科学定律和科学假说是关于世界所作出的或真或假的断言；第三种是塞拉斯、普特南等人信奉的认识论的实在论。他接受其中的前两种而拒斥第三种。

科学实在论与反科学实在论的争论自 19 世纪以来从未间断过，只要科学和哲学还在发展，这个问题的争论就永无止境。关于这个问题的文献和资料浩如烟云，本章只是试图借冰川一角来探讨实在论与反实在论争论的实质。

参考文献

1. Achinstein P. : *The Nature of Explanation*, New York: Oxford University Press, 1983.

2. Ayer A. J. : *Language, Truth and Logic*, London, Victor Gollancz LTD, 1949.

3. Barker & Achinstein: "On the New Riddle of Induction", *Philosophical Review*, 69(1960).

4. Barnes B. : *Scientific Knowledge and Sociological Theory*, Routledge & Kegan Paul, London, Boston and Henley, 1974.

5. Barnes B. & Bloor D. : "Relativism, Rationalism and the Sciology of Knowledge", in *Rationality and Relativitism*, eds. by Hollis M. & Lukes S. , Cambridge, Mass: MIT Press, 1982.

6. Barnes B. & Bloor D. , Henry J. : *Scientific Knowledge: A Sociology Analysis*, London, Atholone, 1996.

7. Ben-David J. : "The Sociology of Scientific Knowledge", in *The Stste of Sociology*, ed. by Short J. T. , Jr. , Sage Publications, 1981.

8. Bloor D. : *Knowledge and Social Imagery*, the University of Chicago Press, 1991.

9. Bunge M. :《什么是假科学》,《哲学研究》1987 年第 4 期。

10. Carnap R.:"On the Application of Inductive Logic", *Philosophy and Phenomenological Research*, 8(1947).

11. Carnap R.: *Logical Foundations of Probability*, Chicago: University of Chicago Press, 1950.

12. Carnap R.: *The Continuum of Inductive Methods*, University of Chicago Press, 1952.

13. Carnap R.: "Observation Language and Theory Language", *Dialektik*, 47/48(1958).

14. Carnap R.: *Philosophical Foundations of Physics*, ed. by Martin Gardner, New York: Basic Books, 1966.

15. Carnap R.:《卡尔纳普思想自述》,上海译文出版社,1985年。

16. Chlmers A. F.:《科学究竟是什么?》,查汝强、江枫、邱仁宗译,商务印书馆,1982年。

17. Curd Martin&Cover J. A.: *Philosophy of Science-The Central Issues*, W. W. Norton&Company, New York/London, 1998.

18. Feyerabend P.:《反对方法》,周昌忠译,上海译文出版社,1992年。

19. Galileo Galilei: "The Assayer", in *Discoveries and Opinions of Galileo*[1623], translated by Stillman Drake, New York: Anchor Books, 1990.

20. Godfrey-Smith Peter: *Theory and Reality*, The University of Chicago Press, 2003.

21. Good, I. J.: "The White Shoe Is a Red Herring",

British Journal for the Phiosophy of Science, 17(1967).

22. Goodman N. : *Fact, Fiction, and Forecast*, University of London, the Athlone Press, 1954.

23. Hanson N. R. : *Patterns of Discovery*, Cambridge University Press, 1961.

24. Hempel C. G. : "Explanation in Science and History", in *Frontiers of Science and Philosophy*, ed. by Colodny R. G. , London and Pittsburgh: Allen and Unwin and University of Pittsburgh Press, 1962.

25. Hempel C. G. : *Aspects of Scientific Explanation*, New York: Free Press, 1965.

26. Hempel C. G. : "On the 'Standard Conception' of Scientific Theories", in *Analyses of Theories and Methods of Physics and Psychology*, Minnesota Studies in the Philosophy of Science, Ⅳ, eds. by Michael Radner and Stephen Winokur, 1970.

27. Hosiasson-Lindenbaum Janina: "On Confirmation", *The Journal of Symbolic Logic*, 5(1940).

28. Hume David:《人类理解研究》,关文运译,商务印书馆,1982 年。

29. Kant Immanuel:《纯粹理性批判》,邓晓芒译,杨祖陶校,人民出版社,2004 年。

30. Karin D. Knorr-Cetina: *The Manufacture of Knowledge: An Essay on the Constructivist and Contextual Nature of Science*, Pergamon Press, 1981.

31. Kraft Victor:《维也纳学派》,李步楼、陈维杭译,商务印书馆,1998年。

32. Kuhn T. S.: *The Structure of Scientific Revolutions*, The University of Chicago Press, 1962.

33. Kyburg H. E. &Smokler Howard E.: *Studies in Subjective Probability*, John Wiley&Scns ,Inc. ,1964.

34. Lakatos I. &Musgrav A.: *Criticism and the Growth of Knowledge*, Cambridge University Press, 1982.

35. Lakatos I.:《科学研究纲领方法论》,兰征译,上海译文出版社,1986年。

36. Laudan L.:《进步及其问题》,刘新民译,华夏出版社,1998年。

37. Maxwell G.:"The Ontological Status of Theoretical Entities", *Minnesota Studies in Philosophy of Science* ,Ⅲ (1962).

38. McCarthy Timothy:"On an Aristotelian Model of Scientific Explanation", *Philosophy of Science*, 44(1977).

39. Meixner John:" Homogeneity and Explanatory Depth", *Philosophy of Science*, 46(1979).

40. Mises R. Von:" Grundlagen der Wahrsheinlichkeitsrechnung", *Erkenntnis*, 2, 1931.

41. Merton R. K.:"Science and the Socia Order", *Philosophy of Science*, Vol. 5(1938).

42. Merton R. K.:"A Note on Science and Democracy", *Journal of Legal and Political Sociology*, Vol. 1(1942).

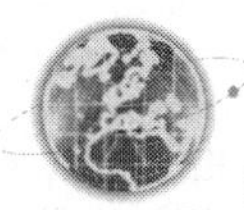

43. Merton R. K. : *Science, Technology and Society in Seventeenth Century England*, New York: Howard Fertig, Inc. ,1970.

44. Merton R. K. :《科学社会学》,鲁旭东、林聚任译,商务印书馆,2003 年。

45. Latour B. & Woolgar S. : *Laboratory Life—the Construction of Scientific Facts*, Princeton University Press, 1986.

46. Lewis Carroll: "What Achilles said to the Tortoise", *Mind*, Vol. 60(1951).

47. Nagel E. :《科学的结构》,徐向东译,上海译文出版社,2002 年。

48. Popper K. R. : *The Logic of Scientific Discovery*, Harper&Row, Publishers, 1968.

49. Popper K. R. :《猜测与反驳》,傅季重、纪树立、周昌忠、蒋为译,上海译文出版社,1986 年。

50. Prior A. N. : "The Runabout Inference Ticket", *Analysis*, 21(1960).

51. Putnam H. : "What Theories Are Not", in *Science Reason and Reality*, ed. by Rothbart D. , Peking University Press, Beijing, 2002.

52. Putnam H. : *Realism and Reason*, Cambridge University Press, 1983, Introduction: An overview of the problem, p. Ⅷ.

53. Putnam H. : *Mathematics, Matter and Method*, Cam-

bridge:Cambridge University Press,1975.

54. Quine W. V. O. : *From a Logical Point of View*, Harvard University Press,1980.

55. Raiton P. : "A Deductive-Nomological Model of Probabilistic Explanation", *Philosophy of Science*, 45 (1978).

56. Reichenbach H. : *The Theory of Probability*, Berkeley: University of California Press, 1949.

57. Reichenbach H. : *The Rise of Scientific Philosophy*, University of California Press, 1954.

58. Rothbart Daniel: *Science Reason and Reality-Issues in the Philosophy of Science*, First Edition, Peking University Press, Beijing, 2002.

59. Ruben David-Hillel: *Explaning Explanation*, New York: Routledge, 1990.

60. Russell B. : *The Principles of Mathematics*, London, George Allen&Unwin LTD, 1964.

61. Salmon W. : "A Third Dogma of Empiricism", in *Basic Problems in Methodology and Linguistics*, eds. by Robert Butts and Jaakko Hinitikka, Reidel, Dordrecht, 1977.

62. Salmon W. C. : "The Predicting Inference", *Philosophy of Science*, 24(1957).

63. Salmon W. C. : "The Foundations of Scientific Inference", in *Mind and Cosmos*, 1966.

64. Salmon W. C. : "Rational Prediction", *British Jour-*

nal for the Philosophy of Science, 32(1981).

65. Scheffler I.: "Explanation, Predictin, and Abstraction", *British Journal for the Philosophy of Science*, 7 (1957).

66. Scheffler I.: *The Anatomy of Inquiry: Philosophical Studies in the Theory of Science*, New York: Alfred A. Knopf, 1963.

67. Sellars R. W.: *Sience, Perception and Reality*, New York: Humanities Press, 1963.

68. Shapin Steven: "A Social History of Truth: Civility and Science in Seventeenth Century Small: 'Professir Goodman's Puzzle'," *Philosophical Review*, Vol. 70(1961).

69. Smart J. J. C.: *Between Science and Philosophy*, New York: Randon House, 1968. England, Chicage: University of Chicago Press, 1994.

70. Van Fraassen Bas C.: *The Scientific Image*, Clarendon Press, Oxford, 1980.

71. Wittgenstein Ludwig:《逻辑哲学论》,郭英译,商务印书馆,1993 年。

72. 陈晓平:《归纳逻辑与归纳悖论》,武汉大学出版社,1994 年。

73. 郭贵春:《科学实在论教程》,高等教育出版社,2001 年。

74. 洪谦主编:《论逻辑经验主义》,商务印书馆,1999 年。

75. 江天骥:《当代西方科学哲学》,中国社会科出版社,

1984年。

76. 江天骥主编,《科学哲学名著选读》,湖北人民出版社,1988年。

77. 王巍:《科学哲学问题研究》,清华大学出版社,2004年。

78. 张之沧:《当代实在论与反实在论之争》,南京师范大学出版社,2001年。

责任编辑：洪　琼
版式设计：书林瀚海
装帧设计：鼎盛怡园

图书在版编目（CIP）数据

理性之魂——当代科学哲学中心问题/孙　思　著.
-北京：人民出版社，2006.12

ISBN 7-01-005276-X

Ⅰ.理…　Ⅱ.孙…　Ⅲ.科学哲学一研究　Ⅳ.N02

中国版本图书馆 CIP 数据核字（2005）第 128867 号

理 性 之 魂

LIXING ZHI HUN

——当代科学哲学中心问题

孙　思　著

人民出版社 出版发行
（100706　北京朝阳门内大街 166 号）

北京新魏印刷厂印刷　新华书店经销

2005年12月第1版　2006年12月北京第2次印刷

开本：880毫米×1230毫米 1/32　印张：11

字数：230千字　印数：3,001-6,000册

ISBN 7-01-005276-X　定价：23.00元

邮购地址 100706　北京朝阳门内大街 166 号

人民东方图书销售中心　电话（010）65250042　65289539